工程科技发展战略研究丛书

中国工程院院士科技咨询专项
上海市软科学研究计划 联合资助

海洋工程科技创新与跨越发展战略研究

上海市船舶与海洋工程学会
"海洋工程科技创新与跨越发展战略研究"课题组 编著

上海科学技术出版社

图书在版编目(CIP)数据

海洋工程科技创新与跨越发展战略研究 / 上海市船舶与海洋工程学会,"海洋工程科技创新与跨越发展战略研究"课题组编著. —上海：上海科学技术出版社，2016.8

(工程科技发展战略研究丛书)

ISBN 978-7-5478-3107-6

Ⅰ.①海… Ⅱ.①上… ②海… Ⅲ.①海洋工程—科技发展—发展战略—研究—中国 Ⅳ.①P75

中国版本图书馆 CIP 数据核字(2016)第 140657 号

海洋工程科技创新与跨越发展战略研究

上海市船舶与海洋工程学会

"海洋工程科技创新与跨越发展战略研究"课题组 编著

技术编辑 张志建 陈美生

封面设计 赵 军

上海世纪出版股份有限公司
上 海 科 学 技 术 出 版 社 出版

(上海钦州南路 71 号 邮政编码 200235)

上海世纪出版股份有限公司发行中心发行

200001 上海福建中路 193 号 www.ewen.co

苏州望电印刷有限公司印刷

开本 787×1092 1/16 印张 18.5 插页 4

字数 450 千字

2016 年 8 月第 1 版 2016 年 8 月第 1 次印刷

ISBN 978-7-5478-3107-6/P·28

定价：98.00 元

内 容 提 要

本书从促进海洋经济发展的大方向出发，以国家发展战略为导向，着重介绍了海洋工程装备全球发展趋势、装备体系、重点领域、关键技术及技术路线图等方面的研究成果。

本书内容涵盖海洋工程、船舶工程装备领域，集中反映了海洋工程装备产业发展的最新动态、最新成果和前沿技术。

全书共分11章，包括：绪论，海洋产业与海洋油气资源开发，船舶工程与海洋工程及海洋工程装备产业战略地位，国外海洋工程装备发展历程、现状与趋势，国内海洋工程装备产业发展现状与趋势，国内外海洋工程装备产业发展比较分析，世界新科技发展趋势海洋工程装备科技，海洋工程装备重点领域与关键技术，海洋工程装备科技创新与跨越发展政策、目标和技术路线图，海洋工程科技创新与跨越发展总体思路及主要任务和主要对策与措施建议。

本书的主要读者是从事海洋工程科技领域的科研人员和技术应用开发领域的工程技术人员以及能源领域相关研究人员和管理人员，也可为政府有关部门和海洋工程相关科研项目研究决策提供参考。

“工程科技发展战略研究丛书”
学术顾问

“工程科技发展战略研究丛书”编委会

本书编写人员

编审委员会

何友声　张圣坤　潘镜芙　缪国平　应长春

周国平　刘建峰　曾　骥　倪善康

编　撰

周国平　倪善康　曾　骥

主　审

应长春

“海洋工程科技创新与跨越发展战略研究”课题组成员

项目总课题组成员

何友声　中国工程院院士

张圣坤　上海市船舶与海洋工程学会理事长

汪品先　中国科学院院士

潘镜芙　中国工程院院士

缪国平　上海交通大学教授

应长春　上海船舶工艺研究所原所长、研究员

周国平　上海市船舶设计研究院研究员

刘建峰　上海外高桥造船有限公司总工艺师

倪善康　上海市船舶与海洋工程学会学工委副主任

范佘明　中国船舶重工集团公司第七〇八研究所研究员

曾　骥　上海外高桥造船有限公司高级工程师

邓施婴　上海市船舶与海洋工程学会学工委秘书长

冯建英　上海市船舶与海洋工程学会高级会计师

王　燕　上海市船舶与海洋工程学会学工委

“海洋工程装备综述及战略地位研究”课题组成员

周国平　上海船舶设计研究院研究员

范佘明　中国船舶重工集团公司第七〇八研究所研究员

张新龙　中船工业成套物流有限公司副总经理

王硕丰　中国航舶重工集团公司第七〇四研究所研究员

毕东杰　上海神开石油化工装备股份有限公司总工程师

王　燕　上海市船舶与海洋工程学会学工委

“海洋工程装备科技创新与技术路线图”课题组成员

刘建峰　上海外高桥造船有限公司总工艺师

胡可一　江南造船(集团)有限责任公司总工程师

金　余　上海船厂船舶有限公司副总经理

崔维成　上海海洋大学教授

曾　骥　上海外高桥造船有限公司高级工程师

王文涛　上海振华重工集团股份有限公司海工研究院副院长

邢宏岩　上海船舶工艺研究所第一研究室副主任

冯小明　上海振华重工集团股份有限公司高级工程师

“海洋工程装备科技创新与跨越发展对策研究”课题组成员

倪善康　上海市船舶与海洋工程学会学工委副主任

聂丽娟　中国船舶工业行业协会副秘书长

付春红　上海市经济和信息化委员会船舶处处长

黄仁杰　上海市经济和信息化委员会高级工程师

曾国辉　上海市船舶与海洋工程学会高级会计师

邓施婴　上海市船舶与海洋工程学会学工委秘书长

综合组成员

何友声　中国工程院院士

潘镜芙　中国工程院院士

翁史烈　中国工程院院士

金东寒　中国工程院院士

谢友柏　中国工程院院士

林忠钦　中国工程院院士

丁　健　中国工程院院士

丛书序

习近平总书记在2014年两院院士大会上强调指出：中国科学院、中国工程院是国家科学技术思想库。两院要组织广大院士，围绕事关经济社会及科技发展的全局性问题，开展战略咨询研究，以科学咨询支撑科学决策，以科学决策引领科学发展。

当前，世界范围内的新一轮科技革命和产业变革加速演进，信息技术、生物技术、新材料技术、新能源技术广泛渗透，带动以绿色、智能、泛在为特征的群体性技术突破。重大颠覆性创新不断涌现。世界各大国都在积极强化创新部署，创新战略竞争在综合国力竞争中的地位日益重要。科学发展需要科学决策，科学决策需要科学咨询。面对复杂多变的国际环境和国内发展形势，破解改革发展稳定难题、应对国内外复杂问题的艰巨性前所未有，迫切需要健全中国特色决策支撑体系，大力加强中国特色新型智库建设。

中国工程院是国家工程科技界最高荣誉性、咨询性学术机构，是国家的工程科技思想库。围绕国家经济社会发展中的重大工程科技问题开展战略研究，支撑重大问题的科学决策，这是国家赋予中国工程院的重要任务，党中央、国务院寄予很大期望。

中国工程院在20多年的咨询工作中，积累和形成了六条宝贵经验：一是服务国家重大战略需求，是中国工程院组织开展战略咨询的根本出发点；二是振兴中华的强烈社会责任感和历史使命感，是激励广大院士以战略咨询服务国家发展的不竭动力；三是基于科学的调查研究提出客观独立的咨询意见，是中国工程院开展战略咨询的重要特色；四是战略研究与咨询服务各方面工作综合协调、统筹兼顾，是战略咨询取得成效的重要基础；五是发挥战略科学家的核心作用、组织多种形式的咨询团队，是战略咨询取得成效的关键因素；六是注重调查研究、强调科学求真、倡导学术民主，是战略咨询取得成效的重要保障。这些经验对于我们在新形势下进一步加强中国特色新型智库建设具有重要的借鉴意义。

上海作为改革开放的排头兵、创新发展的先行者，在全面实施长江经济带发展战略，大力建设国际经济、金融、贸易和航运中心的过程中重任在肩。加强与上海乃至长三角地区的科技合作，也是中国工程院思想库建设的重要组成部分。早在 2001 年，中国工程院就率先与上海市人民政府成立合作委员会，组建了上海市中国工程院院士咨询与学术活动中心(简称“上海院士中心”)。上海院士中心充分发挥院士专家智囊团作用，深耕工程科技领域决策咨询，一系列咨询研究成果广获各方赞誉，影响力逐步辐射国内外。2012 年，为进一步深化院市合作，为上海、区域乃至国家经济社会发展提供前瞻性、战略性、全局性的咨询意见和决策依据，双方又成立了中国工程科技发展战略研究中心(上海)(简称“上海战略中心”)。数年来，上海战略中心不辱使命，开展了一系列战略咨询，形成了一系列汇聚着院士专家智慧的研究成果。

近日，上海战略中心策划将近年来的咨询成果集结为“工程科技发展战略研究丛书”出版。丛书立足上海，面向全国，紧密围绕我国工程科技发展的关键领域和上海建设具有全球影响力的科技创新中心的战略布局，围绕若干工程科技领域发展的咨询研究成果，为上海科创中心建设和国家工程科技发展提供了前瞻性、战略性和全局性的智库支撑。

丛书各辑由长期活跃在相关领域第一线的院士专家主导研究，在翔实的研究成果基础上凝练出切实可行的发展战略建议。丛书汇聚了上百名院士专家的集体智慧，具有较强的原创性、权威性、实用性和前瞻性，可为从事相关研究领域的工程科技人员提供研究参考，亦可为工程科技战略规划提供决策咨询。

最后，衷心感谢为丛书的出版付出辛勤努力的各位院士专家。

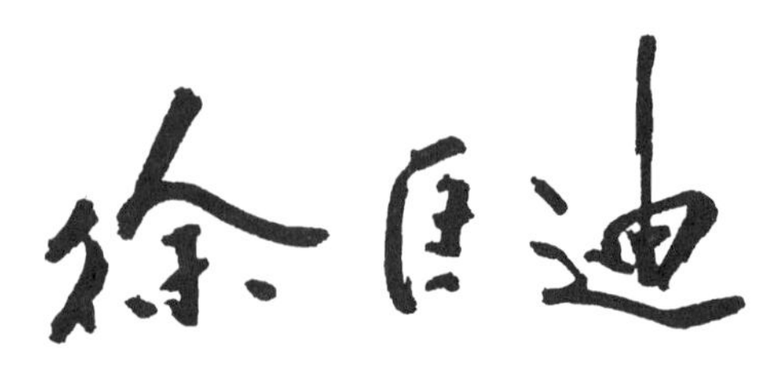

2016 年 5 月 17 日

丛书前言

为充分发挥院士的智囊作用，促进地方经济发展和工程科学技术水平的提高，中国工程院与上海市人民政府充分依托和发挥上海特殊的地域、经济，以及院士多、专业覆盖面宽的优势，于 2001 年 7 月成立合作委员会，并在合作委员会的领导下创建了上海市中国工程院院士咨询与学术活动中心。2012 年 12 月，为进一步深化院市双方战略咨询合作、推动区域工程科技思想库建设，双方成立了全国首个工程科技领域的地方咨询机构——中国工程科技发展战略研究中心（上海），旨在充分发挥区域工程科技智库功能，积极组织院士专家围绕事关科技创新发展全局的长远问题，为上海、长三角乃至国家相关部门科技决策提供准确、前瞻、及时的建议。中国工程科技发展战略研究中心（上海）的建立，对于发展现代科技服务业具有重要的探索和示范作用，对于支撑国家工程科技思想库建设也有重大意义。

中国工程科技发展战略研究中心（上海）自成立以来已先后组织院士专家承担了近 20 项“中国工程院重点咨询研究项目”及“上海市软科学研究计划项目”，内容涵盖燃气轮机、海洋工程装备、医疗器械、大数据、集成电路、能源互联网、航空航天、智能制造、老龄化、生活垃圾处理以及上海具有全球影响力的科技创新中心建设等众多领域。每个项目均由中国工程院院士领衔，合作单位不仅有上海交通大学、复旦大学、同济大学、华东理工大学、上海大学、中国航天科技集团公司第八研究院（上海航天技术研究院）、上海社会科学院等高校和研究机构，还有中国商用飞机有限责任公司、中航商用航空发动机有限责任公司、中信泰富特钢集团等大型企业，以及上海市船舶与海洋工程学会等行业协会。在项目实施过程中，院士专家多次带队赴全国各地开展实地调研，深入了解当地相关领域产业发展情况，并召开系列研讨会和咨询会，集思广益、畅所欲言。所形成的咨询报告凝聚了上百位院士和专家的智慧与心血，在科学决策中发挥了重要作用。其中《燃气轮机发展战略研究》和《健康老龄化发展战略研究》等咨询成果在第一时间送交国务院、国家发展和改革委员会、工业和信息化部、科学技术部、国家能源局、国家卫生和计划生育委员会、中国工程院、上海市人民政府等国家和地方有关部门，为国家重大战略布局的科学决策提供了参考。

鉴于这些咨询报告资料丰富、理论体系完整、观点鲜明，具有较高的学术水平和应用参考价值，中国工程科技发展战略研究中心(上海)决定将这些咨询研究成果进行系统总结，以“工程科技发展战略研究丛书”的形式出版，以反映我国工程科技若干重点领域的科技发展战略成果。

当前，上海建设具有全球影响力的科技创新中心已经列入国家“十三五”规划纲要，是一项国家战略，建设的目标任务已十分明确，各项工作已经到了全面深化、全面落实的关键阶段，事关国家发展全局，任务艰巨繁重，必须解放思想、破解难题、改革攻坚。希望这套丛书的编辑出版，能为上海具有全球影响力的科技创新中心建设中的重大科技项目和重大创新工程布局等提供咨询建议，又能为建立与上海具有全球影响力的科技创新中心相适应的重大创新战略和重大科技政策等体制机制改革提供依据，也能为专家学者的研究工作和有关部门的战略决策提供参考。

最后感谢为丛书出版付出辛劳的各位院士专家！

翁史烈 杨胜利

2016年3月

序

海洋是宝贵的“国土”资源,蕴藏着丰富的生物资源、油气资源、矿产资源、动力资源、化学资源和旅游资源等,是人类生存和发展的战略空间和物质基础。进入21世纪,党和国家高度重视海洋事业的发展以及其对我国可持续发展的战略作用。因此,海洋工程装备与海洋科技的发展受到广泛关注。

为服务国家战略,上海市船舶与海洋工程学会于2013年3月向中国工程科技发展战略研究中心(上海)申报了“海洋工程科技创新与跨越发展战略研究”咨询研究项目,并获得中国工程院批准。为此,成立了项目组,该项目组下设海洋工程装备综述及战略地位研究课题组、海洋工程装备科技创新与技术路线图研究课题组、海洋工程装备科技创新与跨越发展对策研究课题组和综合组等四个课题组,并以国家发展战略为导向,对接《国务院关于加快培育和发展战略性新兴产业的决定》和国家“十二五规划纲要”,以及《全国海洋经济发展“十二五”规划》《国家海洋事业发展“十二五”规划》《海洋工程装备产业创新发展战略(2011—2020)》《海洋工程装备制造业中长期发展规划》《船舶工业加快结构调整促进转型升级实施方案》《中国制造2025》,以及《工信部解读“中国制造2025”之船舶工业篇》等政策文件,立足长三角地区,放眼全国与全球,聚焦海洋工程装备产业的发展,针对海洋工程科技创新与跨越发展战略开展了研究工作。通过对上海、南通、舟山和青岛四个船舶与海工产业国家示范基地和一些重点企事业单位的走访交流、资料收集、座谈讨论、学术研讨、院士沙龙等多种形式的调研与咨询,如期完成了项目和课题的各项研究任务。

“海洋工程科技创新与跨越发展战略研究”课题研究和分析了当前世界新科技革命对海洋工程装备产业的影响,归纳和凝练了海洋工程科技发展的关键领域和关键技术,提出了技术发展路线图和应对措施。受中国工程科技发展战略研究中心(上海)推荐,特将本项目的研究成果做了较大的补充与完善,编撰成本书。本书所提供的研究成果将为肩负建设制造强国和海洋强国双重使命的海洋工程装备制造业发展战略规划的制订提供重要依据,冀望本书所提供路线的切实实施能为我国海洋工程的科技和产业发展做出应有的贡献。上海市船舶与海洋工程学会依靠项目组成员的共同努力,使本书在海洋工程“十三五”规划制订之际得以及时完成和出版,谨对为此做出贡献的专家们和工作人员深致谢意。

中国工程院院士　何友声

上海市船舶与海洋工程学会原理事长　张圣坤

前　言

21 世纪是海洋世纪，加快海洋资源开发利用已成为世界各国经济发展的战略取向。党的十八大提出了“提高海洋资源开发能力，发展海洋经济，保护海洋生态环境，坚决维护国家海洋权益，建设海洋强国”的国家战略。习近平总书记强调“海洋事业关系民族生存发展状态，关系国家兴衰安危。要顺应建设海洋强国的需要，加快培育海洋工程制造业这一战略性新兴产业，不断提高海洋开发能力，使海洋经济成为新的增长点”，为发展海洋经济、建设海洋强国进一步指明了方向。

为对接国家战略，上海市船舶与海洋工程学会于 2013 年 3 月，由何友声院士领衔向上海市中国工程院院士咨询与学术活动中心（简称上海院士中心）申报了“海洋工程科技创新与跨越发展战略研究”咨询研究项目。上海院士中心将该项目列入 2014 年咨询项目，向中国工程院作了申报，并通过评审。2014 年 6 月 26 日，中国工程院批准该咨询研究项目。

以上海市船舶与海洋工程学会为主体的研究团队按照上海院士中心的要求，组建了“海洋工程科技创新与跨越发展战略研究”咨询研究项目组。项目组下设海洋工程装备综述及战略地位研究课题组、海洋工程装备科技创新与技术路线图研究课题组、海洋工程装备科技创新与跨越发展对策研究课题组和综合组。项目组由 3 名院士领衔，由中国工程院院士何友声和时任上海市船舶与海洋工程学会理事长张圣坤教授任组长，人员来自科研院所和企业的学科带头人、资深专家、高级研究人员共 29 人。以国家发展战略为导向，对接国家部委有关文件，立足长三角，放眼全国与全球，聚焦海洋工程装备产业的发展，针对海洋工程科技创新与跨越发展战略开展了细致的研究工作，历时两年完成了项目和课题的各项任务，形成 1 个研究总报告和 3 个课题研究报告，并于 2015 年 12 月通过上海院士中心的验收评审，获得较高评价。

项目课题从综述海洋工程与海洋工程装备、船舶与船舶工程内涵着手，编制了海洋工程装备体系和海洋工程装备配套设备体系，重点阐述了海洋工程与海洋工程装备产业的战略地位。由于海洋工程装备是兴海之器，发展海洋经济、建设海洋强国，海洋工程装备必须先行，要以建设造船和海洋工程装备制造强国为抓手，实现海洋强国梦。项目课题又分析了国外海洋工程装备产业发展现状、发展趋势、竞争格局；剖析了我国海洋工程装备产业发展现状、发展趋势，国外海洋工程装备发展对我国海工装备产业的影响，并对国内外海洋工程装备产业发展进行了比较分析；凝练了海洋工程装备、重点领域与需要突破的关键技术，科学地给出了海洋工程装备科技创新与跨越发展技术路线图，分别从研发设计技术、总装建造技术、项目管理技术、配套设备技术 4 个方面，提出了 2020 年和 2025 年科技创新目标，并展望了 2035 年发展前景。

船海工业在我国制造业中较为具备率先做强的基础和条件。为此，项目组提出了力争到 2025 年我国成为世界海洋工程装备和高技术船舶领先国家，实现船海工业由大到强的质的飞跃；上海要成为全国船舶与海工产业科技创新"排头兵"和各项技术经济指标率先达到成为"领头羊"的发展目标。项目组还提出了"一个中心、两个率先、三个引领、集聚人才"四大战略任务。一个中心：加快建设上海船舶与海洋工程装备科技创新中心，筹建以上海为中心，江苏、浙江为两翼的长三角地区船舶与海洋工程装备科技创新中心，集聚创新力量，整合创新资源，构建创新联盟，推动实现海工科技的重大突破和成果的工程化和产业化。两个率先：一是率先实施"互联网海洋工程智能平台工程"，使上海成为推进船舶与海洋工程互联网的排头兵；二是率先实施"以打造智能船厂为核心的智能造船工程"，使上海成为海洋工程装备和高端船舶智能制造国家示范基地。三个引领：深水钻井船、水下生产系统、大功率电站系统成为上海的品牌产品，引领我国海工产业。集聚人才：千方百计集聚创新人才，积极引进欧美等具有海工经验的高端人才，把国际化的生态环境与我国实际相融合，并通过人才高地工程建设培养紧缺高端人才，尤其是培育创新型企业家，发挥企业建设海工装备制造强国的主体作用。

为充分发挥本项目的咨询作用，促进我国及上海海洋工程装备产业的发展，经上海院士中心推荐，按照"工程科技发展战略研究丛书"的要求，在"研究报告"

的基础上增加有关章节内容，补充大量相关资料，从而编撰成本书，以期为广大从事海洋工程领域的科技工作者提供参考，以期面向广大读者发挥更大的社会效益。"海洋工程科技创新与跨越发展战略研究"课题中，课题1"海洋工程装备综述及战略地位研究"内容由周国平编撰，课题2"海洋工程装备科技创新与技术路线图"内容由曾骥编撰，课题3"海洋工程装备科技创新与跨越发展对策研究"内容由倪善康编撰。

本书在编写过程中成立了编审委员会，由应长春和倪善康负责组织和策划，由周国平、倪善康、曾骥编撰，由周国平统稿，由应长春主审。限于编撰者的水平所限和时间仓促，研究内容涉及的专业面广，书中难免有疏漏或不足之处，敬请读者批评指正。

"海洋工程科技创新与跨越发展战略研究"课题组

2016年3月

目　录

第1章　绪论 …… 1
1.1　海洋、海洋资源 …… 3
1.1.1　海洋 …… 3
1.1.2　海洋资源 …… 7
1.1.3　我国海洋资源分析 …… 11
1.2　人类与海洋的关系 …… 16
1.2.1　人类依赖海洋生存和发展 …… 16
1.2.2　海洋是人类资源宝库 …… 16
1.3　海洋开发 …… 17
1.3.1　海洋开发与人类可持续发展 …… 17
1.3.2　海洋开发与新科技革命 …… 18
1.3.3　海洋科技革命与海洋新兴产业 …… 19
1.3.4　海洋开发与海洋环境保护 …… 19

第2章　海洋产业与海洋油气资源开发 …… 21
2.1　海洋产业 …… 23
2.1.1　海洋产业定义与分类 …… 23
2.1.2　海洋产业发展趋势 …… 24
2.1.3　我国海洋产业情况 …… 32
2.2　海洋油气资源开发 …… 35
2.2.1　海洋油气资源储藏和分布 …… 36
2.2.2　海洋油气资源开发历程 …… 37
2.2.3　海洋油气资源开发特点 …… 37
2.2.4　全球海洋天然气水合物——“可燃冰”资源 …… 38
2.2.5　我国海洋油气资源储藏与开发 …… 41
2.2.6　我国海洋油气资源开发所面临的技术问题 …… 43
2.2.7　我国天然气水合物——“可燃冰”资源 …… 44

第3章 船舶工程与海洋工程及海洋工程装备产业战略地位 …… 47
3.1 船舶工程与海洋工程 …… 49
3.1.1 船舶与船舶工程 …… 49
3.1.2 海洋工程与海洋工程装备 …… 50
3.1.3 海洋工程装备体系 …… 51
3.1.4 海洋工程装备配套设备体系 …… 53
3.2 海洋工程装备产业战略地位 …… 54

第4章 国外海洋工程装备发展历程、现状与趋势 …… 57
4.1 国外海洋工程装备发展历程和现状 …… 59
4.1.1 国外海洋工程装备发展历程 …… 59
4.1.2 国外海洋工程装备发展现状 …… 66
4.2 国外海洋工程装备产业发展趋势 …… 67
4.2.1 海洋工程装备产业总体发展趋势 …… 67
4.2.2 深水油气资源勘探开发装备和技术发展趋势 …… 68
4.2.3 海洋工程装备制造技术发展趋势 …… 70
4.3 国外海洋工程装备产业市场现状、需求和竞争格局 …… 71
4.3.1 海洋工程装备产业市场现状 …… 71
4.3.2 海洋工程装备产业市场需求 …… 72
4.3.3 海洋工程装备产业竞争格局 …… 73
4.3.4 海洋工程装备产业国外主要龙头企业动态 …… 73

第5章 国内海洋工程装备产业发展现状与趋势 …… 75
5.1 国内海洋工程装备产业发展现状 …… 77
5.2 国内海洋工程装备产业发展趋势 …… 81
5.2.1 产业市场发展 …… 81
5.2.2 产业能力发展 …… 82
5.2.3 海工基地建设 …… 82
5.2.4 海工配套发展 …… 83
5.3 长三角地区海洋工程装备产业发展现状与趋势 …… 84
5.4 上海市海洋工程装备产业发展现状与趋势 …… 85
5.4.1 上海市海洋工程装备产业基础情况 …… 85
5.4.2 上海市海洋工程装备产业发展现状 …… 86
5.4.3 上海市海洋工程装备产业基础优势 …… 88
5.4.4 上海“国家新型工业化产业示范基地(船舶与海洋工程)” …… 91
5.4.5 上海海洋工程装备产业发展主要问题 …… 92
5.5 江苏省海洋工程装备产业发展现状与趋势 …… 93
5.5.1 全省海洋工程装备产业发展现状与趋势 …… 93
5.5.2 南通地区海洋工程装备产业发展现状与趋势 …… 94

5.6　浙江省海洋工程装备产业发展现状与趋势 …… 96
5.6.1　全省海洋工程装备产业发展现状与趋势 …… 96
5.6.2　舟山地区海洋工程装备产业现状与趋势 …… 97

第6章　国内外海洋工程装备产业发展比较分析 …… 99
6.1　海洋工程装备工程运作模式和现代建造模式 …… 101
6.1.1　海洋工程装备工程总承包模式 …… 101
6.1.2　海洋工程装备现代建造模式 …… 102
6.2　国内外海洋工程装备产业发展态势 …… 105
6.2.1　国外海洋工程装备产业发展态势 …… 105
6.2.2　国内海洋工程装备产业发展态势 …… 106
6.2.3　国内外海洋工程装备产业发展分析 …… 106
6.3　国内主要海洋工程装备企业比较 …… 107
6.4　世界深水油气资源勘探开发对我国的影响 …… 108
6.5　我国海洋工程装备产业发展面临的问题 …… 109
6.6　国内外海洋工程装备产业比较分析 …… 110
6.6.1　认同差距,明确目标 …… 110
6.6.2　重点突破,全面发展 …… 111
6.6.3　面向市场,产学研用相结合 …… 111

第7章　世界新科技发展趋势与海洋工程装备科技 …… 113
7.1　世界新科技发展趋势 …… 115
7.1.1　当今世界新科技 …… 116
7.1.2　智能制造新技术 …… 119
7.2　海洋工程装备科技发展意义、需求和趋势 …… 128
7.2.1　海洋工程装备科技发展意义 …… 128
7.2.2　海洋工程装备科技发展需求 …… 129
7.2.3　海洋工程装备科技发展趋势 …… 130
7.3　海洋工程装备科技体系 …… 134
7.3.1　海洋工程装备科技体系构建 …… 134
7.3.2　海洋工程装备科技体系特征 …… 137

第8章　海洋工程装备重点领域与关键技术 …… 139
8.1　海洋工程装备重点领域 …… 141
8.1.1　海洋资源调查装备领域 …… 141
8.1.2　海洋资源勘探装备领域 …… 146
8.1.3　海洋油气钻探采油平台领域 …… 149
8.1.4　海洋油气集输装置领域 …… 154
8.1.5　海洋资源综合开发装备领域 …… 156

8.1.6 海上油田保障设施领域 …… 166
8.1.7 深海空间站和深潜器领域 …… 168
8.1.8 港口机械领域 …… 174
8.2 海洋工程装备专项技术 …… 179
8.2.1 自升式钻井平台 …… 180
8.2.2 半潜式钻井平台 …… 187
8.2.3 钻井船 …… 190
8.2.4 浮式生产装置 …… 191
8.2.5 立柱式生产平台 …… 191
8.2.6 张力腿平台 …… 194
8.2.7 浮式生产储卸油装置 …… 195
8.2.8 浮式液化天然气生产储卸装置 …… 197
8.2.9 液化天然气储存及再气化装置 …… 200
8.2.10 潜水作业支持船 …… 201
8.2.11 油田增产作业船 …… 201
8.2.12 超大型浮式结构物 …… 202
8.2.13 水下生产系统 …… 203
8.3 海洋工程装备通用单项技术 …… 214
8.3.1 焊接技术 …… 214
8.3.2 精度控制技术 …… 215
8.3.3 舾装技术 …… 215
8.3.4 涂装技术 …… 216
8.3.5 信息网络技术 …… 217
8.3.6 虚拟制造技术 …… 217
8.4 海洋工程装备其他关键技术 …… 218
8.4.1 研发设计技术 …… 218
8.4.2 建造技术 …… 218
8.4.3 项目管理技术 …… 218
8.4.4 配套设备技术 …… 218

第9章 海洋工程装备科技创新与跨越发展政策、目标和技术路线图 …… 221
9.1 国家与部委有关海洋工程发展政策 …… 223
9.2 2020年海洋工程装备科技创新目标 …… 227
9.2.1 研发设计技术 …… 227
9.2.2 总装建造技术 …… 228
9.2.3 项目管理技术 …… 228
9.2.4 配套设备技术 …… 228
9.3 2025年海洋工程装备科技创新目标 …… 228
9.3.1 研发设计技术 …… 228

9.3.2 总装建造技术 …… 229
9.3.3 项目管理技术 …… 229
9.3.4 设备配套技术 …… 229
9.4 技术路线图(2016—2025年) …… 229
9.4.1 研发设计技术 …… 229
9.4.2 总装建造技术 …… 238
9.4.3 项目管理技术 …… 239
9.4.4 配套设备技术 …… 240
9.5 2035年发展目标(展望) …… 241
9.5.1 2035年中国制造业发展蓝图 …… 241
9.5.2 2035年海洋工程装备发展目标(展望) …… 241

第10章 海洋工程科技创新与跨越发展总体思路及主要任务 …… 243
10.1 海洋工程科技创新与跨越发展总体思路 …… 245
10.2 船舶工业创新驱动、转型升级战略 …… 247
10.3 海洋工程装备发展方向与重点 …… 250
10.4 上海"十三五"海洋工程装备发展重点领域及关键技术 …… 251

第11章 海洋工程科技创新与跨越发展主要对策与措施建议 …… 253
11.1 高度关注新科技革命和产业变革对海洋工程装备产业的影响 …… 255
11.2 建设上海乃至长三角船舶与海洋工程科技创新中心 …… 256
11.3 强化创新驱动引领,加快产品结构升级,发展高端产品 …… 256
11.4 建立海洋工程互联网,大力推进数字化网络化智能化制造 …… 257
11.5 发挥国家示范基地的引领作用,培育具有全球竞争力的企业集群 …… 258
11.6 创新引领,设计为先 …… 259
11.7 大幅度提高配套设备自主化发展能力和水平 …… 259
11.8 发展现代化制造服务业,将上海打造成为海洋工程新业态之都 …… 260
11.9 建设人才高地,积累智慧资本 …… 260

索引 …… 263
后记 …… 265
参考文献 …… 267

第 1 章
绪　论

1.1　海洋、海洋资源

1.1.1　海洋

海洋是地球上最广阔的水体的总称。海洋的中心部分称作洋，是海洋的主体，边缘部分称作海，彼此沟通组成统一的水体，地球表面被各大陆地分隔为彼此相通的广大水域称为海洋。地球海洋总面积约为 3.62 亿 km^2，约占地球表面积的 70.9%，海洋中含有 13 亿 5 000 多万 km^3 的水，约占地球上总水量的 97.5%，而可用于人类饮用只占 2%，海洋的平均深度约有 3 700 m。

1）世界的大洋

世界大洋的总面积，约占海洋总面积的 89%。大洋的水深一般在 3 000 m 以上，最深处可达 1 万多 m。大洋离陆地遥远，不受陆地的影响，它的水温和盐度的变化不大，每个大洋都有自己独特的洋流和潮汐系统。大洋的水色蔚蓝，透明度很大，水中的杂质很少。全球海洋被分为数个大洋和面积较小的海。地球五个主要的大洋为太平洋、大西洋、印度洋、南冰洋、北冰洋，大部分以陆地和海底地形线为界。

太平洋位于亚洲、大洋洲、美洲和南极洲之间，是世界上最大的洋。太平洋东西宽处约 19 000 多 km，南北最长约 16 000 多 km，面积达 1.8 亿 km^2，约占全球面积的 35%，整个世界海洋总面积的 50%，超过了世界陆地面积的总和。太平洋平均深度为 3 957 m，而在马里亚纳海沟的最深处达 11 034 m。太平洋北端由白令海峡与北冰洋相通，西南边通过马六甲海峡与印度洋相连，以苏门答腊、爪哇、新几内亚等岛屿和澳大利亚，与印度洋分界。

大西洋位于欧洲、非洲、美洲和南极洲之间，在直布罗陀以西，是世界上的第二大洋，也是最年轻的大洋，距今只有一亿年。大西洋自北至南约 1.6 万 km，东西最短距离 2 400 多 km，面积约为 9 336.3 万 km^2，平均深度为 3 627 m，最大深度为 9 219 m。大西洋约占海洋总面积的 25.4%，约是太平洋面积的一半，但它正在扩张。大西洋西部通过巴拿马运河直通太平洋，也可绕过南美南端合恩角穿过德雷克海峡或麦哲伦海峡到达太平洋；东部穿过直布罗陀海峡进入地中海，穿过苏伊士运河经过红海到达印度洋，也可绕过非洲南端的好望角进入印度洋。

印度洋位于亚洲、非洲、大洋洲和南极洲之间，通常称为世界上第三大洋。印度洋的主体位于北纬 15°与南纬 40°之间，大部分处在热带和亚热带，是一个热带大洋。印度洋总面积约为 7 491.7 万 km^2，约为海洋总面积的 20%，平均深度为 3 897 m，最深处达 7 729 m。印度洋北部是封闭的，南段敞开，西南绕好望角，与大西洋相通，东部通过马六甲海峡和其他许多水道，流入太平洋，西北通过红海、苏伊士运河，通往地中海。

北冰洋大致以北极圈为中心，位于地球的最北端，被欧洲大陆和北美大陆环抱着，有常年不化的冰盖。北冰洋有狭窄的白令海峡与太平洋相通，通过格陵兰海和许多海峡与大西洋相连，是世界大洋中最小的一个，面积仅约为 1 500 万 km^2，不到太平洋的十分之一，它的深度为 1 097 m，最深处达 5 499 m。

南大洋是围绕南极洲的海洋，也叫“南极海”或“南冰洋”，是第五个由国际水文地理组织于 2000 年被确定的第四大独立大洋，也是世界上唯一完全环绕地球却没有被大陆分割的大洋。南大洋是太平洋、大西洋和印度洋南部的海域，三大洋与在环绕南极大陆的南冰洋大片海域相连，如图 1-1 所示，因水文界线地理位置随季节不同而变化于南纬 38°～42°，故南大洋的面积也不固定，约为 7 700 万 km^2，占世界大洋总面积的 22%左右。

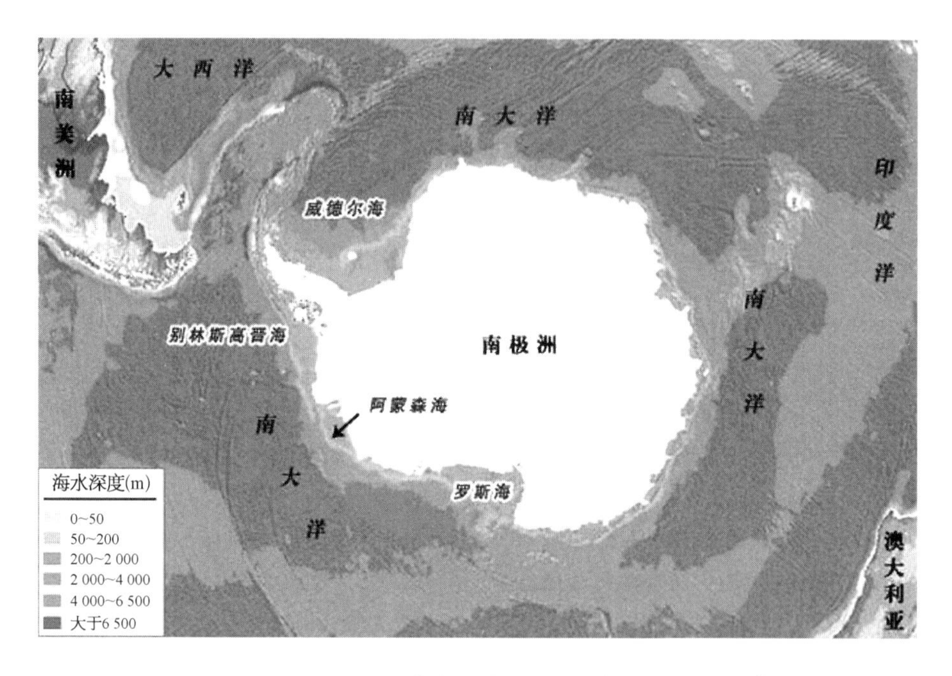

图 1-1　南大洋地理位置示意图

2）世界的大海

海在洋的边缘，是大洋的附属部分，海的面积约占海洋总面积的 11%，水深比较浅，平均深度从几米到 2～3 km。海邻近大陆，受大陆、河流、气候和季节的影响，海水的温度、盐度、颜色和透明度，都受陆地影响而有明显的变化。夏季海水变暖，冬季水温降低，有的海域海水还会结冰；在江河入海的地方，或多雨的季节，海水会变淡；由于受陆地影响，河流夹带着泥沙入海，近岸海水混浊不清，海水的透明度差；海没有自己独立的潮汐与海流。海可以分为边缘海、内陆海和地中海。边缘海既是海洋的边缘，又邻近大陆前沿，这类海与大洋联系广泛，一般由一群海岛把它与大洋分开，中国的东海、南海就是太平洋的边缘海。内陆海，即位于大陆内部的海，如欧洲的波罗的海等。地中海是几个大陆之间的海，水深一般比内陆海深些。重要的边缘海多分布于北半球，它们部分为大陆或岛屿包围，最大的是北冰洋及其近海、亚洲的地中海（介于澳大利亚与东南亚之间）、加勒比海及其附近水域、地中海（欧洲）、白令海、鄂霍次克海、黄海、东海和日本海等。

世界主要的大海接近 50 个，太平洋最多，大西洋为次之，印度洋和北冰洋差不多，南冰洋最少。比较著名的大海例如：

(1) 大西洋东部欧洲的北海：北海是大西洋东部的一个海湾，被认为是陆缘海，即它的整个构造海盆都在大陆地壳上，北海南部经多佛尔海峡与大西洋相通，北部经苏格兰与挪威间的缺口，与大西洋及挪威海相接，东部经挪威、瑞典、丹麦之间的斯卡格拉克海峡和卡特加特海峡，与波罗的海相通。北海长约 965 km，北部宽为 580 km。总面积为 60 万 km^2，平均水深为 91 m，容积为 15.5 万 km^3，该海区内几个岛屿共占面积为的 73 km^2。

(2) 大西洋西部的加勒比海：加勒比海是大西洋西部的一个边缘海，如图 1－2 所示，西部和南部与中美洲及南美洲相邻，北面和东面以大、小安的列斯群岛为界，尤卡坦海峡峡口的连线是加勒比海与墨西哥湾的分界线。加勒比海东西长约 2 735 km，南北宽在 805～1 287 km之间，总面积为 275.4 万 km^2，容积为 686 万 km^3，平均水深为 2 491 m。现在所知的最大水深为 7 100 m，位于开曼海沟。

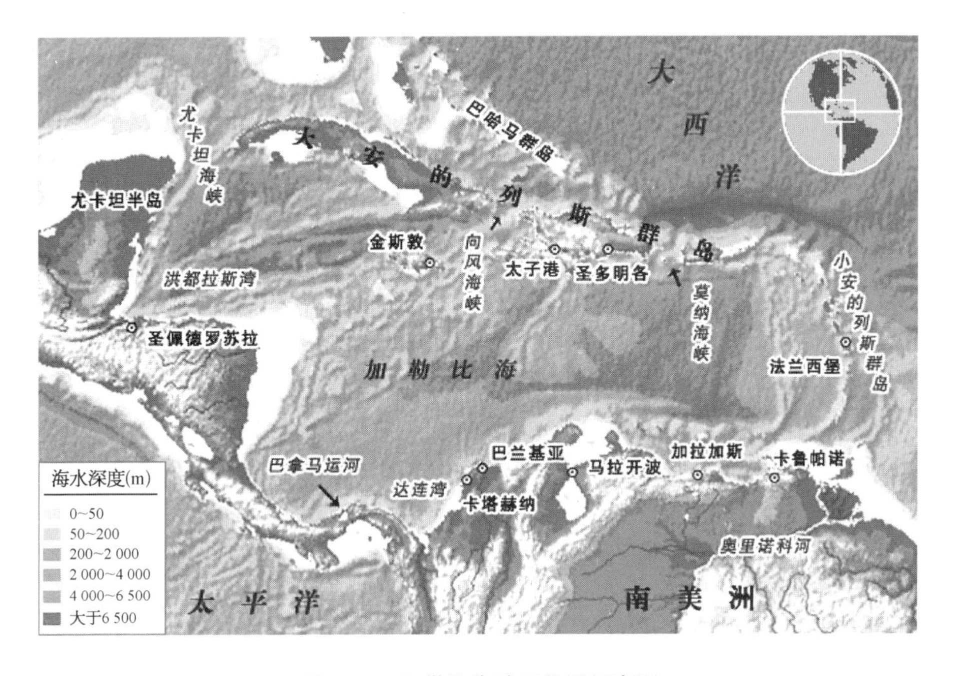

图 1－2 加勒比海地理位置示意图

(3) 世界最古老的地中海：地中海在欧、亚、非洲之间，是世界上最大的陆间海，如图 1－3 所示，地中海西边有 21 km 宽的直布罗陀海峡连接大西洋，东边通过苏伊士运河进印度洋，东北部通过达达尼尔海峡、博斯普鲁斯海峡与黑海相连。地中海东西长约 4 000 km，南北宽约 1 800 km，面积约 250 多万 km^2。地中海的属海有伊奥尼亚海、亚得里亚海、爱琴海等。亚平宁半岛、西西里岛、突尼斯和它们之间的水下海岭，把地中海分成东西两半。

(4) 非洲北部的红海：红海在非洲北部与阿拉伯半岛之间，它是印度洋的附属海，如图 1－4 所示。红海像一条张着大口的鳄鱼，从东北向东南斜卧在那里，长约 2 000 多 km，最大宽度仅为 306 km，面积约 45 万 km^2。北段通过苏伊士运河与地中海相通，南端有曼德海峡与亚丁湾相通。海内的红藻，会发生季节性的大量繁殖，使整个海水变成红褐色，因而叫它红海。实际在通常情况下，海水也是蓝绿色的。

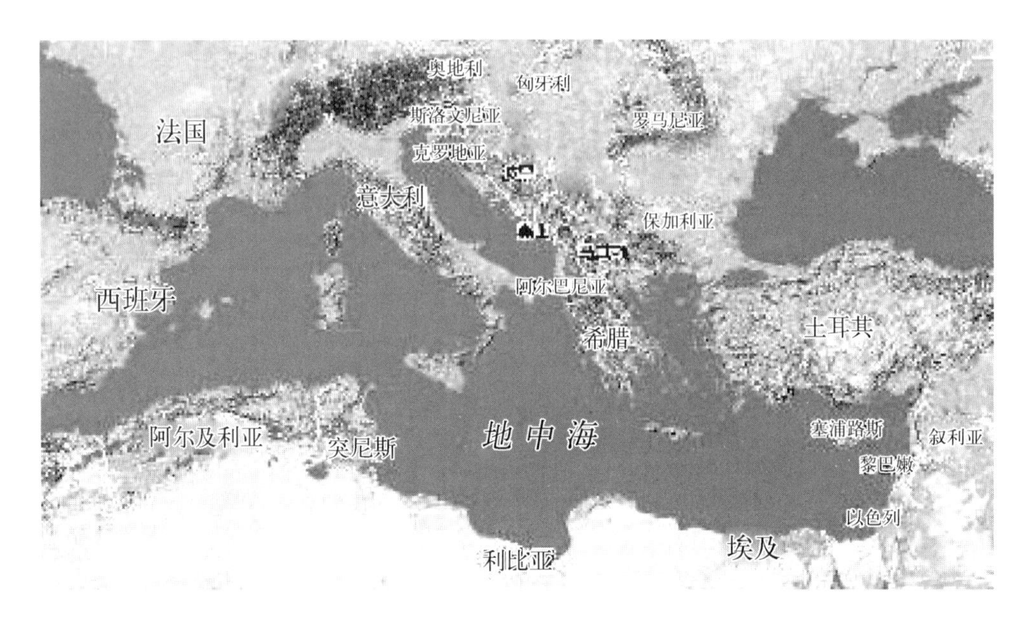

图 1-3　地中海地理位置示意图

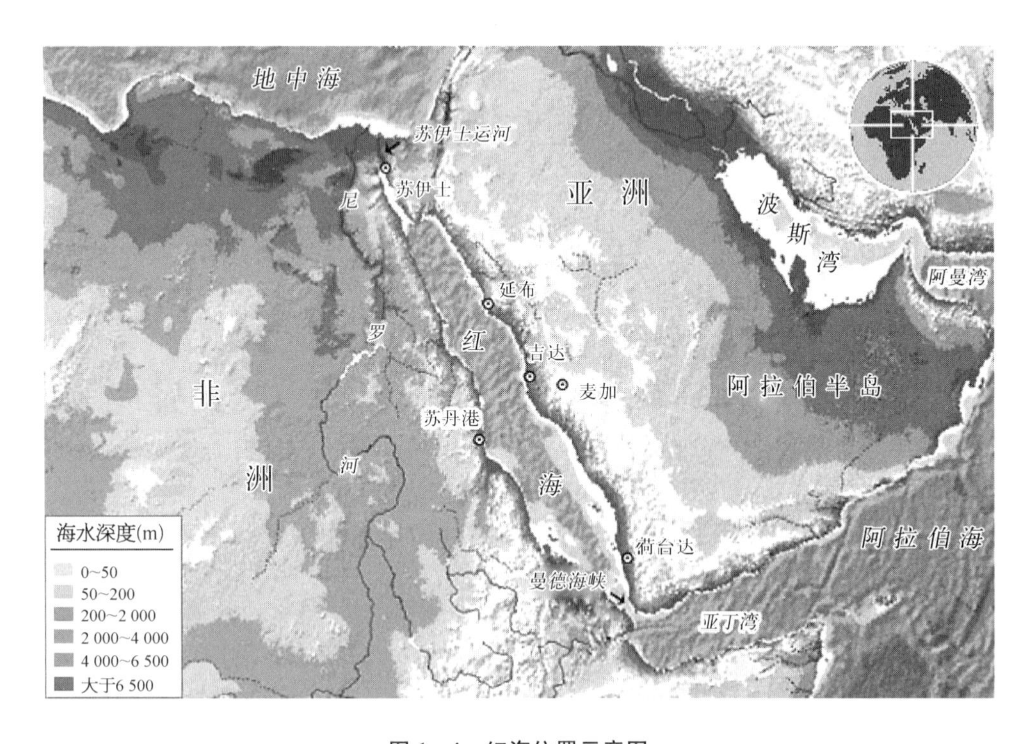

图 1-4　红海位置示意图

(5) 西太平洋的日本海：日本海是西太平洋的一个边缘海，如图1-5所示，东面以日本三大岛(九州岛、本州岛和北海道)为界，西和西南面濒临朝鲜半岛，北和西北面与俄罗斯相邻。东北部有宗谷海峡与鄂霍次克海相通，经本州岛与北海道之间的津轻海峡与太平洋相连，南部经朝鲜海峡与黄海、东海相通。日本海的总面积为97.8万 km^2，平均水深为1 752 m，容积为171.3万 km^3，日本海盆内的最大水深为4 049 m。

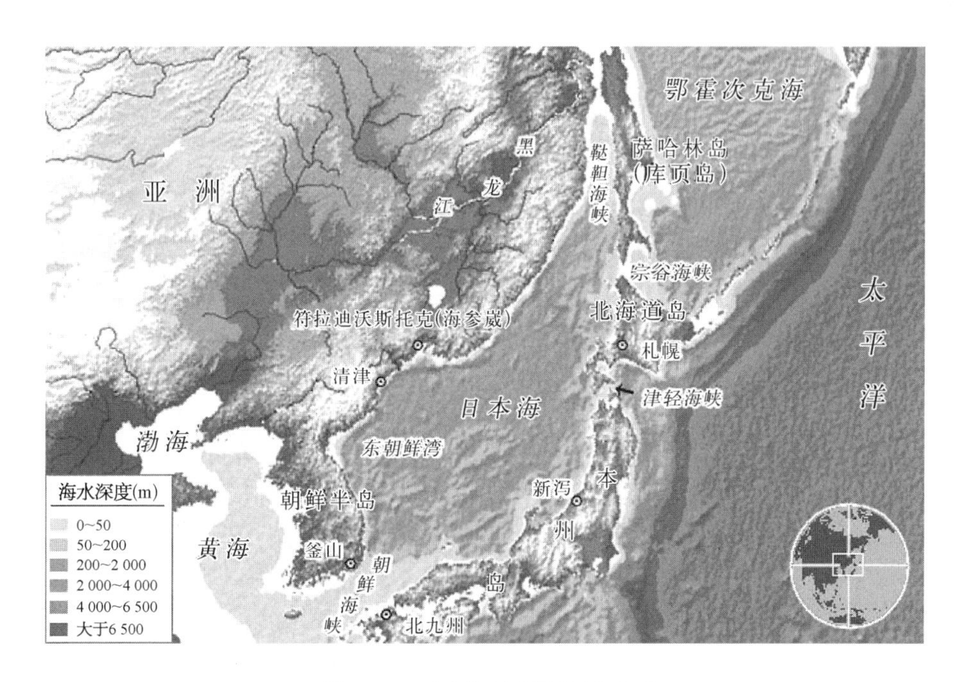

图1-5 日本海地理位置示意图

(6) 南太平洋的珊瑚海

珊瑚海是太平洋的边缘海，在南太平洋，澳大利亚、巴布亚新几内亚、所罗门群岛、新赫布里底群岛、新喀里多尼亚岛及南纬30°线间，北接所罗门海，南连塔斯曼海。珊瑚海是一个具有众多的环礁岛、珊瑚石平台，散落在广阔的洋面上，因此而得名珊瑚海，面积近500万 km^2，是世界最大的海。

1.1.2 海洋资源

海洋是人类的资源宝库，在浩瀚辽阔的海洋中蕴藏着极其丰富的海洋生物资源和海洋动力资源，以及储量巨大、可重复再生的矿产资源和种类繁多、数量惊人的海水化学资源。海洋中一切可被人类利用的物质和能量都叫海洋资源，它是指与海水水体及海底、海面本身有着直接关系的物质和能量，形成和存在于海水或海洋中的有关资源。包括海水中生存的生物，溶解于海水中的化学元素，海水波浪、潮汐及海流所产生的能量、储存的热量，滨海、大陆架及深海海底所蕴藏的矿产资源，以及海水所形成的压力差、浓度差等。

海洋资源可分为海洋生物资源、海洋非生物资源和海洋空间资源三大类。海洋生物资源包括植物资源、动物资源和微生物资源，主要指海洋中具有经济价值的海洋动物和海洋植物;海洋非生物资源包括海水化学资源、海底矿产资源和海洋能资源等;海洋空间资源包括生产空间、贮藏空间、通道空间、生活休闲娱乐空间及军事战略空间资源,指具有开发利用价值的海面、上空和水下的广阔空间。海洋资源按其属性主要包括有:海洋生物资源、海底矿物资源、海水资源、海洋能资源、海洋空间资源等,海洋油气资源是海底矿产资源的重要组成部分。按其有无生命分为海洋生物资源和海洋非生物资源。依据海洋资源的能否可再生性分为海洋可再生资源与海洋不可再生资源,显然,海洋油气资源属于不可再生资源。依据不同的海水深度,海底矿产资源可分为大陆架资源、大陆坡大陆裙底资源与深海海底资源。图 1-6 所示为海洋自然资源分类图。海洋资源是富饶而尚未被充分开发的自然资源宝库,各种各样的丰富的海洋资源还未被大众了解,富饶的海洋生物资源、丰富的海底矿产资源、蕴藏丰富的海洋能源、海洋人类的大药库以及丰富的海洋水资源是人类获取蛋白质、工业原料和能源的重要场所,而这些生物、矿产、能源、药物和水等海洋资源是人类未来生存与生活、社会进步和发展必不可少的有着极其重要作用的宝贵资源。

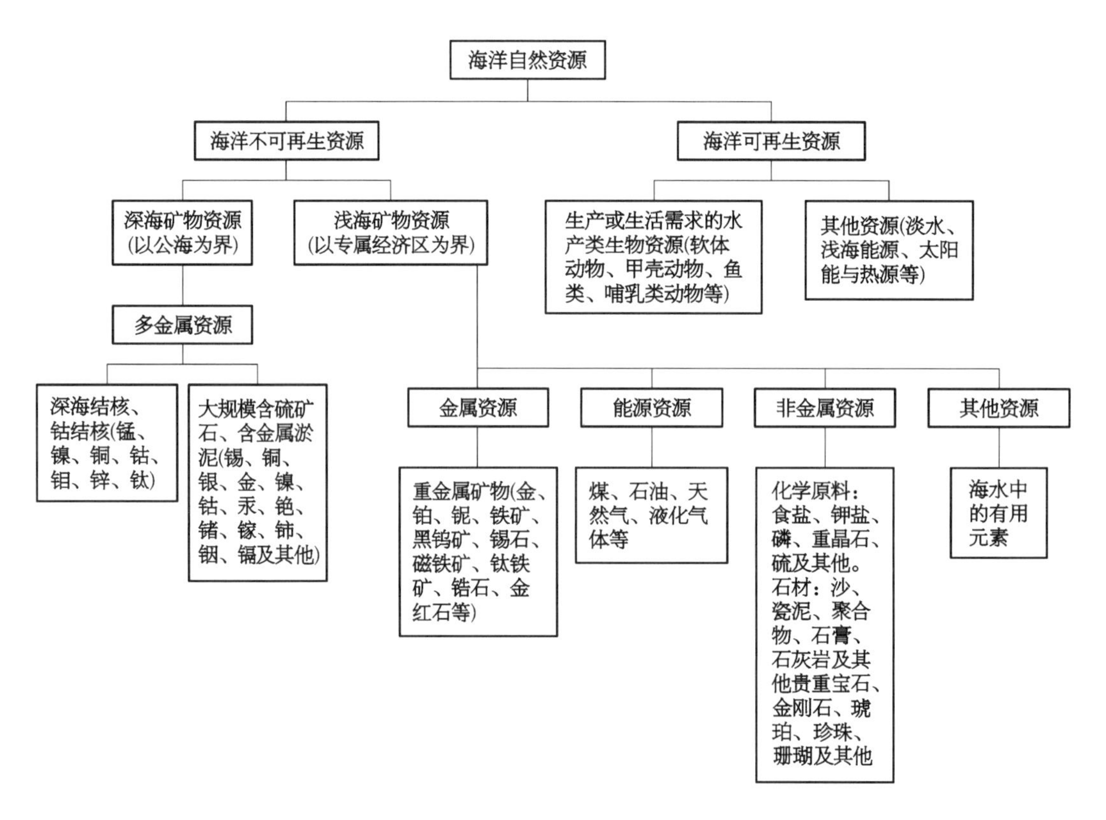

图 1-6 海洋自然资源分类图

1)海洋生物资源

海洋生物资源是海洋水域中具有开发利用经济价值的动植物种类和数量的总称,也称海洋水产资源。海洋中的动物和植物,是有生命、能自行繁殖和不断延续的海洋资源,通过物种的繁殖、发育、生长和新老替代,种群不断更新和补充,在一定的自我调节能力下处于相对稳定状态。地球上生物资源的80%以上在海洋，海洋中的生物多达20多万种，主要包括的门类有海洋鱼类、海洋软体动物、海洋甲壳动物、海洋哺乳动物和海洋植物，其中海洋动物18万余种，海洋植物2.5万余种。从低等植物到高等植物，素食动物到肉食动物，加上海洋微生物，构成了一个特殊的海洋生态系统，蕴藏着巨大的海洋生物资源。

(1) 海洋鱼类资源：海洋鱼类是海洋生物资源中最重要的一类，并且分布广泛，从两极到赤道海域，从海岸到大洋，从表层到万米左右的深渊都有分布，在海洋动物中以鱼类最多，有鱼类约2.5万多种，可供人类食用的鱼类就有1 500多种。海洋每年繁殖各种生物约400亿t，其中鱼类年生产量估计为6亿t(鲜重)。据专家估计，全球海洋浮游生物的年生产量(鲜重)为5 000亿t，在不破坏水产资源生态平衡的情况下，每年可提供30亿t海洋水产品，向人类提供的海洋水产品能养活300亿人口。鱼肉中含蛋白质、氨基酸很高，对促进智力发育、降低胆固醇和血液黏稠度、预防心脑血管疾病具有明显的作用，这是一座人类未来的极其丰富的粮仓。

(2) 海洋无脊椎动物资源：生活在海洋中的无脊椎动物种类相当繁多，约16万种，目前已被发现经济价值较高并被利用的约有130种，它们是海洋生物资源的重要组成部分，是海洋渔业生产的对象之一。无脊椎动物主要分头足类、贝类、甲壳类、海参与海蜇。头足类主要指乌贼、章鱼等，可食部分占60%～90%，还可作药用及其他一些用途。贝类常见的有牡蛎、贻贝、扇贝、蛤、珍珠贝、砗磲等。甲壳类动物约有2万多种，经济价值较大，已被开发利用的种类主要是虾类和蟹类，虾、蟹的可食部分占20%～70%。目前生活着5亿t磷虾，仅南极大陆周围海域，每年可以捕捞磷虾就达7 000万t，能向全世界三分之一人口提供基本蛋白质。海参属棘皮动物类，其经济价值极高。海蜇属腔肠动物类，海蜇又名水母，系一年生动物，营养价值也很高，同时也有药用价值。

(3) 海洋植物资源：海洋植物营养丰富，含有多种氨基酸、维生素、矿物质、还含有大量的非含氮有机化合物以及未知生长素，具有增强机体免疫力、抗病、抗病毒、促进生长等生物活性。海洋提供蛋白质的潜在能力是全球耕地生产能力的1 000倍。海洋中的植物大都是藻类，海藻种类繁多，形态多样，生态特性各异，其中大部分是浮游藻类，种类极多，几乎占藻类的99%以上。据有关专家测算，人们在海洋中若繁殖1 hm^2水面的海藻，加工后可获得20 t蛋白质，相当于40 hm^2耕地每年所产大豆蛋白质的含量，光近海领域生长的藻类植物加工成食品，年产量相当于目前世界小麦总产量的15倍。海藻是海洋里有机物的主要生产者，代表海洋生态系统的初级生产力。

2) 海洋非生物资源

(1) 海洋化学资源：海洋化学资源包括海水本身、海水溶解物。海水总体积为13.5亿km^3，海洋水体中含有80种元素，主要有11种元素(氯、钠、镁、钾、硫、钙、溴、碳、锶、硼和氟)，构成了海水中的主要盐类，占海水中含盐量溶解物质总量的99.8%～99.9%以上，其中镁、溴、碘、钾、铀、金、银等含量丰富，可提取的化学物质达50多种。据计算每立方千米海水中仅氯化钠就有2 720 t、氯化镁380 t、硫酸镁170 t、硫酸钙120 t、碳酸钙及溴化镁各10 t。如果把海水中的盐类全部提取出来，那么用它将北冰洋填平还有余，海洋真是个大盐库、聚宝盆。

海洋中的无机盐类约5亿亿t，镁1 800万亿t，钾500万亿t，溴95万亿t，银5亿t，金500万t，铀45亿t(相当于陆上铀矿储量的4 500倍)，淡水资源约13亿km^3。海水中还含有200万亿t重水，这是用于核聚变的宝贵原料，将成为电力的重要来源之一。氘的发热量是同等煤的200万倍，天然存在于世界海水中的氘就有45万亿t，一座百万千瓦的核聚变电站，每年耗氘量仅为 304 kg。

(2) 海底矿产资源：海洋中含有储量极为丰富的海底矿产资源。稀锰结核-锰结核是一种海底稀有金属矿源，锰结核广泛分布于 4 000～5 000 m 的深海底部，它是未来可利用的最大的金属矿资源，锰结核是一种再生矿物，每年约以 1 000 万 t 的速率不断地增长着，是一种取之不尽、用之不竭的矿产。世界各大洋中的锰结核矿总储量可达 3 万亿 t 左右，图 1-7 所示为全球大洋锰结核矿分布示意图。这种矿含有多种稀有金属元素，其中包括锰 4 000 亿 t，镍 164 亿 t、铜 88 亿 t、钴 58 亿 t，分别比陆地上储藏的锰、镍、铜、钴等金属还要高几十倍乃至几千倍。以当今的消费水平估算，除铜可供使用近千年外，其他几种金属元素可供人类使用 2 万～3 万年，如锰可供全世界用 33 000 年、镍用 25 300 年、钴用 21 500 年、铜用 980 年。

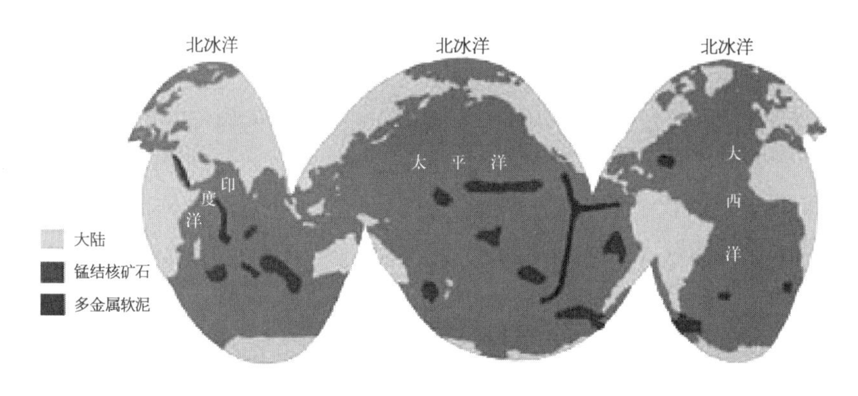

图 1-7 全球大洋锰结核矿分布示意图

海底热液矿藏称为"多金属软泥"，又称"重金属泥"，是由海脊(海底山)裂缝中喷出的高温熔岩，经海水冲洗、析出、堆积而成的，已发现 30 多处矿床，并能像植物一样以每周几厘米的速度飞快地增长。它含有金、铜、锌等几十种稀贵金属，而且金、锌等金属品位非常高，所以又有"海底金银库"之称。在当今技术条件下，虽然海底热液矿藏还不能立即进行开采，但它却是一个极具潜力的海底矿产资源宝库。

近海则分布有铜、铁、煤、硫、磷、石灰石等矿藏，如砂砾(建筑材料)、甲壳和文石(水泥原料)、锡矿砂、煤炭等矿产极其丰富。世界许多近岸海底已开采煤、铁矿藏。海滨沉积物中有许多贵重矿物，如：锆英石、钛铁矿、独居石、铬尖晶石、金红石、铌、锆铁矿、黄金、白金和银等经济价值极高的砂矿。

(3) 海洋油气资源：世界海洋蕴藏着极其丰富的油气资源，其石油资源量约占全球石油资源总量的 34%。探测结果表明，世界石油资源储量为 10 000 亿 t，可开采量约 3 000 亿 t，其中海洋石油资源储量为 1 350 亿 t 左右。世界天然气储量为 255～280 亿 m^3，海洋储量占 140 亿 m^3。可燃冰是一种被称为天然气水合物的新型矿物，据估计全球可燃冰的储量是现有石油天然气储量的两倍，可燃冰的发现为人类带来新的能源资源。

(4) 海洋能资源：由于海水运动产生海洋动力资源，即海洋能资源。海洋中蕴藏着丰富的动力能量，波涛汹涌的海水，永远不停地运动着，海洋能资源潜力巨大，主要包括有潮汐潮流能、波浪能、海流能、温差能、盐差能、海洋风能、海洋生物质能和海洋地热能等，这些能量是蕴藏于海上、海中、海底的可再生能源,这种能源可以再生,它们可以不断得到补充。人们可以把这些海洋能以各种手段将其转换成电能、机械能或其他形式的能,供人类使用。据估算,世界海洋再生能源的理论蕴藏量为 1 528 多亿 kW,其中波浪能 700 亿 kW、潮汐能 27 亿 kW、海流能 1 亿 kW、温差能 500 亿 kW、盐差能 300 亿 kW。蕴藏于海水中的这些海洋能是十分巨大的,其理论储量是目前全世界每年耗能量的几百倍甚至几千倍。

3) 海洋空间资源

海洋还是人类生存发展的广阔空间,海洋空间包括海面、海洋水体、海底和海岸带,整个海洋水体空间比高出海平面的陆地体积大十几倍,海洋空间可以用于海洋交通运输、海洋旅游业,也可以用于生产、生活、娱乐、储藏、通信和电力输送等。随着全球经济一体化进程的加快,国际贸易飞速发展,促进了国际航运业的加快发展,船舶海上航运流量和密度大幅增加,海洋运输货物量持续增长。

1.1.3 我国海洋资源分析

中国既是大陆国家,又是海洋国家。开发利用海洋资源,维护我国管辖海域的政治利益、经济利益、通道安全、科学研究等权益,并积极行使、利用和享有公海、南北极、国际海底资源等权益,对于实现中华民族的伟大复兴和拓展中华民族的发展空间,具有重要的战略意义。

1) 我国的海域情况

20 世纪 60 年代以来,为适应国际海洋开发、保护和管理的新形势,国际社会经过 20 多年的努力,通过了《联合国海洋法公约》,并于 1994 年 11 月 16 日正式生效。根据 1982 年通过的《联合国海洋法公约》规定,整个海洋可划分为内水、领海、群岛水域、毗连区、专属经济区、大陆架、公海和国际海底区域等海域,其中,领海和内水属于国家领土的范围,而毗连区、专属经济区和大陆架则组成国家管辖区域,一个国家管辖的海洋包括内水、领海、专属经济区和大陆架(图 1-8)。全球 144 个沿海国家除拥有 12 n mile 领海权外,其管辖海域面积可外延到200 n mile,沿海国家可以划定 200 n mile 专属经济区和大陆架作为自己的管辖海域,沿海国家享有勘探、开发、利用、保护、管理海床上覆水域及底土自然资源的主权权利。

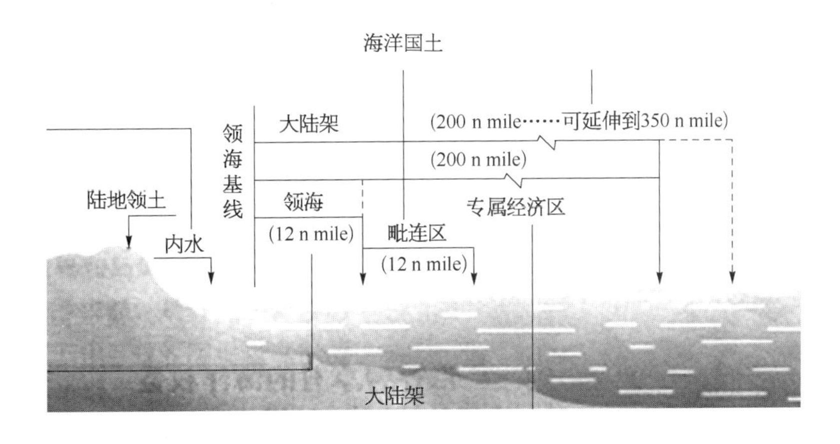

图 1-8 内水、领海、专属经济区和大陆架的海洋国土

中国位于亚洲东部，太平洋西岸，陆地面积约 960 万 km^2，仅次于俄罗斯和加拿大。中国领土北起漠河以北的黑龙江江心，南到南沙群岛南端的曾母暗沙，南北相距约 5 500 km；东起黑龙江与乌苏里江的汇合处，西到帕米尔高原，东西相距约 5 200 km。中国海岸线总长度 3.2 万 km，海岸线总长居世界第四，大陆海岸线北起鸭绿江，南至北仑河口，东部和南部的大陆海岸线长约 1.8 万多 km。浅海大陆架开阔，大陆架面积 130 万 km^2，位居世界第五。中国大陆的东部和南部濒临渤海、黄海、东海和南海，我国《专属经济区和大陆架法》的主张，中国领海为邻接其陆地领土和内水的一带海域，宽度从领海基线量起为 12 n mile，我国海域面积约 473 万 km^2，名列世界第九位，约相当于我国陆地面积的二分之一。

我国管辖海域南北跨度为 38 个纬度，兼有热带、亚热带和温带三个气候带，中国大陆的东部和南部濒临渤海、黄海、东海和南海。我国岛屿按其成因可分三类：基岩岛、冲积岛、珊瑚礁岛，东海约占岛屿总数的 60%，南海约占 30%，黄、渤海约占 10%。中国拥有渤海、黄海、东海和南海四大海域，在辽阔的中国海域上有面积在 500 m^2 以上的岛屿 6 536 个，总面积 72 800 多 km^2，岛屿岸线长 14 217.8 km，有人居住的岛屿为 450 个，其中最大的是台湾岛，面积约 3.6 万 km^2，其次是海南岛，面积约 3.4 万 km^2。

我国四大边缘海区为渤海、黄海、东海和南海：

（1）渤海海域：渤海是中国的内海，古称沧海，辽东半岛南端老铁三角与山东半岛北岸蓬莱遥相对峙，海面被辽东半岛和山东半岛呈拱形包围着，像一双巨臂把渤海环抱起来，三面环陆，岸线所围的形态好似一个葫芦。渤海地理位置如图 1－9 所示。渤海海域位于北纬 37°07′～41°，东经 117°35′～121°10′，海面面积约 7.7 万 km^2，平均水深为 25 m，渤海沿岸水浅，特别是河流注入地方仅几米深，而东部的老铁山水道最深，达到 86 m。渤海由北部辽东湾、西部渤海湾、南部莱州湾、中央浅海盆地和渤海海峡五部分组成，东以辽宁老铁山西角经庙岛至山东蓬莱角连线与黄海为界。渤海东部出口的渤海海峡与黄海相通，南北宽约 106 km，有 30 多个岛屿，其中较大的有南长山岛、砣矶岛、钦岛和皇城岛等，总称庙岛群岛或

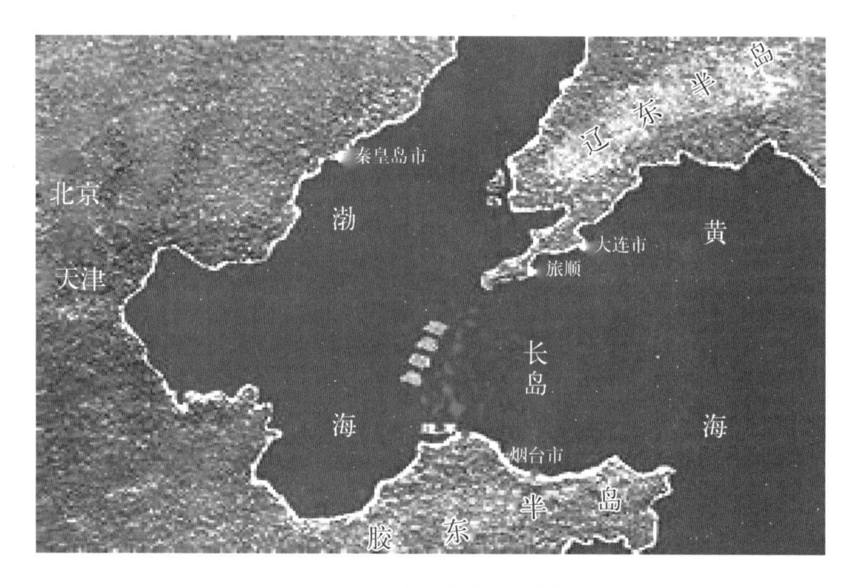

图 1－9　渤海地理位置示意图

庙岛列岛，其间构成8条宽狭不等的水道，扼渤海的咽喉，最宽的水道只有40 km(即老铁山水道)。渤海水温变化受北方大陆性气候影响，2月在0℃左右，8月达21℃。严冬来临，除秦皇岛和葫芦岛外，沿岸大都冰冻。3月初融冰时还常有大量流冰发生，平均水温11℃。由于大陆河川大量的淡水注入，又使渤海海水中的盐度是最低的，盐度仅30‰。

(2) 黄海海域：黄海是太平洋西部的一个边缘海，位于中国大陆与朝鲜半岛之间，是一个近似南北向的半封闭浅海，黄海西临山东半岛和苏北平原，东边是朝鲜半岛，北端是辽东半岛，如图1-10所示。黄海因受黄河、长江等大陆河流影响，河水中携带的大量泥沙将黄海近岸的海水染成了黄色，故名之。黄海海域位于北纬31°40′～39°50′，东经119°20′～126°50′之间。黄海西北以辽东半岛南端老铁山角与山东半岛北岸蓬莱角连线为界，通过渤海海峡与渤海相通，东部由济州海峡与朝鲜海峡相通，南以中国长江口北岸启东角与韩国济州岛西南角连线为界，与东海相连。中国山东半岛深入黄海之中，其顶端成山角与朝鲜半岛长山串之间的连线，将黄海分为北黄海和南黄海两部分，北黄海面积约7.1万km^2，南黄海面积约30.9万km^2。辽东半岛、山东半岛和朝鲜半岛西海岸曲折，多港湾岛屿。黄海面积约38万km^2，平均深度44 m，海底平缓，全部为东亚大陆架的一部分，中央部分深60～80 m，最大水深在济州岛北侧，深约140 m。黄海的水温年变化小于渤海，为15～24℃，表水温度夏季为25℃，冬季为2～8℃。黄海海水的盐度也较低，平均为31‰～32‰。

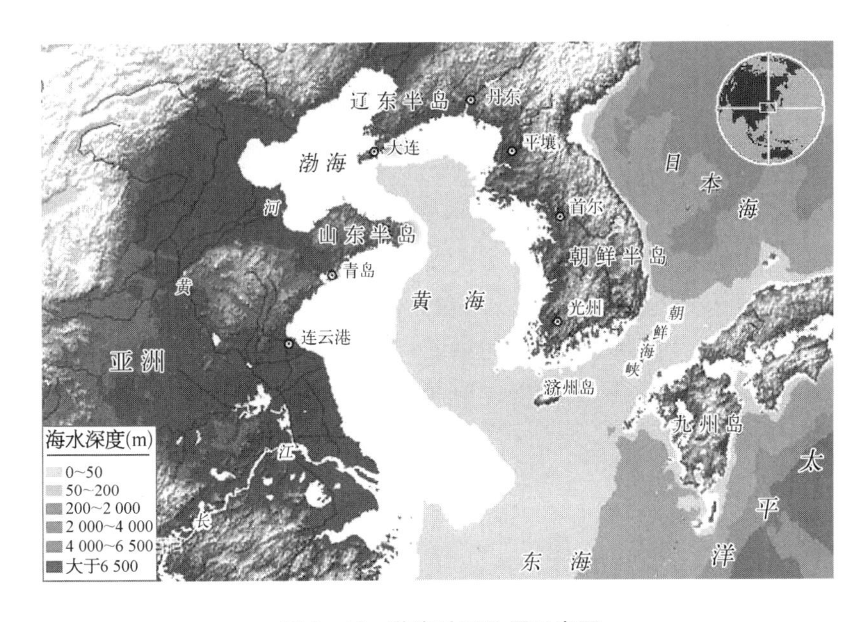

图1-10 黄海地理位置示意图

(3) 东海海域：东海是中国三大边缘海之一，是岛屿最多的海域，亦称东中国海，位于太平洋西北，是指中国东部长江的长江口外的大片海域，南接台湾海峡，北临黄海(以长江口北侧与韩国济州岛的连线为界)，东临太平洋，以琉球群岛为界，如图1-11所示。东海海域位于北纬23°00′～33°10′，东经117°11′～131°00′之间。东海北接黄海(以长江口北侧启东角与韩国济州岛西南角的连线为界)，东临太平洋(以琉球群岛为界)，南经台湾海峡与南中国海相通(以台湾岛南端鹅銮鼻与广东南澳岛连线为界),位于黄海的南面,中国大陆和台湾岛、琉球群岛和九州岛之间。东海大陆架十分发育,面积约占整个海域面积的66.7%,沿岸多港湾、岛屿。东海面积约77万 km^2,多为200 m以下的大陆架,东海大陆架平均水深72 m,全海域平均水深达349 m,最深处接近冲绳岛西侧(中琉界沟)约为2 700 m。海水温度平均9.2℃,冬季南部水温在20℃以上。盐度为31‰~32‰,东部为34‰。

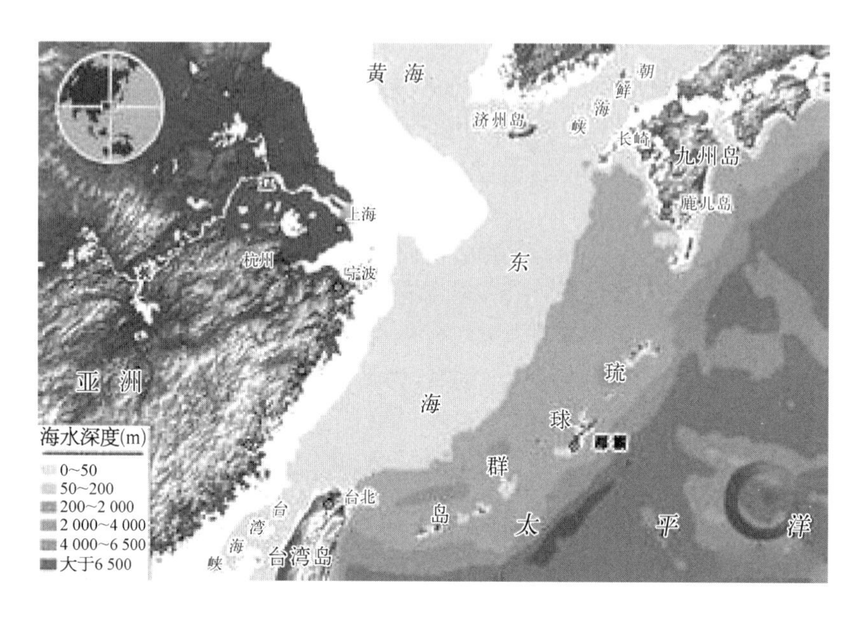

图1-11 东海地理位置示意图

(4) 南海海域:南海是我国最深、最大的边缘海,也是仅次于珊瑚海和阿拉伯海的世界第三大陆缘海。南海位于中国大陆的南方,在菲律宾群岛、加里曼丹岛、中南半岛和中国大陆之间。南海海域广阔,岛屿众多,其中包括我国第二大岛海南岛及东沙、西沙、中沙、南沙诸群岛。浩瀚的南海,通过巴士海峡、苏禄海和马六甲海峡等,与太平洋和印度洋相连。南海海域范围北起北纬21°06′的北卫滩,南至北纬3°58′的曾母暗沙,西起东经109°36′的万安滩,东至东经117°50′的海马滩。南海南北跨越19个纬度,南北长1 800 km,东西最宽900 km,面积约356万 km^2,南海九条断续线之内我国传统疆界的所有海域面积约为300万 km^2。我国南海75%海域的水深超过300 m,平均水深约为1 212 m,中部深海海盆平原水深大于4 000 m,其最深处在西沙与南沙之间,最深处达5 567 m,也是邻接我国最深的海区。我国最南边的曾母暗沙距大陆达2 000 km以上。

南海海域地理环境十分复杂,南海海域海底环境主要以大陆架、大陆坡和中央海盆三个部分呈环状分布,大陆架沿大陆边缘和岛弧分别以不同的坡度倾向深海海盆中,在中央海盆和周围大陆架之间是陡峭的大陆坡,分为东、南、西、北四个海区,南海海盆在长期的地壳变化过程中,造成了深海海盆,深海海盆矗立着27座高度超过1 000 m的海山(其中不少高度超过3 400~3 900 m)以及20多座400~1 000 m高的海丘,南海诸岛就是在海盆隆起的台阶上形成的,南海海域海底地形极为复杂。南海海域岛礁林立,主要有四个群岛,分别是东沙群岛、西沙群岛、中沙群岛、南沙群岛。南海位居热带，海水蒸发量大，盐度高，适于造礁和珊瑚繁殖。

南海海域和南海诸岛全部在北回归线以南，接近赤道，属赤道带、热带和亚热带海洋性季风气候，海洋气象异常，台风活动频繁，是台风多发区，常伴有龙卷风和暴雨，台风和龙卷风经过海域恶浪滔天，最高可达 14 m，素有“死亡航线”之称。南海海域由于接近赤道，接受太阳辐射的热量较多，所以气温较高，终年高温高湿，常夏无冬，年平均气温在 25～28℃，最冷的月份平均温度在 20℃以上，最热时极端达 33℃左右。一年中气温变化不大，温差较小，年温差 3～4℃，同时，南海表层海水温度也较高。北部 23～25℃，中部 26～27℃，南部 27～28℃，且季节的变化也不大。南海海水盐度最大可达 35‰，属高热、高湿、高盐海洋环境，潮汐平均落差约 2 m。

2）我国海洋资源

我国海域拥有丰富的海洋资源，在这片广阔的海域中蕴藏着丰富的海洋生物资源、海洋油气资源、海底矿产资源、海洋能源、海域（海洋空间）资源、海水资源等。

（1）海洋生物资源：中国海域的海洋生物资源丰富，海洋生物物种就有植物约 2 万余种，动物 1.25 万余种，药用生物 700 余种，海产鱼类 1 500 种以上，产量较大的有 200 多种。中国管辖海域内有海洋渔场 280 万 km^2，20 米以内浅海面积 2.4 亿亩，海洋生物资源种类丰富多样，已有描述记录的物种在 2 万多种，浅海滩涂生物约 2 600 种。我国海域海洋生物的物种较淡水多得多，有记录的 3 802 种鱼类，我国海域海洋就占 3 014 种。海产鱼类 1 500 种以上，产量较大的有 200 多种。最大持续渔获量和最佳渔业资源可捕量分别约为 470 万 t 和 300 万 t，海水可养殖面积 260 万 hm^2，海滩涂可养殖面积 242 万 hm^2。

（2）海洋油气资源：中国沿海有广阔的大陆架，包括渤海、黄海的全部，东海的大部和南海的近岸地带，这里分布着许多中-新生代沉积盆地，沉积层厚达数千米，估计油气储量可达数百亿吨。中国近海经物探查明多个具有含油气远景的大型沉积盆地，石油资源量估计约为 451 亿 t 左右，天然气资源量估计为 14.1 万亿 m^3，海洋油气资源蕴藏量十分惊人。南海九条断续线之内我国传统疆界的海洋油气资源量初步估计可达 350 亿 t 以上，其中 70%蕴藏于深海区域。我国还有大量的天然气水合物“可燃冰”资源，据对南海的初步调查，天然气水合物总资源量油当量，相当于全国石油总量的一半。

（3）海洋矿产资源：中国已在太平洋调查 200 多万 km^2 的面积，其中有 30 多万 km^2 为有开采价值的远景矿区，联合国已批准其中 15 万 km^2 的区域分配给中国作为开采区。富钴锰结核储藏在 300～4 000 m 深的海底，容易开采。中国已经在太平洋国际海底区域获得 7.5 万 km^2 多金属结核矿区的永久开采区，多金属结核储量 5 亿多 t，中国将永久拥有这一区域的海底主权，位于夏威夷群岛东南海域。我国海滨沙矿种类达 60 种以上，探明储量为 15.25 亿 t。中国大陆架浅海区广泛分布有铜、煤、硫、磷、石灰石等矿。我国重要海砂资源区面积 30 多万 km^2，已探明具有工业储量的滨海砂矿产地就约有 91 处。

（4）海洋能资源和其他：我国拥有丰富海洋可再生的自然能源资源，据初步查明，我国近海海洋可再生能源总蕴藏量为 15.80 亿 kW。我国漫长曲折的海岸线，蕴藏着十分丰富的潮汐能资源，理论蕴藏量达 1.1 亿 kW，可开发利用量约 2 100 万 kW，其中浙江、福建两省蕴藏量最大，相当可观。我国波浪能资源十分丰富，沿海沿岸波浪能的密度可达 5～8 kW/m，中国近海的波浪能总量约有 5 亿 kW，可开发利用的约 1 亿 kW。

海洋有丰富的空间资源，是人类生活、生产的重要场所，海域作为海洋空间资源对人类有着不可低估的价值，港口、锚地、航道、海上航行线路，都要占据重要的海域空间。中国的远洋航线以我国主要海港为起点，可分为东、西、南、北四个方向。这些航线把中国与世界主要经济区域联系起来。随着生产力水平的提高，人们在海上交通、海洋渔业、工业、文教和旅游等行业领域使用海域的活动会越来越多，海域也将和土地一样，作为一种生产要素，为社会经济发展做出重要贡献。中国广阔的海洋空间资源对于我国发展港口、海洋运输、渔业、工业、文教、旅游等都有着及其重大的作用。

1.2 人类与海洋的关系

1.2.1 人类依赖海洋生存和发展

海洋在人类赖以生存的地球上，以其巨大的分布面积，给人类的生活造成巨大而深远的影响。没有海洋，地球也会像月球和其他人类已探知的星球一样，成为死寂的、没有生命存在的星球。海洋调节着全球的气候，创造了人类能够生存的自然环境。人类古代文明，就是由大陆文化和海洋文化融合而成的。早期人类逐水而居，海洋成了必然的选择之一。早在史前人类就已经在海洋上航行，从海洋中捕鱼，以海洋为生，对海洋进行探索。人类的特性就是对未知世界的探求与渴望。早期生活在沿海地区的人类，是最早和海洋发生接触，他们最初在沿海滩涂采拾海贝、虾蟹和入海捕鱼，向海洋索取一些可以直接利用的资源。

海洋与陆地、大气共同组成了地球的基本环境。今天的人类，已多次登上地球上最高的地方——珠穆朗玛峰，多次到达宇宙空间，人造的太空探测器已达到太阳系的外层空间。然而，海洋的深处是个什么样子，人们还是不清楚的，虽然今天人类用潜水器、潜水艇对海洋进行探索，但对深海还是所知甚少。目前为止，人类已探索的海底只有5%，还有95%海洋的海底是未知的。今天，在我们这个星球上，人类惟一没有被征服的地方就是海底世界。

海洋创造了一个充满生机的生物世界，人类生命起源于海洋，海洋是生命的摇篮、资源的宝库，世界万物的母亲。人类生存与发展依赖于海洋，从生命演化的过程和人类血液和海水成分的比较，就可以看出人类来源于海洋的烙印，海洋对人类生存的进化甚至与每一种生物的进化都有着密切的联系。

1.2.2 海洋是人类资源宝库

海洋是生命的摇篮，是人类社会可持续发展的宝贵财富，是全球生命支持系统的一个组成部分。随着全球人口的不断膨胀和耕地的逐渐减少，资源问题日渐突出，于是人类不得不把解决这一问题的希望寄托于占据地球表面积71%却仍未被大众充分了解的海洋。现在越来越多的国家已经把海洋资源的开发列为重要课题。

海洋是人类社会生存和可持续发展的物质基础，浩瀚无垠的海洋，各种各样的丰富的海洋资源，对人类将来的生存与生活有着极其重要的作用，海洋中有丰富的食品、矿产、能源、药物和水产资源，对今后世界经济发展有着决定性作用，向海洋进军，开发利用海洋资源，成为扩大人类生存空间、增加资源储备的重要出路，世界各国对海洋资源和开发高度关注，不断强化海洋发展战略，运用高科技进行海洋的开发与管理。

海洋作为人类生命系统的基本支柱，不论过去、现在还是将来，对人类的生存、发展都起着决定性的作用，我们应充分利用海洋资源造福人类。21 世纪是海洋世纪，海洋是社会进步的巨大动力，海洋必将为改善人类的生存条件、为人类的可持续发展、为整个社会的进步做出更大的贡献。我们应坚持陆海统筹，发展海洋经济，科学开发海洋资源，进一步优化海洋产业结构，发展远洋渔业，推动海水淡化规模化应用，扶持海洋生物医药、海洋工程装备制造等产业发展，加快发展海洋服务业。

1.3 海 洋 开 发

1.3.1 海洋开发与人类可持续发展

当今世界人类的海洋资源开发是在一定的技术经济条件下，人类对海洋资源的发现、勘探和开采所采取的一切活动，是人类进行海洋开发，实现海洋实际价值所采取的手段的总称。海洋资源开发技术吸收和消化了各种现代科学技术、通用技术，使之适应海洋这个特殊的环境而形成的，它为传统海洋产业的改造和新兴海洋产业的迅速发展创造了条件，促进了海洋产业结构的调整。按海洋资源开发技术的性质，海洋资源开发技术分为海洋生物资源、海洋油气资源、海底矿产资源、海洋能源、海水综合利用和海洋环境保护等专项开发技术。如海洋生物技术促进了海水增养殖业的发展，把传统的“狩猎”式渔业改造为新兴的“栽培”式和“放牧”式渔业；深海采油技术不仅加速了海洋油气业的发展，也加速了海洋服务业的发展，使海洋油气业的产值达到占海洋开发总产值一半以上的水平。

进入 20 世纪 80 年代，一些发达国家便开始制定本国的科学技术发展战略，把海洋开发技术列入国家未来的发展战略规划之中。在海洋资源开发技术领域里，将深海勘探、水下作业、海水增养殖、油气开发、深海采矿、海洋能源转换、海洋渔产资源保护和信息收集系统、渔业捕捞技术，以及船舶技术现代化列为近期和中期海洋高技术的发展目标。众所周知，自然资源的状况，是一个社会和民族走上可持续发展道路的物质前提和基本条件。从这个意义上讲，可持续发展的社会和经济运行，实质上主要是在围绕可持续利用自然资源的基础上进行的。海洋资源作为自然资源的重要组成部分，不仅与其他资源一起，在整个资源大系统中发挥着不可替代的作用，而且正在显示出越来越重要的经济、社会价值。

随着陆地资源的日益减少，人类对海洋资源的依赖将日益增大，海洋资源将为人类解决资源短缺提供巨大的物质支撑力。海洋资源所具有的巨大潜力，为实现社会的可持续发展提供了物质基础。海洋资源在整个自然资源系统及社会发展中所具有的重要作用,决定了在其开发和利用过程中必须实现可持续性,可持续发展的核心是社会经济的发展不仅要考虑当代人的需要,而且要顾及子孙后代的发展需要,即要保证人类社会具有长远的、持续发展能力。科学合理地开发利用海洋资源,不断提高海洋资源的开发利用水平及能力,形成一个科学合理的海洋资源开发体系,通过加强海洋环境保护、改善海洋生态环境,来维护海洋资源系统的良性循环,实现海洋资源与海洋经济、海洋环境的协调发展,在发展中实现人口、资源、环境的协调统一,交给下一代一个良好的海洋资源环境。

1.3.2 海洋开发与新科技革命

21 世纪,以海洋生物技术和海洋工程技术为代表的海洋技术革命有可能掀起世界第五次生产力发展高潮。人类对海洋的探索和开发每前进一步,都与海洋科技的进步密不可分。造船技术的不断进步,使传统的海洋渔业及海洋运输业得以快速发展;现代海洋高新技术的诞生,使一批新兴海洋产业得以形成。海洋产业的规模和水平直接取决于海洋科技水平的高低,全球性海洋环境保护和海洋自然灾害的预防等也需要先进的海洋科技。因此,开发海洋资源、保护海洋环境、发展海洋产业,关键在于提高海洋科技水平,海洋科技是海洋研究、开发和管理必不可少的支撑条件。

海洋科技与核能、宇航科技被科学家们称为当代世界三大尖端科技领域。谁能掌握先进的海洋科技,谁就能在海洋竞争中占有优势。因此,从某种意义上讲,国际海洋竞争也是海洋科技尤其是海洋高新技术的竞争。发展海洋科技,尤其是海洋高新技术已成为世界新技术革命的重要内容,受到许多国家的高度重视。可见,以高新技术提高国际海洋产业竞争能力,已成为发达国家海洋发展战略的核心。世界海洋高新技术从 20 世纪 60 年代开始发展以来,已经在许多领域取得显著进展,特别是近十多年来发展尤为迅速。目前,世界海洋高新技术沿着三个主要方向发展:

1）深海资源勘探开发技术

海洋资源勘探开发技术主要包括深海油气开发技术、深海采矿技术、深潜水技术、深海资源勘探开发技术、海洋生物技术等。一些发达国家的海洋开发研究机构都把海洋高技术列为重点项目。为了开发深海油田,一些国家正在开发深海钻探技术,深海采油装置,深海采矿技术,也已逐渐成熟。

2）海洋环境灾害监测技术

由于海洋开发是在与陆地不同的特殊环境中进行的,它不仅取决于开发技术本身,在很大程度上还依赖于海洋环境保护。因此,必须相应地发展海洋环境状况和海洋灾害监测与预报技术。随着卫星遥感技术的快速发展,为海洋表面和水下大范围海洋探测提供了可能,为海洋环境灾害预防提供了技术基础。因此,海洋卫星遥感和水下声学探测系统已成为海洋环境高新技术的主攻方向。

3）海洋生物技术

海洋生物技术也是今后海洋高新技术发展的一个重要领域,其重点是通过生物遗传工程和分子生物学研究,培育、改良生物优良品种,改变生物习性和性别,发展海洋农牧化生产技术,从某些海洋生物中提取具有抗病毒、抗肿瘤、抗细菌的活性物质,研制新的海洋药物。

1.3.3 海洋科技革命与海洋新兴产业

纵观人类文明的发展史，科学技术的每一次重大突破，都会引起生产力的深刻变革和人类社会的巨大进步。现代海洋科技属高新科技领域，海洋高新科技进步将引发新的产业革命，开创一个新纪元，引发新的产业革命，在世界范围内掀起新的生产力发展高潮。海洋科技是海洋研究、开发和管理必不可少的条件。

在海洋科技方面：海洋生物技术、海洋卫星遥感技术、深海钻探技术、海水淡化技术、水声技术等高新技术都已经和正在取得重大进展，成为世界新技术革命的重要内容。21世纪，海洋高科技在改造海洋运输、海洋捕捞、海洋盐业等传统产业的同时，正在培育和即将培育出一批新兴产业。海洋产业将成为21世纪全球的主导产业，一批新兴海洋产业的兴起，将带动相关产业与之配套，如海洋船舶工业、海洋机械工业、海洋电子工业、海洋勘探业、海洋信息业、海洋预报业、海洋保险业等，并将进一步带动钢铁、冶金、化工等工业形成庞大的新产业群，将改变世界的陆海经济结构。

世界深海资源产业逐渐向多元化方向发展，包括深海矿产资源勘查技术、深海矿产资源开采技术和深海矿产资源选冶技术。海洋装备制造业方面，目前国际上水下运载装备、作业装备、通用技术及其设备已形成产业，有诸多专业提供各类技术、装备和服务的生产厂商，已形成了完整的产业链。海洋信息化产业方面，目前正向宽范围、实时化、立体化，网络化方向发展。发展海洋科学技术，重点在深水、绿色、安全的海洋高技术领域取得突破，并加快推进智慧海洋工程建设。

海洋是人类进行开发利用的巨大资源宝库，是关系可持续发展和国家安全的战略领域，发展战略性海洋新兴产业，把可持续发展作为战略方向，把争夺海洋经济科技制高点作为战略重点，是当前国际经济背景下，我国经济发展战略的必然选择。国家对海洋产业特别是战略性海洋新兴产业的关注，已经成为国家战略的重要组成部分和应对国际金融危机的政策着力点，发展战略性海洋新兴产业适逢其时。海洋战略性新兴产业是以科技含量大、技术水平高、环境友好为特征，处于海洋产业链高端，引领海洋经济发展方向，具有全局性、长远性和导向性作用的海洋新兴产业，主要包括：海洋工程装备制造业、海洋药物和生物制品业、海洋可再生能源业、海水综合利用业、现代海洋服务业等。党的十八大提出了发展海洋经济、保护海洋环境、维护海洋权益，建设海洋强国最重要的是拥有管控海洋的强大综合实力，必须优先发展海洋科技与海洋新兴产业，发展战略性海洋产业，发展海洋新兴产业是顺应世界发展潮流的最佳选择。

1.3.4 海洋开发与海洋环境保护

海洋与人类的生存关系重大，保护海洋环境也是人类的共同责任，责无旁贷。目前，全球面临的三大危机之一的环境问题，在海洋方面如局部海域污染严重、次生灾害增加、部分海洋资源和自然景观受到破坏等也非常突出。海洋的污染日益严重，给人类生产、生活带来灾害性后果，用牺牲环境利益的办法换取经济的畸形发展是十分有害的。200多年以来工业革命发展实践证明，人类光靠日趋强大的科学技术手段和征服手段，无节制地向大自然索取，拼命地掠夺，虽然创造了巨大的物质财富，但却从根本上损害了地球文明环境的基本生态，不可避免地出现了全球性的环境污染、资源破坏、物种灭绝、人欲横流与生态失衡。

污染容易，治理污染则相当困难，西方发达国家在污染问题上所走的弯路证明了这一点。一系列严重的、全球性的环境问题，极大地威胁着全人类及整个生物圈的合理存在。正是在如此严峻的生态失衡的形势下，才爆发了世界性的环境保护运动。健康的海洋环境使人类得以繁衍和发展，而恶化的海洋环境特别是海洋灾害，可以给人类造成最沉重的损害。毋庸置疑，人类对海洋的利用和控制能力在不断提高，但无论这种能力提高到什么程度，人类都不可能摆脱海洋环境对自己的支配性作用，都不可能不受海洋环境状况的影响。因此，保护好人类生存与发展的最后一个空间，是个重大战略问题，这是历史赋予当代人的神圣使命。

保护海洋生态环境，我国应深入实施以保护海洋生态系统为基础的综合管理，推进海洋主体功能区建设，优化近岸海域空间布局，科学控制开发强度。严格控制围填海规模，加强海岸带保护与修复，自然岸线保有率不低于35%。严格控制捕捞强度，实施休渔制度。加强海洋资源勘探与开发，深入开展极地大洋科学考察。实施陆源污染物达标排海和排污总量控制制度，建立海洋资源环境承载力预警机制。建立海洋生态红线制度，实施“南红北柳”湿地修复工程和“生态岛礁”工程，加强海洋珍稀物种保护。加强海洋气候变化研究，提高海洋灾害监测、风险评估和防灾减灾能力，加强海上救灾战略预置，提升海上突发环境事故应急能力。实施海洋督察制度，开展常态化海洋督察。

第 2 章

海洋产业与海洋油气资源开发

2.1 海洋产业

2.1.1 海洋产业定义与分类

1）海洋产业定义

海洋产业是指人类开发、利用海洋，保护海洋所进行的各类生产和服务活动，包括海洋渔业、海洋油气业、海洋矿业、海洋盐业、海洋化工业、海洋生物医药业、海洋电力业、海水利用业、海洋船舶工业、海洋工程建筑业、海洋交通运输业、滨海旅游等主要海洋产业，以及海洋科研教育管理服务业。在人类发展的漫长历史中，海洋开发大致经历了多年的时间，一直延续到20世纪60年代世界产业革命中取得的各种成就，各种科学技术，不断被应用于传统海洋产业。随着现代科学的迅速发展，陆续出现一些新兴的海洋产业，各种海洋资源在开发活动中形成了不同的海洋产业，有的甚至作为支柱产业带动了区域经济的发展，如在19世纪末人类在海底发现了石油。第二次世界大战之前，从海水中提取镁砂获得成功。而从20世纪60年代开始的，海洋石油开发等新兴海洋产业的大规模兴起，使得海洋产业发展进入了一个新的现代海洋产业发展阶段。

2）海洋产业分类

现代海洋产业通常分为以下五个领域：

（1）直接从海洋获取产品的生产和服务；

（2）直接从海洋获取的产品的一次加工生产和服务；

（3）直接应用于海洋和海洋开发活动的产品的生产和服务；

（4）利用海水或海洋空间作为生产过程的基本要素所进行的生产和服务；

（5）与海洋密切相关的海洋科学研究、教育、社会服务和管理。

在世界范围内已发展成熟的海洋产业有：海洋渔业、海水养殖业、海水制盐及盐化工业、海洋石油工业、海洋娱乐和旅游业、海洋交通运输业和滨海砂矿开采业等。我国对海洋产业作如下划分：

（1）海洋第一产业：包括海水养殖、海洋捕捞、远洋捕捞、海洋渔业服务业和海洋水产品加工等活动。

（2）海洋第二产业：

① 海洋油气业：在海洋中勘探、开采、输送、加工原油和天然气的生产活动。

② 海洋矿业：包括海滨砂矿、海滨土砂石、海滨地热、煤矿开采和深海采矿等采选活动。

③ 海洋盐业：利用海水生产以氯化钠为主要成分的盐产品的活动，包括采盐和盐加工。

④ 海洋化工业：包括海盐化工、海水化工、海藻化工及海洋石油化工的化工产品生产活动。

⑤ 海洋生物医药业：以海洋生物为原料或提取有效成分，进行海洋药品与海洋保健品

的生产加工及制造活动。

⑥ 海洋电力业：在沿海地区利用海洋能、海洋风能进行的电力生产活动。不包括沿海地区的火力发电和核能发电。

⑦ 海水利用业：对海水的直接利用和海水淡化活动，包括利用海水进行淡水生产和将海水应用于工业冷却用水和城市生活用水、消防用水等活动，不包括海水化学资源综合利用活动。

⑧ 海洋船舶工业：以金属或非金属为主要材料，制造海洋船舶、海上固定及浮动装置的活动，以及对海洋船舶的修理及拆卸活动。

⑨ 海洋工程建筑业：在海上、海底和海岸所进行的用于海洋生产、交通、娱乐、防护等用途的建筑工程施工及其准备活动，包括海港建筑、滨海电站建筑、海岸堤坝建筑、海洋隧道桥梁建筑、海上油气田陆地终端及处理设施建造、海底线路管道和设备安装，不包括各部门、各地区的房屋建筑及房屋装修工程。

（3）海洋第三产业：

① 海洋交通运输业：以船舶为主要工具从事海洋运输以及为海洋运输提供服务的活动，包括远洋旅客运输、沿海旅客运输、远洋货物运输、沿海货物运输、水上运输辅助活动、管道运输业、装卸搬运及其他运输服务活动。

② 滨海旅游：包括以海岸带、海岛及海洋各种自然景观、人文景观为依托的旅游经营、服务活动。主要包括：海洋观光游览、休闲娱乐、度假住宿、体育运动等活动。

③ 海洋相关产业：以各种投入产出为联系纽带，与主要海洋产业构成技术经济联系的上下游产业，涉及海洋农林业、海洋设备制造业、涉海产品及材料制造业、涉海建筑与安装业、海洋批发与零售业、涉海服务业等。

④ 海洋科研教育管理服务业：开发、利用和保护海洋过程中所进行的科研、教育、管理及服务等活动，包括海洋信息服务业、海洋环境监测预报服务、海洋保险与社会保障业、海洋科学研究、海洋技术服务业、海洋地质勘查业、海洋环境保护业、海洋教育、海洋管理、海洋社会团体与国际组织等。

未来新的海洋产业已初见端倪，且具有极其良好发展前景的海洋生产和海洋服务行业，如：深海采矿业、海水直接利用业、海水淡化业、海洋能利用业和海洋生物制药业等。其他海洋产业还包括海洋石油化工、滩涂林业、海洋地质勘查业、海事保险、海洋专用设备制造业、海洋信息服务业、海洋环境保护、海洋科研教育事业等。

2.1.2 海洋产业发展趋势

随着海洋高新技术的不断进步，人类对海洋的开发、利用和保护活动将不断发展和扩大，海洋资源开发是一项具有广阔前景、不断扩大和发展的全球性宏伟事业。现代海洋产业包括为开发海洋资源和依赖海洋空间而进行的生产活动，以及直接或间接为开发海洋资源及空间的相关服务性产业活动，由这样一些产业活动形成的经济集合均被视为现代海洋经济范畴。

1）现代海洋资源开发及发展趋势

除传统的海洋渔业、海洋交通运输业和海盐业以外，现代海洋资源开发与陆地经济活动相比，属于新兴领域。现代海洋资源开发和利用大致包括以下几个方面，即：海水以及所含物质资源的提取；海洋生物资源的开发利用；海底金属、矿物、油气资源的勘探开发；海洋能（波浪能、潮汐能、温差能等）开发；海洋空间的开发利用等。由于开发利用的内涵与目的有着巨大的差异，所采取的开发技术和工程设施也千差万别。海洋资源开发技术的水平直接决定了对海洋资源的开发利用程度，对保障经济社会持续发展所需的资源和能源供给具有至关重要的作用。现代海洋资源开发出现如下发展趋势：

（1）海洋资源开发的科学技术不断进步。现代科学技术不断应用于海洋资源开发领域，并成为新技术革命的重要内容之一。20 世纪 70 年代以来，很多发达国家把遥感技术、电子计算机技术、激光技术、声学技术等应用于海洋，极大地提高了人类开发利用海洋的能力，促进了海洋开发向深度和广度发展。

（2）海洋资源开发的规模和范围日益扩大。20 世纪 60 年代以来，海洋资源开发进入了新的阶段，海洋科学和技术迅猛发展，陆续出现和兴起了海洋石油工业、海底采矿业、海水养殖业、海水淡化和旅游业等新兴产业。海洋资源开发的范围也从近海不断向深海远洋发展，人类正在向着全面开发利用海洋的阶段迈进。

（3）海洋资源开发的物质产品不断增多。现代的海洋资源开发不但可以为人类提供大量的动物蛋白质，还可以提供巨量能源和工业原料，提供建立海上工厂、海底仓库、海上公园等生产和生活空间。海洋资源开发产值越来越大，海洋经济的地位越来越重要。

2）*海洋矿产能源资源开发*

海洋矿产能源资源是指蕴藏在海底地层中海洋矿产能源资源，主要包括石油和天然气、天然气水合物（可燃冰）、海底金属矿产、滨海矿砂、煤等海洋矿产能源。目前，世界上的主要能源是石油、天然气、煤等化石燃料的矿产能源，而且也是宝贵的化工原料。

（1）海洋油气资源：海洋矿产能源资源的开发主要集中在海洋油气资源这一海洋矿产能源的开发，也就是海洋石油、天然气资源开发。在世界工业和经济的高速发展环境中，人类对能源的需求迅速增长，能源资源消耗量急剧增加，陆上矿产能源资源在全球范围内日趋短缺和枯竭，能源危机逐渐显现。随着海洋矿产能源资源勘探开发技术的发展，特别是海洋石油、天然气勘探与开采技术的发展，人们把更多目光投向海洋，作为未来矿产能源的补充来源，海洋油气资源开发已成为当今世界的热点。

海洋油气资源开发主要有勘探与开采两个阶段。海洋油气资源勘探阶段要经过地质调查、地球物理勘探、钻探等三个步骤。地质调查是指在调查分析海洋地质构造的基础上，用回声测探仪来研究海底地质、地形的特点。完成地质调查后，对可能形成储油构造的海区进行地球物理勘探，其基本方法主要包括重力、磁力、人工地震等勘探方式。地球物理勘探的结果只能是理论上说明海底储油构造的存在与否，至于海底是否有石油，还要取决于最后一步的钻探，分析钻探取得的岩芯，就可以得出油层的变化规律、性质以及分布情况，从而完成勘探阶段的使命而进入开采阶段。

海洋油气资源开采阶段要经过钻井和采油两道工序。在钻井工序中，人们使用海上钻井装置向海底钻探。为适应不同需要，钻井装置又分为固定式与移动式两个种类，钻井作业范围也从浅近海区逐渐扩大到几百米甚至几千米的深水海域。海上采油是海洋油气资源开采的最后一道工序，也是最终目的。目前，世界上使用的采油装置主要有固定式生产平台、浮式生产系统、人工岛屿和海底采油装置这四种形式。在浅近海区最为常用的是固定式生产平台，在深水海域使用最广的是浮式生产系统，随着海洋油气资源开发技术的不断发展，在高海况海域的海洋采油装置的使用将会日益广泛。图 2－1 所示为海洋油气资源开发装备。

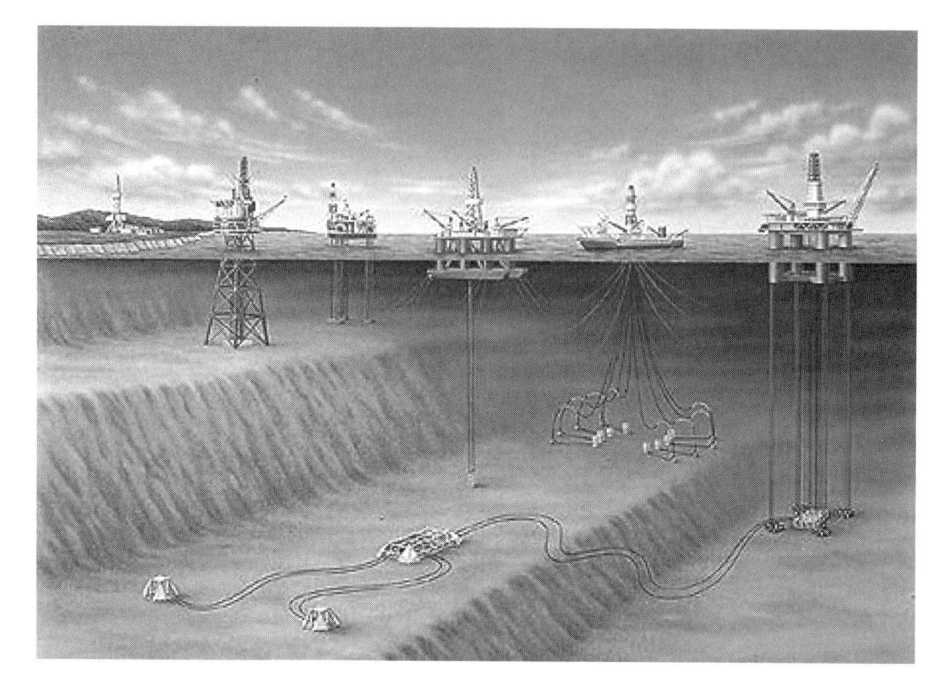

图 2－1　海洋油气资源开发装备

图 2－2　天然气水合物“可燃冰”

（2）可燃冰资源：可燃冰是一种白色固体物质，外形像冰，有极强的燃烧能量，是被称为天然气水合物的新发现的海洋矿产能源资源，主要由水分子和烃类气体分子（主要是甲烷）组成，所以也称它为甲烷水合物。天然气水合物“可燃冰”如图 2－2 所示。天然气水合物是在一定条件（合适的温度、压力、气体饱和度、水的盐度、pH 值等）下，由气体或挥发性液体与水相互作用过程中形成的白色固态结晶物质。一旦温度升高或压强降低，甲烷气则会逸出，固体水合物便趋于崩解。1 m^3 的可燃冰可在常温常压下释放 164 m^3 的天然气及 0.8 m^3 的淡水，所以固体状的天然气水合物往往分布于水深大于 300 m 以下的海底沉积物或寒冷的永久冻土带中。海底天然气水合物依赖巨厚水层的压力来维持其固体状态，其分布可以从海底到海底之下 1 000 m 的范围以内，再往深处则由于地温升高其固体状态遭到破坏而难以存在。

天然气水合物在海洋生态圈通常出现在深层的沉淀物结构中，或是在海床处露出，据推测是因地质断层深处的气体迁移，以及沉淀、结晶等作用，由上升的气体流与海洋深处的冷水接触所形成。天然气水合物其矿层厚、规模大、分布广、资源丰富，在自然界广泛分布于深海沉积物或大陆永久冻土、岛屿的斜坡地带、活动和被动大陆边缘的隆起处、极地大陆架以及海洋和一些内陆湖的深水环境，由天然气与水在高压低温条件下形成的类冰状的结晶物质。天然气水合物从物理性质来看，天然气水合物的密度接近并稍低于冰的密度，剪切系数、电解常数和热传导率均低于冰。开采时只需将固体的“天然气水合物”升温减压就可释放出大量的甲烷气体。由于可燃冰在常温常压下不稳定，天然可燃冰呈固态，不会像石油开采那样自喷流出，为了获取这种清洁能源，当前世界许多国家都在研究天然可燃冰的开采方法，如：采用热解法、降压法和二氧化碳置换法等开采方法，开采的最大难点是保证井底稳定，使甲烷气不泄漏、不引发温室效应，一旦开采技术获得突破性进展，那么可燃冰立刻会成为21世纪的主要能源。

可燃冰燃烧能量密度高，产生的能量比煤、石油、天然气要多出数十倍，而且燃烧后几乎不产生任何残渣，污染比煤、石油、天然气都要小得多，避免了污染问题。所以，科学家们把可燃冰称作“属于未来的能源”。可燃冰的形成至少要满足三个条件：第一是温度不能太高，如果温度高于20℃，它就会“烟消云散”，因此海底的温度最适合可燃冰的形成；第二是压力要足够大，海底越深压力就越大，可燃冰也就越稳定；第三是要有甲烷气源，海底古生物尸体的沉积物，被细菌分解后会产生甲烷。天然气水合物在全球范围内广泛存在，这一点已得到广大研究者的公认。在地球上大约有27%的陆地是可以形成天然气水合物的潜在地区，而在世界大洋水域中约有90%的面积也属这样的潜在区域，所以可燃冰在世界各大洋中均有分布。已发现的可燃冰主要存在于北极地区的永久冻土区和世界范围内的海底、陆坡、陆基及海沟中，在20世纪，日本、苏联、美国均已发现大面积的可燃冰分布区，中国也在南海和东海发现了可燃冰。

科学家评价结果表明，仅在海底区域可燃冰的分布面积就达4 000万km^2，占地球海洋总面积的四分之一。2011年，世界上已发现的可燃冰分布区多达116处，其矿层之厚、规模之大，是常规天然气田无法相比的，据估计全球可燃冰的储量约是当前已探明的所有化石燃料（包括煤、石油和天然气）中碳含量总和的2倍，也是现有石油天然气储量的2倍。如果这些预计属实的话，天然气水合物将成为一种未来丰富的重要能源。

3）海洋能资源开发

辽阔的海洋不仅蕴藏着丰富的海洋矿产能源资源，还有着用之不竭的海洋可再生能源资源，也就是海洋能资源。海洋能资源通常指海洋中所蕴藏的自然能源，主要为潮汐能、波浪能、海流能、温差能、盐差能等，更广义的海洋能还包括海洋上空的海洋风能、海洋表面的海上太阳能、海底地层的海洋地热能以及海洋生物质能等，不包括海底储存的煤、石油、天然气等化石能源和“可燃冰”，也不含溶解于海水中的铀、锂等化学能源。海洋能以它自己独特的形态与方式所表达的动能、势能、热能、化学能等海洋能源，这是一种可再生性能源，永远不会枯竭，也不会造成任何污染。潮汐能和海流能来源于太阳和月亮对地球的引力变化，其他均源于太阳辐射。海洋能按储存形式又可分为机械能、热能和化学能，其中潮汐、海流、波浪和冰块移动为机械能，海水温差和冰块温差为热能，海水盐差为化学能，浮游生物、海草为生物质能。

海洋能是各种可再生能源中类型最多的一种，其开发利用基本转换原理所涉及的学科技术种类较多，包括流体力学与流体机械，工程热物理和电化学等。目前，海洋能开发利用主要有以下几种形式：

(1) 潮汐能：潮汐是海水受到月球、太阳等天体引力作用而产生的一种周期性海水自然涨落现象，潮汐能是指潮汐运动时海水潮涨和潮落所形成水的势能，是人类认识和利用最早的一种海洋能资源。在涨潮的过程中，汹涌而来的海水具有很大的动能，随着海水水位的升高，就把大量海水的动能转化为势能；在退潮过程中，海水又奔腾而去，水位逐渐降低，大量的势能又转化为动能。海水的往复流动称为潮流，海水在涨潮、退潮的运动中所包含的大量动能和势能统称为潮汐能，一般平均潮差在 3 m 以上就有实际应用价值。潮汐能开发利用的主要方式是发电，通过储水库在涨潮时将海水储存在储水库内，以势能的形式保存，然后，在落潮时放出海水，利用高、低潮位之间的落差，推动水轮机旋转，带动发电机发电，潮汐能的能量与水的流量和潮落差成正比。图 2－3 所示为潮汐能发电技术示意图。潮汐能和通常的水力发电相比，潮汐能的能量密度很低，相当于微水头发电的水平。

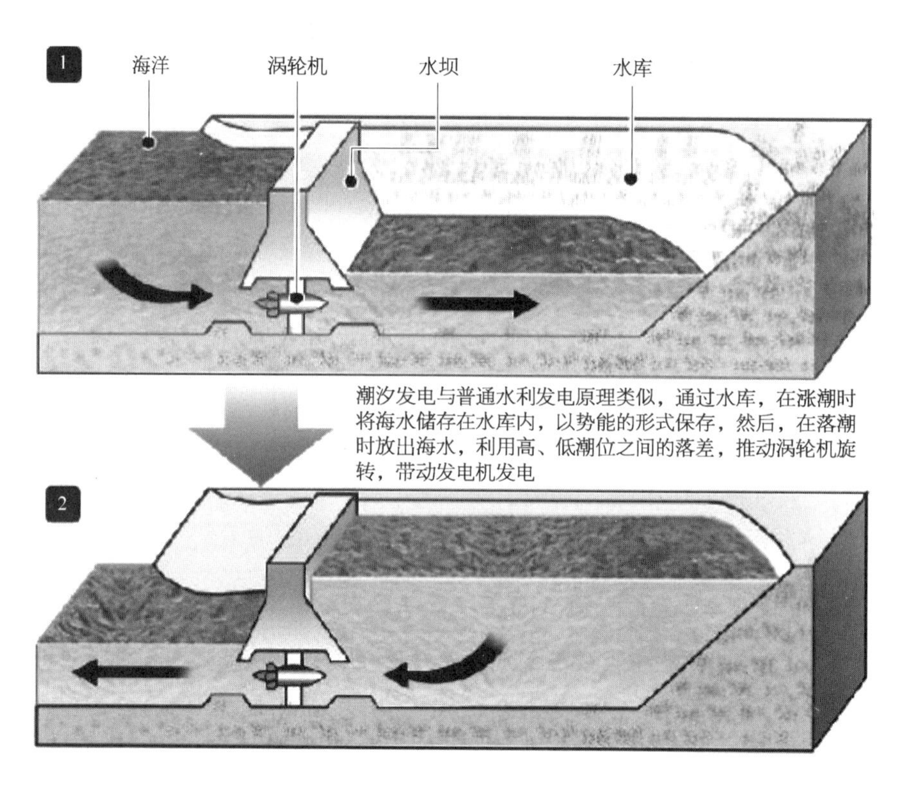

图 2－3　潮汐能发电技术示意图

(2) 波浪能：太阳照射在不同地区产生的温度不平衡形成了风，风吹过海面时，把一部分能量传给了海水，形成了起伏运动的波浪。波浪能主要是在风的作用下引起海洋表面的海水沿水平方向周期性运动，波浪具有一定的动能和势能。动能以海水粒子的运动速度描述，势能是偏离于平均海平面的海水质量的函数。当风速大、与海水作用的流程长传给海水的能量就大，波浪的波长越长，波浪运动越快。波浪的能量与波高的平方、波浪的运动周期以及迎波面的宽度成正比。波浪能储量巨大，但波浪能也是海洋能源中能量最不稳定的一种能源。波浪能开发利用大部分源于利用浮体在波浪作用下的振荡和摇摆运动、波浪压力变化、波浪爬升将波浪能转换成水的势能等基本原理。波浪发电是波浪能利用的主要方式，如图2-4所示为波浪能筏式发电装置，此外，波浪能还可以用于抽水、供热、海水淡化以及制氢等。目前波浪发电技术已逐步接近实用化水平。

图2-4　波浪能筏式发电装置

(3) 海流能：海流也称为洋流，是海洋中的海水朝一个方向较为稳定地有规律的不断流动，海流能是指海水流动所产生的动能。如同空气一样，海水也不是固定的，它受地球转动、太阳月亮运动使海水流动、固定风向持续吹过海面使海水流动，另外海水温度、盐度及所含悬浮物的差异也会形成海水流动。海水总是在流动着，就像江河的水流一样，携带着巨大的能量。海流能主要是指海水流动的动能，海流能的能量与流速的平方和流量成正比。海流的动能非常大，相对波浪而言，海流能的变化要平稳且有规律得多。在海底水道和海峡中较为稳定的海水流动与由于潮汐引起的有规律的海水流动是最有利用价值的海流能。海流能利用方式主要是发电，其原理就是利用海流的冲击力使水轮机旋转，再带动发电机发电，人们形象地把海流发电装置比喻成水下风车，如图2-5所示为桨叶式坐底海流发电机效果图。由于海流发电装置必须放于水下，故存在一系列的技术问题，包括固定形式、透平设计、安装维护、电力输送、防腐、海洋环境中的载荷与安全性能等关键技术。

(4) 温差能：温差能是指海洋表层海水和深层海水之间水温之差的热能。海洋表面把太阳辐射能的大部分转化成为热能并储存在海洋的上层，另一方面，接近冰点的海水大面积地在不到1 000 m的深度从极地缓慢地流向赤道，这样就在许多热带或亚热带海域终年形成20℃以上的垂直海水温差，海水温差能就是因深部海水与表面海水的温度差而产生能量，利用这一温差可以实现热力循环并发电。目前温差能发电主要有开放循环式、封闭循环式和混合循环式三种方式，如图2-6所示为温差能热力循环发电原理及电站示意图。随着海域位置的不同，海洋温差能差别也较大，温差能开发利用的最大困难是温差的大小，能量密度也太低。

图 2-5 桨叶式坐底海流发电机效果图

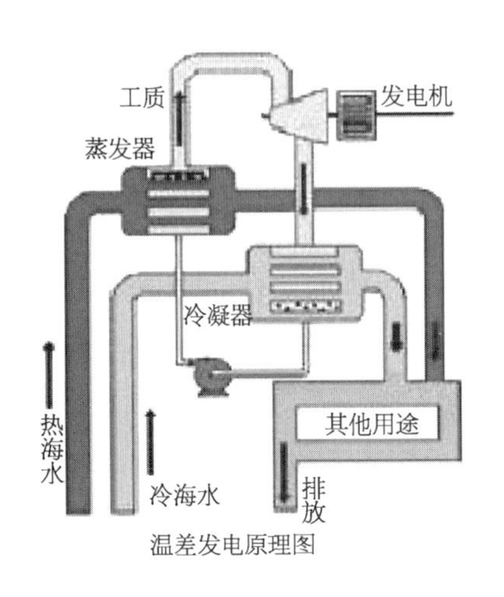

温差发电原理图

温差能发电站构思图

图 2-6 温差能热力循环发电原理及电站示意图

(5) 盐差能：海水属于咸水，含有大量矿物盐，海水含盐浓度远大于江河水，河水属于淡水，在陆地河水流入大海的江河入海口交界区域，当咸水和淡水两种不同浓度的溶液混合在一起时，就会形成盐度差和较高的渗透压力，淡的溶液就会向浓的溶液方向渗透，即淡水会向咸水方向渗透，直至浓度平衡为止，这种渗透就带有压差，在两种水体的接触面上会产生一种物理化学能。盐差能是指海水和淡水之间或两种含盐浓度不同的海水之间的化学电位差能，发电原理实际上是利用浓溶液扩散到稀溶液中释放出的能量，利用化学渗透膜隔开浓、淡水，构成盐度差能发电，图 2-7 所示为盐差能发电原理示意图。一般在海水含盐度为

3.5%时，其和河水之间的化学电位差有相当于 240 m 水头差的能量密度，从理论上讲，如果这个压力差能利用起来，从河流流入海中的每立方英尺的淡水可发 0.65 kW·h 的电，一条流量为 1 m^3/s 的河流的发电输出功率可达 2 340 kW。从原理上来说，这种水位差可以利用半透膜在盐水和淡水交接处实现。盐度差能发电主要有渗透压法、渗析电池法和蒸汽压差法等几种不同类型。目前，世界上只有以色列建了一座 150 kW 的盐差能发电实验装置，盐度差能发电还处于试验阶段，实用性盐差能发电站还未问世，人类要大规模地利用盐差能发电还有一个相当长的过程。

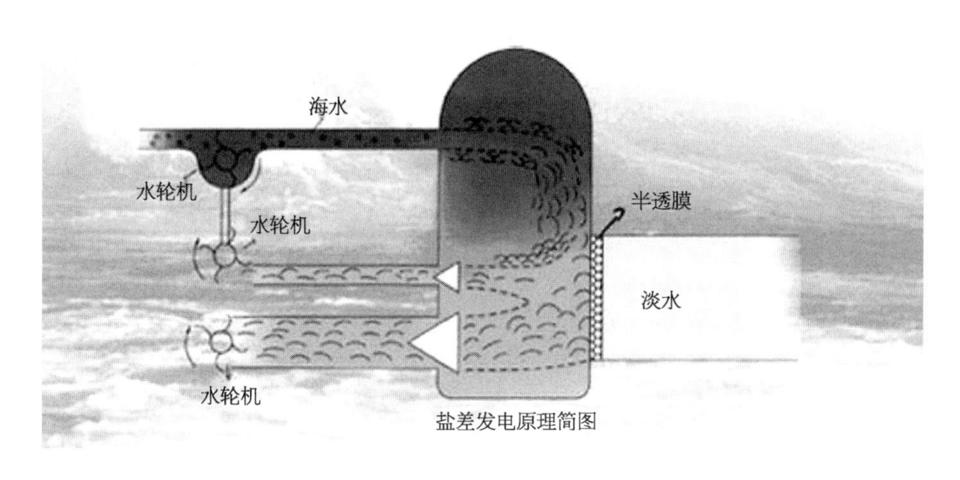

图 2-7　盐差能发电原理示意图

（6）海洋风能：风力发电是把风能转变为电能的技术，它把风的动能转变为风轮轴的机械能。利用风力带动巨大的风轮叶片旋转，发电机在风轮轴的带动下旋转发电，为获得绿色的电能人们建造了陆上风电场与海上风电场。海上风能资源较陆上要大，同高度风速海上一般比陆上大 20%，发电量高 70%，而且海上少有静风期，风电机组利用效率较高。图 2-8 所示为海上风电场。海上风机也称为海上风力涡轮机，主要由叶轮（包括叶片和轮毂）、机舱、发电机、传动系统、偏航系统、控制系统、塔筒、连接件及基座等结构组成。目前海上风电场的规模基本保持在 50～100 台风机，海上风电机组的一般单机容量在 2～5 MW 左右，大型风机的功率已有超过 7.5 MW 的，转叶的直径一般为 80～120 m，机舱和转叶约重 200～450 t，机舱的高度在海面 70～90 m 以上。风电机组年利用小时数一般在 3 000 h 以上，有的高达 4 000 h 左右。

海水表面粗糙度低，海平面摩擦力小，因而风切变即风速随高度的变化小，不需要很高的塔架，可降低风电机组成本。海上风的湍流强度低，海面与海上的空气温差比陆地表面与陆上的空气温差小，且没有复杂地形对气流的影响，因此作用在风电机组上的疲劳负荷减少，可延长其使用寿命。在海上开发利用风能，受噪声、景观影响、鸟类影响、电磁波干扰等问题的限制较少。海上风电场不占陆上土地，不涉及土地征用等问题，海上风能的开发利用不会造成大气污染和产生任何有害物质，可减少温室效应气体的排放，环保价值可观，是典型的绿色能源。

海上风电技术开发的首要环节是建设大型海上风电场，然后利用风电场中所配备的相

图 2-8　海上风电场

关设备对海上风能进行利用。海上风电场建设的最大缺点是海上发电成本高,海上风电场的设计同时要考虑风、浪、冰、海流等的作用和影响,相对于陆上风电场相比,海上作业难度大,建设海上风电场在基础设施、安装等工程的投资相对比较高,此外海洋潮湿的环境和周围的盐雾容易引起结构和部件的腐蚀。风力发电机发出的电能一般是不能直接用在电器上的,先要储存起来,储能技术还需改进。海上风电场一般距离电网较远,且海底敷设电缆施工难度大,电力远距离输送和并网相对困难。

目前,海上风电场风能发电技术已成为欧美国家竞相研究和待开发的一项重要项目,据欧洲风能协会预测,到 2030 年,海上风电装机量约占世界风电总装机总量的比例将提高至 40%,未来海上风电场的发展潜力非常巨大。海上风电场的发展将越来越快,未来可能朝着风机更大、水域更广、成本更低、安全性更高、基座型式更多的方向发展,可能会拥有 300 多台单机功率达 7 MW 及以上的风机。同发展相对成熟的欧洲海上风电场相比,我国海上风电场建设处于起步阶段,国家在规划中提出到 2020 年底我国海上风电装机容量将达到 3 000 万 kW。

2.1.3　我国海洋产业情况

海洋经济是开发、利用和保护海洋的各类产业活动,以及与之相关联活动的总和。经过多年的高速增长,我国海洋经济规模不断壮大,海洋经济总量巨大。过去十年,中国海洋经济完成了由海洋第一产业向第二、第三产业的转型,海洋第二产业比重提升至 45%以上。近几年来中国海洋经济的增长速度开始放缓,进入了由高速增长阶段向中高速阶段的转换期,海洋产业结构调整步伐加快。全国各沿海省市地区,海洋经济发展总体势头良好,海洋经济在新常态下总体保持了平稳的增长态势,部分领域进展突出,部分海洋产业位居世界前列。中国在海洋上拥有广泛的战略利益,国家发展对海洋资源、空间及安全的依赖程度大幅提高,未来一段时期海洋经济发展的核心任务应是:坚持陆海统筹,发展海洋经济,科学开发海洋资源,保护海洋生态环境,维护海洋权益,建设海洋强国。

据统计，2014 年全国海洋生产总值达到 59 936 亿元，比上年增长 7.7%，海洋生产总值对全国 GDP 贡献约为 9.4%。海洋生产总值是海洋经济生产总值的简称，指按市场价格计算的沿海地区常住单位在一定时期内海洋经济活动的最终成果，是海洋产业和海洋相关产业增加值之和。“十二五”期间，海洋经济发展水平高于同期国民经济整体水平，全国海洋生产总值年均增长率比全国 GDP 年均增长率高出 0.22 个百分点。“十二五”期间，中国的海洋战略性新兴产业年均增速达 20%以上，其中，海洋新兴产业、未来海洋产业逐步显示出其成长性。以海洋工程装备制造业为例，2014 年全球海洋工程装备新接订单规模为 340 亿美元，中国以 139 亿美元的订单总额居首，市场份额由 2013 年的 24%上升到 2014 年的 41%，位列世界第一。

根据国家海洋局 2016 年 3 月发布的《2015 年中国海洋经济统计公报》显示：2015 年我国海洋产业总体保持稳步增长，其中，海洋渔业、海洋盐业保持平稳发展态势，海水养殖和远洋渔业产量稳步增长；海洋油气产量保持增长，但受国际原油价格持续走低影响，增加值同比小幅下降；海洋船舶工业加速淘汰落后产能，转型升级成效明显，但仍面临较为严峻的形势；沿海港口生产总体放缓，航运市场持续低迷，海洋交通运输业增加值增速放缓；海洋电力业发展平稳，海上风电场建设稳步推进；海水利用业保持平稳的增长态势，发展环境持续向好；重大海洋工程稳步推进，海洋工程建筑业快速发展；海洋矿业、海洋化工业、海洋生物医药业、滨海旅游业均继续保持较快增长，邮轮游艇等新兴海洋旅游业态蓬勃发展。

1）海洋经济总体运行情况

据初步数据核算：2015 年全国海洋生产总值 64 669 亿元，比上年增长 7.0%，海洋生产总值占国内生产总值的 9.6%。其中，海洋产业增加值 38 991 亿元，海洋相关产业增加值 25 678 亿元。海洋第一产业增加值 3 292 亿元，第二产业增加值 27 492 亿元，第三产业增加值 33 885 亿元，海洋第一、第二、第三产业增加值占海洋生产总值的比重分别为 5.1%、42.5%和 52.4%。据测算，2015 年全国涉海就业人员 3 589 万人。图 2－9 所示为 2011—2015 年全国海洋生产总值发展态势。

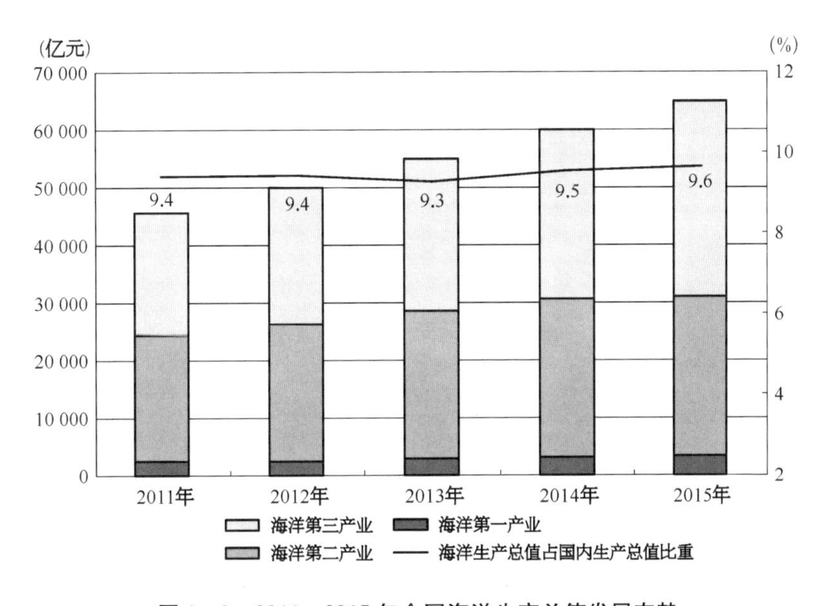

图 2－9　2011—2015 年全国海洋生产总值发展态势

2）主要海洋产业发展情况

2015年，我国海洋产业总体保持稳步增长。其中，主要海洋产业增加值26 791亿元，比上年增长8.0%；海洋科研教育管理服务业增加值12 199亿元，比上年增长8.7%。图2－10所示为2015年国内主要海洋产业增加值构成图。2015年国内海洋生产总值情况见表2－1。

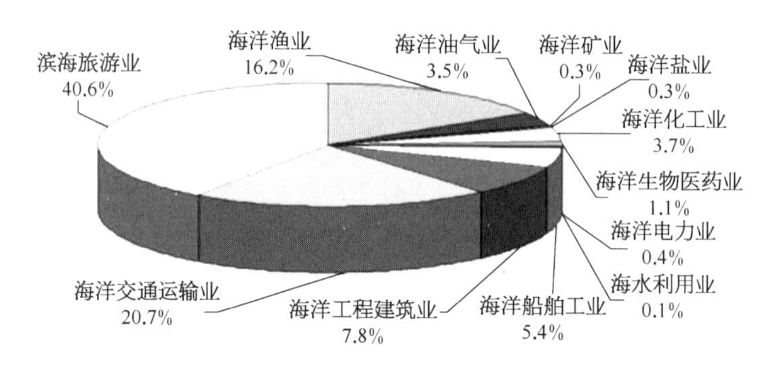

图2－10　2015年国内主要海洋产业增加值构成图

表2－1　2015年国内海洋生产总值情况

产　业　名　称	总量(亿元)	增速(%)
海洋生产总值	64 669	7.0
海洋产业	38 991	8.2
主要海洋产业	26 791	8.0
海洋渔业	4 352	2.8
海洋油气业	939	−2.0
海洋矿业	67	15.6
海洋盐业	69	3.1
海洋化工业	985	14.8
海洋生物医药业	302	16.3
海洋电力业	116	9.1
海水利用业	14	7.8
海洋船舶工业	1 441	3.4
海洋工程建筑业	2 092	15.4
海洋交通运输业	5 541	5.6
滨海旅游业	10 874	11.4
海洋科研教育管理服务业	12 199	8.7
海洋相关产业	25 678	—

注：上述资料来源于2016年3月国家海洋局的“2015年中国海洋经济统计公报”。

2015年我国主要海洋产业发展情况如下：

(1) 海洋渔业：海洋渔业保持平稳发展态势，海水养殖和远洋渔业产量稳步增长。全年实现增加值4 352亿元，比上年增长2.8%。

(2) 海洋油气业：海洋油气产量保持增长，其中海洋原油产量 5 416 万 t，比上年增长 17.4%，海洋天然气产量 136 亿 m^3，比上年增长 3.9%。受国际原油价格持续走低影响，全年实现增加值 939 亿元，比上年下降 2.0%。

(3) 海洋矿业：海洋矿业快速增长，全年实现增加值 67 亿元，比上年增长 15.6%。

(4) 海洋盐业：海洋盐业平稳发展，全年实现增加值 69 亿元，比上年增长 3.1%。

(5) 海洋化工业：海洋化工业较快增长，全年实现增加值 985 亿元，比上年增长 14.8%。

(6) 海洋生物医药业：海洋生物医药业持续快速增长，全年实现增加值 302 亿元，比上年增长 16.3%。

(7) 海洋电力业：海洋电力业发展平稳，海上风电场建设稳步推进。全年实现增加值 116 亿元，比上年增长 9.1%。

(8) 海水利用业：海水利用业保持平稳的增长态势，发展环境持续向好，全年实现增加值 14 亿元，比上年增长 7.8%。

(9) 海洋船舶工业：海洋船舶工业加速淘汰落后产能，转型升级成效明显，但仍面临较为严峻的形势。全年实现增加值 1 441 亿元，比上年增长 3.4%。

(10) 海洋工程建筑业：海洋工程建筑业快速发展，重大海洋工程稳步推进。全年实现增加值 2 092 亿元，比上年增长 15.4%。

(11) 海洋交通运输业：沿海港口生产总体放缓，航运市场持续低迷。全年实现增加值 5 541 亿元，比上年增长 5.6%。

(12) 滨海旅游业：滨海旅游继续保持较快增长，邮轮游艇等新兴海洋旅游业态蓬勃发展。全年实现增加值 10 874 亿元，比上年增长 11.4%。

3) 区域海洋经济发展情况

环渤海地区是环绕渤海(包括部分黄海)的沿岸地区所组成的经济区域，主要包括辽宁省、河北省、天津市和山东省三省一市的海域与陆域，2015 年海洋生产总值 23 437 亿元，占全国海洋生产总值的比重为 36.2%。

长江三角洲地区由长江三角洲的沿岸地区所组成的经济区域，主要包括江苏省、上海市和浙江省两省一市的海域与陆域。2015 年海洋生产总值 18 439 亿元，占全国海洋生产总值的比重为 28.5%。

珠江三角洲的沿岸地区所组成的经济区域，主要包括广东省所辖的广州、深圳和珠海等城市的海域与陆域，2015 年海洋生产总值 13 796 亿元，占全国海洋生产总值的比重为 21.3%。

2.2　海洋油气资源开发

埋藏在海底的石油、天然气和可燃冰，不论其生成条件是否属于海洋环境，都列入海洋油气资源范畴。各国在海上勘探开发石油、天然气和可燃冰的活动正向纵深发展，在海洋找油、找气的调查、勘探作业不断扩大，海洋油气资源的勘探开发已成为重要的经济发展项目，目前深水和超深水的油气资源的勘探开发已经逐渐成为世界油气开采的重点领域。

2.2.1 海洋油气资源储藏和分布

油气藏的形成包括油气的生成、运移和储集等存在一系列复杂过程。石油与天然气只有集聚在具有封闭条件的各种类型圈闭内（如构造圈闭、地层圈闭或混合圈闭等）才能形成油气藏。海底油气藏的圈闭类型大多属于穹窿背斜地质构造，其次为由断层活动形成的滚动背斜或倾斜断块地质构造，不整合面形成的生物礁构造或潜山地质构造，盐膏层、软泥岩或火山岩形成的底辟地质构造，以及深海扇、浊积砂、沿岸砂坝、河道砂和三角洲形成的地层-岩性圈闭地质构造等。由于重力分异作用，天然气集聚在含油气地质构造的顶部，中部为石油储环，低处为水体，或因产生油气的母质类型不同和差异集聚或油气运移等因素，一个地质构造带可能全部为气田，另一个地质构造带全部为油田。近 50 多年来，海上石油勘探查明海底蕴藏有丰富的石油和天然气资源。

据专家测算，地球上陆地约有 32%的面积是可蕴藏石油、天然气的沉积盆地，而海洋里的大陆架（水深 300 m 以内）则有 57%的面积是可蕴藏油、气的沉积盆地，此外，大陆坡和大陆隆中也发现了大量油气资源。世界上大陆架的面积约有 2 700 多万 km^2。大陆架和深海（如海沟带）之间，还有段很陡的斜坡，称为大陆坡，已发现这里也有大量的油、气资源。如在墨西哥的深达 3 500 多 m 的海渊中钻井，探明有含油沉积岩层，因此，大陆坡将成为人们向海洋探寻油气宝藏的新场所。大陆坡的面积比大陆架还要大，有 3 800 多万 km^2，两者合计相当于陆地沉积岩盆地面积的两倍。

大陆边缘与小洋盆邻近陆地，常有大河注入，通常覆有较厚的富含有机质的沉积物。海洋的这些区域具有形成油、气积聚层需要的最好的地质条件，通常这是地壳稳定拗曲区域，覆盖着非常厚的沉积物，有的沉积厚度可达 10 km 以上。陆地的油矿与气矿一般是与这样的地带联系着的，大陆架是陆地的直接延续，大约在一万多年前也曾经是陆地的一部分，几乎所有的大陆架都可成为勘探、开发石油的对象和场所，而都是很有希望的海洋油气区，加之水深较小，便于开发，因此，海洋石油资源的勘探和开发主要集中在大陆架区，然而，水深较大的大陆坡和大陆隆，也拥有良好的油气远景。

大部分拥有出海口的国家均在从海底寻找并开采石油与天然气，大陆边缘和小洋盆地区蕴藏着丰富的油气资源，世界上已发现的海上油气田，大都分布在浅海陆架区。迄今世界各地已发现的海洋油气田 1 600 多个，其中 70 多个是大型油气田。已开发的近海油气田主要有中东波斯湾的背斜圈闭型油气田，美国墨西哥湾和西非尼日利亚的三角洲相沉积滚动背斜型油气田和盐丘构造型油气田，委内瑞拉马拉开波湖的断块型油气田，欧洲北海南部的二叠系断裂背斜气田、中部的第三系背斜油气田和北部的侏罗系倾斜断块-潜山油气田，东南亚在印尼、马来西亚、中国南海、文莱和泰国湾亦已发现了一系列第三系背斜油气田。

在世界大洋中，深海洋盆与大陆边缘、小洋盆的油气远景有明显的不同。深海洋盆区上覆沉积层一般较薄（平均为 500 m），有机质含量较低，地温偏低，地层多呈水平产状，沉积物粒度细等，缺乏良好的储集条件。大洋中脊顶部虽然地温高，但沉积层极薄或缺失，因此，90%的深海洋盆区海底缺乏海洋油气开发远景。但在某些被动延续的大陆边缘外侧，巨厚的陆缘沉积物延伸至深海洋区，可能是具有一定希望的海洋油气区，如北美东部、阿根廷、南极洲和非洲西部岸外的深海洋区，并已发现深海洋区存有油、气资源。一些由大陆边缘延伸至洋盆区的海岭，如鲸鱼海岭、科科斯海岭和纳斯卡海岭等，其附近可堵截形成较厚的沉积层，可望含有油气。洋盆中的微型陆块及其周缘海域，一些火山岛和无震海岭的周围海域，也可能含有油气。

2.2.2　海洋油气资源开发历程

海洋油气资源开发是因追踪陆地油气田在海底延伸的过程中兴起的，海洋石油勘探开发是在近海岸的极浅海中开始的。1890 年代，在美国加利福尼亚海岸边，人们开始根据陆地油气田向海洋延伸的趋势，开展了海边浅水海域的石油钻井。在 19 世纪 20 年代美国在委内瑞拉的马拉开波湖进行了石油普查钻井。随之，苏联也根据泥火山理论，在里海开始了从巴库到阿普塞隆近海油气田的勘探开发，当时是以木制的固定栈桥与陆岸相连接开展海边浅水海域的油气勘探。

到了 20 世纪 60 年代末期，欧洲许多国家在北海海域陆续开始油气勘探，并使这个地区成为世界上油气勘探开发最活跃的地区。70 年代初，全世界有 75 个国家在近海寻找石油，其中有 45 个国家进行海上钻探，30 个国家在海上采油。到了 80 年代，全世界从事海上石油勘探开发的国家或地区超过 100 个。目前，世界各国在海上寻找石油、天然气的活动正在向纵深发展，在海洋找油、找气的调查、勘探工作不断扩大，毗邻沿海国家的大陆架上的油气勘探开发井架、平台林立，好一派红红火火的繁荣景象，海洋油气资源的勘探、开发，已成为沿海国家重要的经济活动内容。

在世界大洋及数十处近海海域中，石油、天然气含量最丰富的数波斯湾海域，约占总贮量的一半左右。第二位是委内瑞拉的马拉开波湖海域。第三位是北海海域。第四位是墨西哥湾海域。其次是我国沿海，东南亚海域以及澳大利亚、西非等海区。1995 年，世界海洋石油产量达 9.6 亿 t，占世界石油总产量的近三分之一；海洋天然气产量达 4 400 亿 m^3，占世界天然气总产量的四分之一；世界海洋油气业产值占整个海洋经济总产值的 60%，在世界海洋经济产业中占据霸主地位。世界近海石油储量，1989 年已探明为 365.6 亿 t，主要分布在中东沿海和墨西哥湾；世界海洋油气产量较多的国家是英国、美国、墨西哥、沙特阿拉伯、卡塔尔、阿拉伯联合酋长国等。海洋油气开发为沿海一些国家带来了经济上的繁荣，石油工业带动了地区经济的发展，使这些国家的经济实力大增。

由于深海油气资源的极大魅力，未来几年，在深海的投资将会不断增大，深海油气所占的比重也会越来越大，而且油气产量也将会稳步上升，成为世界油气产量增长的新源泉。在深海油气产区，巴西、西非和美国墨西哥湾仍将占据主要的地位。

2.2.3　海洋油气资源开发特点

海洋油气资源的生产过程一般分为勘探和开发两个阶段。海上勘探原理和方法与陆地上勘探基本相同，也分普查和详查两个步骤，其方法是以地球物理勘探法和钻井勘探法为主，其任务是探明油气藏的构造、含油面积和储量。普查是从地质调查研究入手，主要通过地震、重力和磁力调查法寻找油气构造。在普查的基础上，运用地球物理勘探分析了解海底地下岩层的分布、地质构造的类型、油气圈闭的情况以确定勘探井井位。然后，采用钻井勘探法直接取得地质资料，分析评价和确定该地质构造是否含油、含油量及开采价值。

海洋油气资源的开发包括：开发钻井、完井采油、油气分离处理和油气集输等四个主要环节，开发钻井是继勘探钻井之后，为开采油气所进行的钻井，即为钻生产井。海上石油生产与陆地上石油生产所不同的是要求海上生产设备体积小、重量轻、高效可靠、自动化程度高、布置集中紧凑。一套全海上的油气生产处理系统包括：油气计量、油气分离稳定、原油和天然气净化处理、轻质油回收、污水处理、注水和注气系统、机械采油、天然气压缩、火炬系统、油气贮存及外输系统等。

海洋油气资源勘探开发与陆地开发的主要不同点是：海洋具有一层汹涌澎湃的海水，海洋环境十分恶劣，而随着水深的不断增加，这种环境的恶劣程度将更趋剧烈，海洋油气资源开发难度骤增。因此必须使用当代最先进的科学技术，包括：海洋工程装备和船舶制造技术、卫星定位与计算机应用技术、现代机械制造、电机和液压技术、现代环境保护和长效防腐蚀技术等多项高新技术，以便解决浮动式海洋工程装备及海工船舶在海上恶劣环境状态下的勘探和开发，及所进行的海上钻井、完井、油气水分离处理、废水排放和海上油气的储存和输送等海上作业问题。因此，海洋油气资源开发是一项高风险、高技术、高投入的系统工程，必须采用高技术和高额资金的投入。

海洋油气资源勘探和开发有以下几个主要特点：

1）勘探方法的特点

海洋地球物理勘探技术与装备与陆地截然不同，海洋地震勘探必须采用专门的船舶，采用大功率、高压空气压缩机组等装备产生和释放高能力地震波，穿透 6 000～10 000 m 以上的海底地层，由漂浮在离水面一定深度的多道检波电缆接收。而陆地则多用放炮或可控液压、机械震动的震源，效率比海上低很多，然而海洋地球物理勘探的成本也是十分高昂的。

2）钻井工程的特点

在海上钻井，要比陆上复杂得多，因为在海上要到海洋平台上钻井，根据不同的水深，需要采用不同的钻井平台。海上钻勘探井和开发井，必须采用专门的钻井平台（船）、大功率的海洋钻机、适应船体升沉平移运动而保持船位与钻压的专用钻井水下与水面设备，其每口井的成本要比陆地钻井高 5～10 倍。

3）油气集采输的特点

海上采油与集输，都需要适应海洋的特殊环境，采用与陆地差异很大的高技术性能的采油、集输工艺和装备（如各类生产平台和海洋采油装置等），随着海上工作水域深度的增加，成本也在快速增加。

4）工作环境的特点

海上钻井、采油作业者的作业器材和生活物资，都需要用船舶和直升机运送，与陆上相比，海洋有狂风巨浪，受海洋环境影响大，装备和设施极易遭到损坏，另外作业空间也比较狭窄，作业费用和人工成本平均投入高很多。

2.2.4 全球海洋天然气水合物——“可燃冰”资源

自 20 世纪 60 年代以来，人们陆续在冻土带和海洋深处发现了一种可以燃烧的“冰”，这种可以燃烧的“冰”在地质上称之为天然气水合物（natural gas hydrate，gas hydrate）。1965

年苏联科学家预言，天然气的水合物可能存在海洋底部的地表层中，后来人们在北极的海底首次发现了大量的可以燃烧的“冰”。科研考察结果表明，它仅存在于海底或陆地冻土带内，纯净的天然气水合物外观呈白色，形似冰雪，可以像固体酒精一样直接点燃，因此，人们通俗而形象地称其为“可燃冰”。

天然气水合物作为21世纪的重要后续能源，以及其对人类生存环境及海底工程设施的灾害影响，正日益引起科学家们和世界各国政府的关注。在地球上天然气水合物大约有27%的陆地是可以形成天然气水合物的潜在地区，而在世界大洋水域中约有90%的面积也属这样的潜在区域，已发现的天然气水合物主要存在于北极地区的永久冻土区和世界范围内的海底、陆坡、陆基及海沟中。科学家评价结果表明，世界上绝大部分的天然气水合物分布在海洋里，仅在海底区域可燃冰的分布面积就达4 000万 km^2，占地球海洋总面积的四分之一。据估算，海洋里天然气水合物的资源量是陆地上的100倍以上。据最保守的统计，全世界海底天然气水合物中储存的甲烷总量约为1.8亿亿 m^3，约合1.1万亿 t，迄今为止，在世界各地的海洋及大陆地层中，已探明的“可燃冰”储量已相当于全球传统化石能源（煤、石油、天然气、油页岩等）储量的两倍以上，其中海底可燃冰的储量够人类使用1 000年，可燃冰被称为“21世纪能源”或“未来新能源”，将成为一种未来资源丰富的重要能源。

20世纪60年代开始的深海钻探计划（DSDP）和随后的大洋钻探计划（ODP）在世界各大洋与海域有计划地进行了大量的深海钻探和海洋地质地球物理勘查，在多处海底直接或间接地发现了天然气水合物。到目前为止，世界上海底天然气水合物已发现的主要分布区是大西洋海域的墨西哥湾、加勒比海、南美东部陆缘、非洲西部陆缘和美国东海岸外的布莱克海台等，西太平洋海域的白令海、鄂霍茨克海、千岛海沟、冲绳海槽、日本海、四国海槽、日本南海海槽、苏拉威西海和新西兰北部海域等，东太平洋海域的中美洲海槽、加利福尼亚滨外和秘鲁海槽等，印度洋的阿曼海湾，南极的罗斯海和威德尔海，北极的巴伦支海和波弗特海，以及大陆内的黑海与里海等。全球天然气水合物“可燃冰”资源分布如图2-11所示。

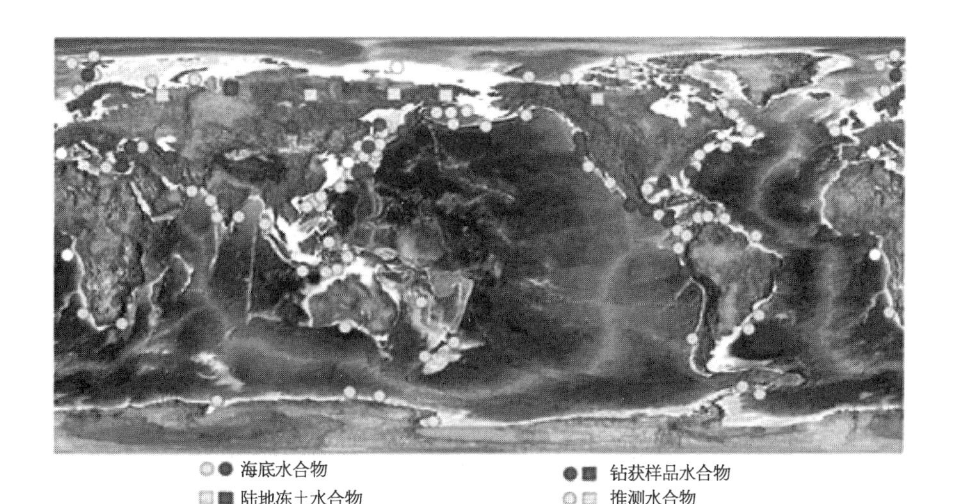

图2-11　全球天然气水合物——“可燃冰”资源分布图

1960 年，苏联在西伯利亚发现了第一个可燃冰气藏，并于 1969 年投入开发，1970 年苏联开始对该可燃冰矿床进行商业开采，采气 14 年，总采气量 50.17 亿 m^3。1979 年，国际深海钻探计划在墨西哥湾海底获得 91.24 m 的可燃冰岩芯，首次验证了海底可燃冰矿藏的存在。美国于 1969 年开始实施可燃冰调查，2012 年，美国能源部在阿拉斯加北坡发掘到可燃冰，并从中安全有效地获得稳定的天然气流，美国能源部准备在阿拉斯加项目成功的基础上，将进一步开发 14 个新的试验项目。1992 年，大洋钻探计划在美国俄勒冈州西部大陆边缘卡斯卡迪亚(Cascadia)海台取得了可燃冰岩芯。日本开始关注可燃冰是在 1992 年，已基本完成周边海域的可燃冰调查与评价，2013 年已成功于日本南海海槽可燃冰气田分离出天然气。尽管全球可燃冰储量丰富，分布广泛，海域和陆域都有发现，但是目前全球已进行开采的可燃冰气田仅有四个，具体见表 2－2，这与可燃冰庞大的储量相比只是很小的一部分。

表 2－2　国外已进行开采的可燃冰气田

气田类型	地　　区	开采国家
陆域可燃冰	加拿大麦肯吉河三角洲气田	美国、加拿大、日本
	俄罗斯麦索雅哈可燃冰矿田	苏联/俄罗斯
	美国阿拉斯加北部 Brudhoe-Kupank 河湾地区	美　国
海域可燃冰	日本南海海槽	日　本

从 20 世纪 80 年代开始，美、英、德、加、日等发达国家纷纷投入巨资相继开展了本土和国际海底天然气水合物的调查研究和评价工作，同时美、日、加、印度等国已经制定了勘查和开发天然气水合物的国家计划。特别是日本和印度，在勘查和开发天然气水合物的能力方面已处于领先地位。为开发这种新能源，国际上成立了由 19 个国家参与的地层深处海洋地质取样研究联合机构，由 50 个科技人员乘坐一艘装备有先进实验设施的轮船从美国东海岸出发进行海底可燃冰勘探。

根据 2015 年全球可燃冰行业发展现状分析，2000 年开始，可燃冰的研究与勘探进入高峰期，世界上至少有 30 多个国家和地区在进行“可燃冰”的研究与调查勘探，走在前面的是苏联、美国及日本。美国、日本等国近年来纷纷制订天然气水合物研究开发战略和国家研究开发项目计划。其中以美国的计划最为完善——总统科学技术委员会建议研究开发可燃冰，参、众两院有许多人提出议案，支持可燃冰开发研究。美国每年用于可燃冰研究的财政拨款达上千万美元。美国于 1981 年制订了投入 800 万美元的天然气水合物 10 年研究计划，1998 年又把天然气水合物作为国家发展的战略能源列入长远计划，准备在 2015 年试开采。日本经济产业省在 2001 年正式推行《日本可燃冰开采研发计划》，并制定了为期 18 年的战略开发计划。表 2－3 为美国、日本、加拿大 2020 年前可燃冰研究计划。极地冻土带，日本南海海槽、加拿大的 Mackensie 矿田及美国阿拉斯加西北坡的水合物矿床已进行或正在进行试验开采。墨西哥以及印度半岛陆缘近海 KG 区的海底水合物亦被纳入开发计划，预计3～5 年内有可能开始试验开采。可燃冰的研究在全球范围内也还处于初级阶段，产业链也没有形成，仍处于成长期，未来的发展空间很大。

表 2-3　美国、日本、加拿大 2020 年前可燃冰研究计划

时间阶段	研　究　计　划
2014—2016 年	对墨西哥湾一个站位的水合物进行长期观测
2015 年前	对墨西哥湾的水合物实施第二阶段深海钻探，还可能包括太平洋和印度洋陆缘的水合物分布区
2015 年前	对海底水合物开采的技术进行可行性评估
2016—2020 年	首次对已完成实验开采的水合物矿在经济上的开采可行性进行定量评估 发展海底水合物的二氧化碳置换开采方法，并对其进行数字模拟研究 将有更多的国家实施海底水合物的勘察和钻探活动 美、加、日和其他国家继续开展冻土带和海底水合物的开采实验 为解决能源需求，对某些边远地区的水合物可能开始进行工业开采 可燃冰小规模的商业开采尝试预计在 2025 年后在具有油气工业设施基础的极地冻土带地区进行

天然气水合物在给人类带来新的能源前景的同时，对人类生存环境也提出了严峻的挑战。天然气水合物中的甲烷，其温室效应为二氧化碳的 20 倍，温室效应造成的异常气候和海面上升正威胁着人类的生存。全球海底天然气水合物中的甲烷总量约为地球大气中甲烷总量的 3 000 倍，若有不慎，让海底天然气水合物中的甲烷气逃逸到大气中去，将产生无法想象的后果。而且固结在海底沉积物中的水合物，一旦条件变化使甲烷气从水合物中释出，还会改变沉积物的物理性质，极大地降低海底沉积物的工程力学特性，使海底软化，出现大规模的海底滑坡，毁坏海底工程设施，如海底输电或通信电缆和海洋石油钻井平台等。天然可燃冰呈固态，不会像石油开采那样自喷流出。如果把它从海底一块块搬出，在从海底到海面的运送过程中，甲烷就会挥发殆尽，同时还会给大气造成巨大危害，科学家们正在为获取这种清洁能源的开采方法而努力。

2.2.5　我国海洋油气资源储藏与开发

中国有辽阔的海域，有广阔的大陆架，渤海、黄海、东海及南海的南北两翼都有面积广大、沉积巨厚的大型盆地，水深浅于 200 m 的大陆架面积为 100 多万 km^2。渤海、黄海和北部湾属于半封闭型的大陆架，东海和珠江口外属于开阔海型的大陆架，几条流域面积广大的江河由陆地携带入海的泥沙量每年超过 20 亿 t。这里分布着许多中-新生代沉积盆地，沉积层厚达数千米，中国大陆架的生储油条件是有利的，估计油气储量可达数百亿吨。我国海域的油气资源主要由近海大陆架油气资源和深海油气资源两大部分组成。目前，我国海域共发现 l6 个中新生代为主的沉积盆地，总面积约有 130 多万 km^2。其中，近海大陆架上的沉积盆地 9 个，面积近 90 万 km^2；深海区的沉积盆地 7 个，面积 40 多万 km^2。在我国辽阔海域的海底蕴藏着丰富的石油和天然气资源，海洋油气资源蕴藏量十分惊人，还有大量的天然气水合物——“可燃冰”资源。

我国近海大陆架上的渤海、北部湾、珠江口、莺-琼、南黄海、东海等大型油气沉积盆地，经勘探的石油资源量约 208 亿 t，估计石油地质储量为 90 亿～180 亿 t。这些大型油气沉积

盆地以勘探程度而论，渤海油气盆地最高，是我国油气资源比较丰富的海域之一，它是华北盆地新生代沉积中心，沉积厚度达 10 000 m 以上，估计石油地质储量达 10.2 亿 t，探明石油储量近 3 亿 t。以盆地构造大小、发现油气的潜力而论，东海油气盆地最大，面积约为 46 万 m^2，不仅石油资源丰富，天然气资源量也居我国近海大陆架上沉积盆地之首，东海油气盆地是我国近海已发现的沉积盆地中面积最大、远景最好的盆地，该区的油气储量为 40 亿～60 亿 t。南黄海油气盆地，面积约为 10 万 m^2，是中、新生代沉积盆地，以新生代沉积为主，它是陆地苏北含油盆地向黄海的延伸，共同构成苏北-南黄海含油盆地，中新生代沉积厚度超过 4 000 m，初步调查勘探这个盆地石油地质储量在 2 亿～3 亿 t。以石油储量而论，珠江口盆地最高，估计石油地质储量达 40 亿～45 亿 t；以已探明的天然气储量而论，莺歌海盆地最高，天然气资源量达 1.5 万亿 m^3，崖 13－1 大气田的天然气探明储量达 1 000 亿 m^3。南海九条断续线之内我国传统疆界的海域有 210 万 km^2 左右，油气资源量初步估计可为 350 亿 t 以上，被外界称为“第二个波斯湾”，其中 70%蕴藏于深海区域。

这些大型油气沉积盆地中的局部海区又是今后发现油气资源的重要地。地处渤海盆地中的辽东湾，现已发现绥中 36－1 油田，地质储量约 1.4 亿 t，属于大型油田；锦州 20－2 凝析油气田，基本探明天然气地质储量 200 亿 m^3、凝析油 300 多万 t、原油 1 000 多万 t；渤海西南黄河口附近极浅海也是找油的远景区，现已发现地质储油量达 1.2 亿 t 的埕岛油田；珠江口盆地的东沙隆起区找到大油田的希望较大，现已发现的流花 11－1 大油田地质储量约 1.5 亿 t；东海盆地勘探程度较低，目前钻井 19 口，其中 8 口井获高产油气流、9 口井有油气显示，发现平湖、长康等油气田 4 个含油气构造，盆地西南部可望找到大型油气田。除近海大陆架上的 9 个沉积盆地以外，还在深海区域发现曾母暗沙-沙巴盆地、巴拉望西北盆地、礼乐太平盆地、中建岛西盆地、管事滩北盆地、万安滩西北盆地和冲绳盆地等，初步估计石油资源量约 243 亿 t 以上，天然气资源量 8.3 万亿 m^3 以上。

据有关专家初步估测，我国海上石油资源量约为 451 亿 t，天然气资源量约为 14.1 万亿 m^3。按海区分，南海大陆架区域油气资源最丰富，其石油占全部大陆架区域的 58.4%，天然气占 72.2%；东海、渤海次之，黄海最少。据估计，台西南盆地石油资源量约为 17 亿 t，天然气资源量约为 1.14 万亿 m^3；东沙南石油资源量约为 3 亿 t；南海油气资源量初步估计可为 350 亿 t 以上，其中南沙群岛周围海域石油资源量约为 200 多亿 t，天然气资源量约 8.3 万亿 m^3；海滩及浅海(指沿海滩涂至水深 5 m 的区域)的石油资源量为 30 亿～35 亿 t。我国于 1960 年代开始在海南岛西南的莺歌海进行海上地球物理测量和钻井，1967 年起，先后在渤海(1967 年)、北部湾(1977 年)、莺歌海(1979 年)和珠江口(1979 年)逐步开展了中国近海大陆架海洋石油资源的勘探和开发工作。自 1979 年以来，开始引进外资和国外勘探技术，加快了海洋油气资源勘探和开发的进度，但应看到，我国海洋油气勘探与开发仍处于起步阶段，近海石油和天然气资源丰富，但探明储量却不多，与世界上一些发达国家相比还有较大差距。

深水区以其丰富的油气资源、较大规模的储量、产量高、效益好等特点引起人们的浓厚兴趣，但随着作业海域不断扩大、水体深度不断增加，其面临的问题也越来越多。我国海洋深水区域具有丰富的油气资源，但深水区域特殊的自然环境和复杂的油气储藏条件决定了深水油气勘探开发具有高投入、高回报、高技术、高风险的“四高”特点。目前，我国海洋油气资源勘探开发工作水深在 500 m 左右，主要集中在近海大陆架 150 m 左右水深海域，与国外深水海洋石油工程技术的飞速发展相比尚有很大差距，深水海域油气资源勘探开发尚属起步阶段。深水一般是指水深在 500～1 500 m 之间的水域，1 500 m 以上为超深水。我国南海深水油气资源勘探开发的海域水深在 500～3 000 m，最大水深在 3 000 m 以上，平均水深在 1 200 m 以上。向更深、更广的深水海域油气资源开发进军，实现深水（水深 500～1 500 m）、超深水（水深 1 500 m 以上）海域的油气资源勘探开发，开辟深水海域油气资源开发领域以寻求新的海洋油气资源，大幅度增加海洋油气资源开采产量，向海洋要更多的油、更多的气是当前的主要任务，也面临着严峻的挑战，必须加强深水海洋工程技术和装备的攻关。

2.2.6　我国海洋油气资源开发所面临的技术问题

我国海洋油气资源勘探开发与国外海洋油气资源勘探开发技术相比尚有很大差距，尽管我国在海洋油气资源勘探开发方面积累了一定的经验，但在全面掌握当代国际先进水平的海洋油气资源勘探开发核心技术、大幅度提升海洋油气资源开采产量方面，特别是在尚属起步阶段的深水海域油气资源勘探开发等方面依然面临着严峻的技术挑战，主要有以下几方面：

1）深水海域油气勘探技术

深水油气勘探是深水油气资源开发首先要面对的挑战，包括长缆地震信号测量和分析技术、多波场分析技术、深水大型储集识别技术及隐蔽油气藏识别技术等。

2）深水海域油气开采技术

我国与国外在深水钻探水深、已开发油气田水深、油气铺管水深等技术上的巨大差距是我国深水油气田开发面临的最大挑战，因此，实现深水、超深水开采技术的跨越发展是关键所在。

3）复杂的油气藏技术特性

我国海上油田原油多具高粘、易凝、高含蜡等特点，同时还存在高温、高压、高二氧化碳含量等问题，这给海上油气集输工艺设计和生产安全带来许多难题，当然，这不仅是我们所面临的问题，也是世界石油界面临的难题。

4）特殊的海洋环境作业条件

我国南海环境条件特殊，夏季有强热带风暴，冬季有季风，还有内波、海底沙脊沙坡等，使得深水油气开发工程设计、建造、施工面临更大的挑战。我国渤海冬季有海冰，如何防止海冰带来的危害也一直是困扰科研人员的难题。

5）深水海域海底管道安全技术

深水海底为高静压和低温环境（通常 4℃左右），在深水油气混输管道中，由多相流自身组成（含水、含酸性物质等）、海底地势起伏、运行操作等带来的问题，如段塞流、析蜡、水化物、腐蚀、固体颗粒冲蚀等，已严重威胁到油气生产正常进行和海底集输系统的安全运行。

6）经济高效的边际油气田开发技术

我国的油气田特别是边际油气田具有底水大、压力递减快、区块分散、储量小等特点，在开发过程中往往需要采用人工提升系统，这使得许多边际油气田开发的常规技术（如水下生产技术等）面临着更多的挑战。将水下电潜泵、海底增压泵等创新技术应用到边际油气田的开发中，同时降低边际油气田的开发投资，使这些油气田得到经济、有效的开发，这些均面临更多的和更为复杂的技术难题。

7）深水海域高新技术应用要求更高

由于水深增加、油藏流体变复杂以及越来越恶劣的海洋作业环境等，对新技术和油气开发装备等提出了更高的要求。如高分辨率的三维地震成像技术，四分量/四维（4C/4D）技术，地震技术，更先进的钻井完井技术，结构更稳定、强度更大、更耐腐蚀性的深水平台，以及更智能化的海底生产系统等。

2.2.7 我国天然气水合物——“可燃冰”资源

我国于1999年开始开展可燃冰的相关研究，在国家发展改革委、财政部等大力支持下，国土资源部正式启动天然气水合物资源调查，整合了国内各方面优势力量，目前我国对可燃冰的研究地域主要集中在青藏高原和南海海域。近几年来，我国的“可燃冰”调查和勘探开发取得重大突破。中国地质调查局组织实施天然气水合物基础调查，通过系统的地质、地球物理、地球化学和生物等综合调查评价，初步圈定了我国天然气水合物资源远景区，并于2007年在中国南海北部首次钻探获得实物样品，2009年在陆域永久冻土区祁连山钻探获得实物样品，成为世界上第一次在中低纬度冻土区发现可燃冰的国家，随后于2013年在南海北部陆坡再次钻探获得新类型的水合物实物样品，发现高饱和度水合物层，同年在陆域祁连山冻土区再次钻探获得水合物实物样品。我国作为全球第三大冻土国，具备良好的可燃冰赋存条件和资源前景，可燃冰资源主要分布在南海海域、东海海域、青藏高原冻土带以及东北冻土带。南海北部陆坡的可燃冰资源量达185亿t油当量，相当于南海深水勘探已探明的油气地质储备的6倍，达到我国陆上石油总储量的50%。此外，西沙海槽已初步圈出可燃冰分布，我国东海和台湾省海域也存在大量可燃冰。经专家证实我国台湾省西南海域蕴藏着极为丰富的可燃冰。据估算，我国陆域远景资源量至少有350亿t油当量，南海的可燃冰资源量大约为680亿t油当量。据粗略估算，南海海域、东海海域、青藏高原冻土带以及东北冻土带，其可燃冰资源量分别约在64.97×10^{12} m^3、3.38×10^{12} m^3、12.5×10^{12} m^3和2.8×10^{12} m^3以上。

2005年4月14日，中国在北京举行中国地质博物馆收藏中国首次发现的天然气水合物碳酸盐岩标本仪式，宣布中国首次发现世界上规模最大被作为“可燃冰”的矿区，即天然气水合物存在重要证据的“冷泉”碳酸盐岩分布区，其面积约为430 km^2。该分布区为中德双方联合在我国南海北部陆坡执行“太阳号”科学考察船合作开展的南中国海天然气水合物调查中首次发现。冷泉碳酸盐岩的形成被认为与海底天然气水合物系统和生活在冷泉喷口附近的化能生物群落的活动有关。此次科考期间，在南海北部陆坡东沙群岛以东海域发现了大量的自生碳酸盐岩，其水深范围分别为550～650 m和750～800 m，海底电视观察和电视抓斗取样发现海底有大量的管状、烟囱状、面包圈状、板状和块状的自生碳酸盐岩产出，它们或孤立地躺在海底上，或从沉积物里突兀地伸出来，来自喷口的双壳类生物壳体呈斑状散布其间，巨大碳酸盐岩建造体在海底屹立，其特征与哥斯达黎加边缘海和美国俄勒冈外海所发现的“化学礁”类似，而规模却更大。

中国南海的可燃冰可能主要集中在东沙、西沙和神狐等海域。2007年5月1日凌晨，中国在南海北部的首次采样成功，证实了中国南海北部蕴藏丰富的天然气水合物资源，并在可燃冰抑制剂、开采分解控制等方面取得了突破，标志着中国天然气水合物调查研究水平已步入世界先进行列。中国在南海北部成功钻获天然气水合物实物样品“可燃冰”，从而成为继美国、日本、印度之后第四个通过国家级研发计划采到水合物实物样品的国家。2010年12月15日，在中国南海北部神狐海域钻探目标区内圈定11个可燃冰矿体，含矿区总面积约22 km^2，矿层平均有效厚度约20 m，预测储量约为194亿 m^3。钻探区水合物富集层位气体主要为甲烷，其平均含量高达98.1%，主要为微生物成因气。获得可燃冰的三个站位的饱和度最高值分别为25.5%、46%和43%，是世界上已发现可燃冰地区中饱和度最高的地方。2013年6月至9月，我国在广东沿海珠江口盆地东部海域首次钻获高纯度天然气水合物"可燃冰"样品，并通过钻探获得可观的控制储量，此次的可燃冰储存于水深600～1 100 m的海底以下220 m以内的两个矿层中，上层厚度15 m，下层厚度30 m，岩芯中可燃冰含矿率平均为45%～55%；其中可燃冰样品中甲烷含量最高达到99%，发现的天然气水合物样品具有埋藏浅、厚度大、类型多、纯度高四个主要特点，可燃冰储量1 000亿～1 500亿 m^3，相当于特大型常规天然气矿规模，这标志着我国可燃冰的勘察研究工作发展进入新的阶段。

"十二五"以来，国家颁布了《天然气发展"十二五"规划》，在规划中明确提出要"加大天然气水合物资源勘查与评价力度，适时开展试开采工作"，将可燃冰的勘探、开采列入国家未来发展规划中，为我国可燃冰未来发展指明了方向。我国从2011年开始就正式启动新的国家水合物计划，新的国家水合物计划长达20年，从2011年开始，至2030年结束，分两个阶段实施。其中，2011—2020年为第一阶段，2021—2030年为第二阶段。第一阶段旨在通过进一步勘查与评价，锁定富集区域，为今后我国海域水合物试开采及开发利用、实现产业化奠定基础。按照计划，第二阶段将在勘查评价基础上，利用海上开采配套技术研究成果，实施水合物试验性开采。在勘探方面，我国海洋和陆地可燃冰尽管资源储量大，但区域内水合物丰度不同，因此需要开展深入细致的勘察与基础科学研究评价，区分出富矿区和贫矿区，详细和准确地了解成矿规模与矿层展布特征以及储量，为可燃冰商业化生产奠定选址基础，这是目前亟须解决的问题之一。在开采方面，首先要加强理论基础研究和实验模拟工作，提高理论方法的可行性和可操作性。其次，在实地开采技术上，也要考虑如何能够在提高开采率的同时又兼顾环境影响，研发出两者兼备的综合开采技术，实施科学开采，尽快缩短与世界先进技术之间的差距，为早日安全、可靠、经济、高效地开发利用可燃冰这一巨大资源做好准备。

第3章

船舶工程与海洋工程及海洋工程装备产业战略地位

3.1 船舶工程与海洋工程

3.1.1 船舶与船舶工程

“船舶”作为漂浮在水(海)上或沉浸于水(海)中的水域结构物，是一种主要在地理水域中运行的人造交通工具，载体型式是以“船”形为主。随着社会的进步、材料的发展与焊接技术的出现，经历了木质船、铆接铁壳船及全电焊的钢质船的发展过程，人类活动也就从湖、河、江拓展到海洋，并由近海向远海海域发展。随着世界经济发展、科学技术进步，人类对海洋资源开发需求的不断增长，特别是海洋油气资源开发，船舶这一“水域结构物”的型式有了完全不同的极其广泛的拓展，一系列的新颖的海洋工程装备不断呈现在世人面前。至今，人们更确切地将“水域结构物”拓展为“船舶工程”与“海洋工程”两大体系，统一在“水域结构物”的范畴内。

随着船舶工程的发展，现代船舶的种类很多，可以有各种各样的分类方法，可按用途、航行状态、船体数目、推进动力、推进器等分类。如：船舶按用途，一般分为军用和民用船舶两大类，民用船舶主要是游轮、运输船、工程船、渔船、特种船、科学考察船等，图 3－1 所示为民用船舶分类框架图。船舶按航行的状态可分排水型和非排水型船，非排水型船通常有滑行艇、水翼艇和气垫船；按船体数目可分为单体船和多体船，在多体船型中双体船较为多见；按船体结构材料分有钢船、铝合金船、木船、钢丝网水泥船、玻璃钢艇、橡皮艇、混合结构船等；

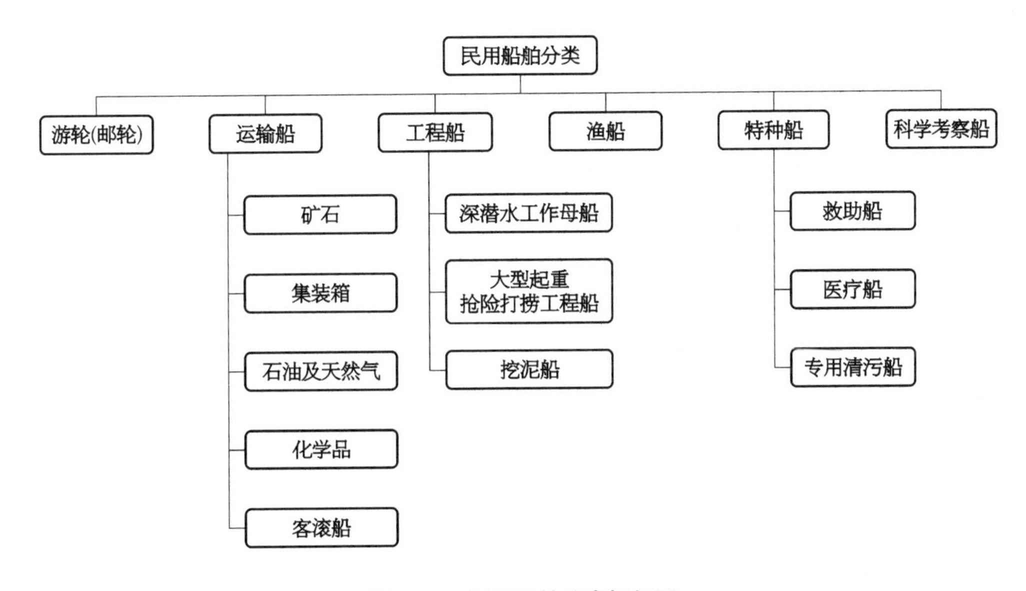

图 3－1　民用船舶分类框架图

按航行方式分有自航船和非自航船;按航行区域分有远洋船、近海船、沿海船和内河船等;按推进动力可分为机动船和非机动船,机动船按推进主机的类型又分为蒸汽机船(现淘汰)、汽轮机船、柴油机船、燃气轮机船、联合动力装置船、电力推进船、核动力船等;按船舶推进器又可分为螺旋桨船、喷水推进船、喷气推进船、明轮船、平旋推进船和风帆助航船等,空气螺旋桨只用于少数气垫船;按机舱的位置,有尾机型船(机舱在船的尾部),中机型船和中尾机型船。

"船舶工程"包括各种船舶的设计开发、水动力学、结构力学、非线性流体动力响应、模型试验技术及相关理论等,涵盖设计开发、理论与试验研究等领域。"海洋工程"基本上是按"海洋产业"划分。因此,海洋工程的载体形式大都是功能不同、构造不一、风貌各异。无论是"船舶工程"、还是"海洋工程",它们的相关设计与建造,通常是由造船业承担,涉及国家上百种行业,诸如:冶金、机械、微电子、电气、化工、五金、轻纺、装潢等,进而可拉动成千上万企业的发展。"船舶工程"和"海洋工程"凝聚了成千上万人们的智慧和劳动成果,是一个国家综合国力的象征,特别是大(超大)型"船舶"、"海洋工程装备"的开发,更是衡量一个国家跻身于世界造船大国与海洋强国的衡准。

3.1.2 海洋工程与海洋工程装备

1)海洋工程

"海洋工程"是一个主要为海洋科学调查和海洋资源开发提供技术与装备的新兴工程门类,属于多学科高新技术工程,具有很强的综合性、配套性和知识与资本密集性,与其他学科诸如机械工程、电子工程、环境工程、材料工程、化学工程、航海工程等密切相关,与船舶工程更是密不可分。

海洋资源开发技术、工程设施和装备的技术研究、开发和实现都属于海洋工程范畴。海洋资源开发利用大致包括以下几个方面:海水以及所含物质资源的提取;海洋生物资源的开发利用;海底金属、矿藏、油气资源的勘探开发;海洋能源(波浪能、潮汐能、温差能等)开发;海洋空间的开发利用等。然而,对于船海行业来说,海洋工程是为海洋资源开发利用提供满足使用要求的、性能优良的海上作业平台(船)与相应的辅助工作船和其他海洋结构物,目前主要是针对海洋油气资源的开发利用提供先进和适用的海洋工程装备和海工服务保障船舶。从这一意义上,可以认为海洋工程是船舶工程的自然延拓。两者的差别在于:船舶工程以从事航运活动的船舶为主要工程研究对象,而海洋工程则是以从事海洋资源开发活动的海洋工程装备和海工船舶为主要研究对象。

海洋资源开发对海洋工程技术有高度的依赖性,海洋工程技术是开发和利用海洋资源开发技术的核心,在整个海洋工程技术系统中具有重要的支撑作用。海洋资源开发技术主要包括:海洋水产养殖技术,海洋油气开发技术,海底采矿技术,海水淡化技术,海洋能开发技术,海洋旅游资源开发技术,海洋生物、化学、药物资源开发技术等。辽阔的海洋和丰富的海洋资源,为海洋工程技术发挥作用提供了一个极大的舞台。当前,海洋工程技术发展迅猛,各种配套技术和装备呈日新月异变化态势,极大地推动了海洋资源开发活动在深度和广度上的不断拓展。实践证明,没有海洋工程技术的创新或突破,就没有现代海洋产业的形成与发展,就不能充分开发海洋资源,也就不能实现海洋资源的可持续利用。

2) 海洋工程装备

海洋工程装备是人类开发、利用和保护海洋活动中使用的各类装备的总称。主要是指海洋资源开发利用过程中所涉及的(特别是海洋油气资源)勘探、开采、加工、储运、管理、后勤服务等方面的大型海洋工程作业装备和海工辅助船舶与配套设备,是具有高新技术特征的装备。海洋工程装备技术研究,主要是为海洋油气资源开发利用过程中所涉及的海上作业钻采平台(船)、配套工程船舶和其他结构物等进行海洋环境、水动力性能、结构力学、船型开发、与设计、建造技术、配套设备、工程安装等有关基础科学研究和工程技术应用研究,研究重点是突破并掌握深水油气资源开发中的海洋工程装备设计建造关键技术。随着能源需求的快速增长,海洋资源开发日益深水化的趋势,海洋工程装备及海洋结构物的种类将越来越多,技术的高新化趋势也日益明显。

目前用于海洋油气资源开发利用的海洋工程装备和海工服务保障船舶已成为海洋工程装备的主体。海洋油气产业占整个海洋产业的25%,居海洋产业之首,并已形成长长的海洋油气资源开发产业链。海洋油气资源开发产业链的主要环节有:

(1) 物探:主要是地球物理勘探船,采用地震勘探法了解海底地质构造,寻找储油构造,为钻探提供依据;

(2) 钻探:广泛采用钻井平台或钻井船,利用勘探资料,对可能有油气的地质进行钻井、取芯,以决定是否钻评价井、数量和井位;

(3) 策划:主要是计算油藏储量,制定开发方案,其中包括资源、工程与经济评价;

(4) 钻采:主要是确定采用固定式平台或浮式生产系统进行生产、储存、运输;

(5) 提炼:主要是运到陆上终端进行加工、生产产品。

一个多世纪以来,相对于海底采矿、空间利用、海洋生物、海洋发电、化学资源等装置而言,用于海洋油气资源开发的海洋工程装备发展较为成熟,并已形成一系列的成套装备。

3.1.3　海洋工程装备体系

目前,通常将海洋工程装备体系分为海洋工程装备及海洋工程配套设备两大类。海洋油气资源开发利用所需的海洋工程装备已形成一个完整的体系,如图3-2所示。

(1) 海洋资源调查装备:海洋地球物理调查船、海洋科学考察船、极地科学考察船、海底资源(海洋石油、天然气、可燃冰、页岩气、海底矿物等)调查船等。

(2) 海洋资源勘探装备:海洋地质调查船、海洋地质取芯船、地球物理勘探船、海洋地震作业船等。

(3) 海洋油气钻探采油平台:自升式钻井平台、半潜式钻井平台、钻井船、张力腿平台、柱状式平台,以及导管架平台等。

(4) 海洋油气集输装置:海底输油管线、海上油气终端站、浮式生产储油装置、浮式液化天然气生产储卸装置、液化石油气运输船、液化天然气运输船、海上天然气储运站、水下基盘/管汇、水下采油树等。

(5) 海洋资源综合开发装备:海底资源开发装置、海水淡化和综合利用成套装备、海上风力/潮汐/海水温差发电装备、海上风电设备及其安装船等。

(6) 海上油田保障设施:海洋工程辅助船、超大型浮动结构物(包括:海上机场、海上油气处理基地、海上卫星发射基地、海上发电厂、海上工厂)等。海洋工程辅助船主要有两大类

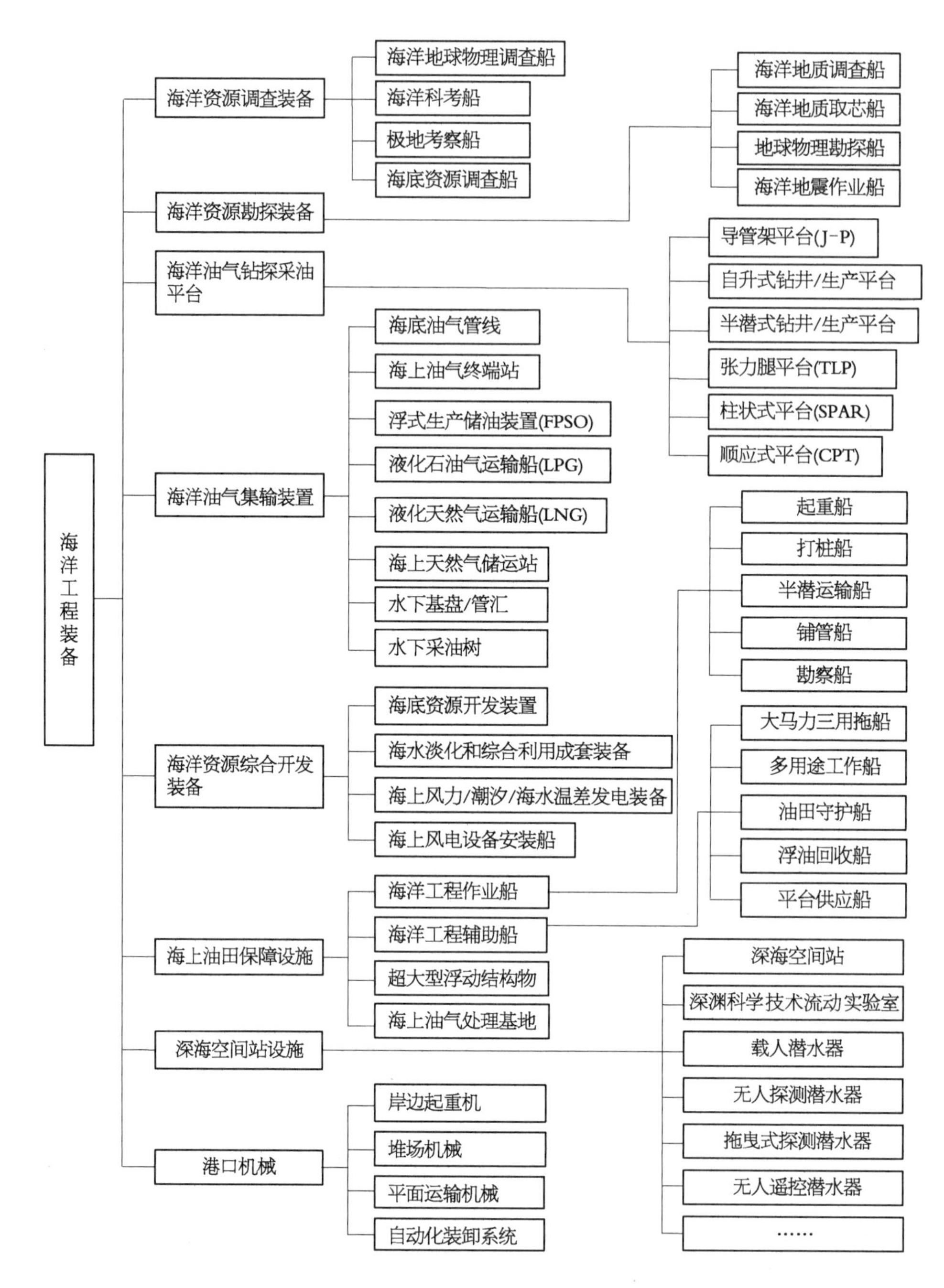

图 3-2 海洋工程装备体系图

船舶：一类是独立从事海洋工程作业，为海洋油气资源勘探开发工程系统提供配套装备工程作业和技术支持服务的工程作业船舶；另一类是为海洋石油和天然气勘探、开采工程装备提供工程作业配套服务的辅助工程船舶。

海洋工程作业船主要包括有：海洋工程起重船、海洋工程打桩船、导管架下水驳、大型半潜运载船、深潜水作业支持船、海洋工程铺管/缆船、海底开沟埋管船、海洋工程综合勘察船、水下工程作业船、海上工程安装船、海洋工程综合检测船、海上油田运行维护支持船等。

海洋工程辅助船主要包括有：三用工作船、多用途工作船、平台供应船、油田守护船、海洋工程拖船、破冰工作船、油田消防船、浮油回收船、多功能营救船、油田交通船等。

（7）深海空间站和深潜器设施：深海空间站、深渊科学技术流动实验室、海底着陆器、载人潜水器、无人探测潜水器、拖曳式探测潜水器、无人遥控潜水器、水下滑翔机等。

（8）港口机械：岸边起重机、堆场机械、平面运输机械、自动化装卸系统等。

3.1.4　海洋工程装备配套设备体系

按照配套设备的功能不同，大致可分为海洋油气资源开发专用配套设备和通用配套设备。专用配套设备可分为承担不同专门功能的勘探设备、钻采设备、集输设备等。通用配套设备可分为动力及传动系统、电力系统、定位系统、通信导航系统、安全系统、生活系统、水处理系统、系泊系统、甲板和舱室机械等。图 3－3 所示为海洋油气资源开发利用所需的海洋工程装备配套设备体系图。

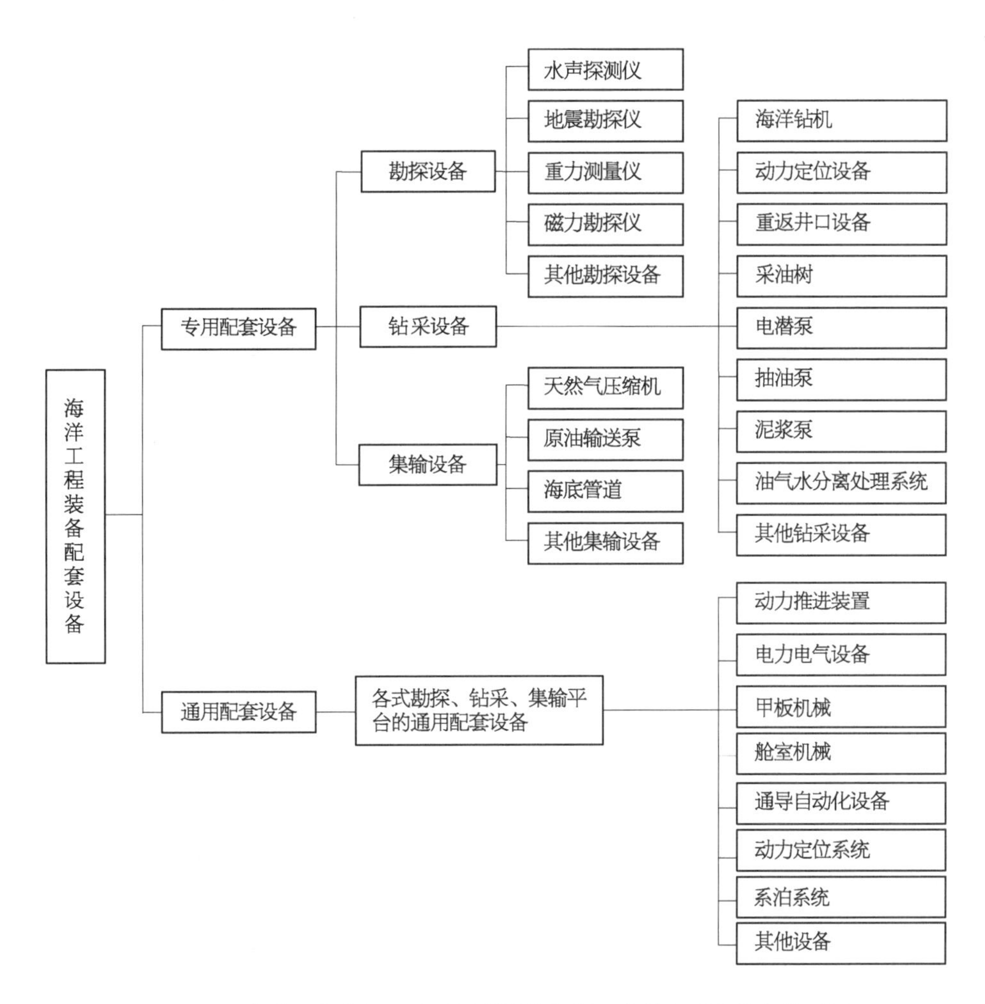

图 3－3　海洋油气资源开发利用所需的海洋工程装备配套设备体系图

3.2 海洋工程装备产业战略地位

海洋工程装备产业是发展海洋工程科技、开发利用海洋资源、发展海洋经济的物质和技术基础，处于海洋产业价值链的核心环节。海洋工程装备产业是战略性新兴产业中高端装备制造业的主要组成部分，具有知识密集、技术密集、成长潜力大、综合效益好等特点，是发展海洋经济的先导性产业，近日已被国务院发布的《中国制造2025》列为十大重点领域之一，也是世界各国竞相发展的战略性产业。

海洋工程装备产业不仅是一个技术密集型的新兴产业，其产业链和技术链涉及船舶、海洋科学和工程技术、地质、气象、生物、机械、电子、信息、采矿、运输、冶金、物理、化学等多门学科，其覆盖面之广和涉及科技领域之多或是其他产业难以相比拟的，对发展高科技和开发利用海洋的深度和广度有着决定性的推动作用。同时，海洋工程装备产业的跨越发展需求对造船业、海洋运输业、深海矿产资源开发、海洋油气开发、海洋化学资源提取、港口工程、机械工业、电子工业、冶金工业等相关产业具有强势的拉动和辐射作用，也必然促进这些产业的创新发展。

海洋工程装备研发和相关科学技术在国家海洋战略的实施中具有毋庸置疑的先导性和重要性，是一个国家综合国力的体现。世界主要海洋国家都高度重视海洋工程及其相关领域的科技发展，把发展船舶与海洋工程技术、开发海洋资源、保护海洋生态环境以及国家安全为主要内涵的海洋事业作为国家发展战略的重要组成部分。

党的十八大提出了“提高海洋资源开发能力，发展海洋经济，保护海洋生态环境，坚决维护国家海洋权益，建设海洋强国”的国家战略，把发展海洋经济提到了国家战略的高度，明确提出了需要大力提高海洋开发、控制、综合管理能力。发展海洋经济，建设海洋强国，海洋工程装备必须先行。要以建设造船强国和海洋工程装备制造强国为抓手，实现海洋强国梦。随着海洋油气开发的重点逐步转向深水和极地等自然环境更加恶劣的海域，大力发展海洋工程装备产业，对于我国自主开发利用海洋、提高海洋产业综合竞争力、带动相关产业发展、建设海洋强国、推进国民经济转型升级具有重要的战略意义。

“十二五”期间以来，国家陆续发布了《国务院关于加快培育和发展战略性新兴产业的决定》、《全国海洋经济发展“十二五”规划》、《国家海洋事业发展“十二五”规划》、《船舶工业十二五发展规划》、《船舶工业加快结构调整促进转型升级实施方案(2013—2015)》、《国家中长期科学和技术发展规划纲要(2006—2020年)》《海洋工程装备制造业中长期发展规划(2011—2020年)》、《海洋工程装备产业创新发展战略(2011—2020年)》、《国家重大科技基础设施建设中长期规划(2012—2030年)》、《新兴产业重大工程包年度实施重点和工作要求》、《中国制造2025》及《工信部解读“中国制造2025”之船舶工业篇》、《海洋可再生能源发展纲要(2013—2016年)》、《能源技术革命创新行动计划(2016—2030年)》、《能源技术革命重点创新行动路线图》及《中华人民共和国国民经济和社会发展第十三个五年(2016—2020年)规划纲要》等一系列重要文件,充分体现了国家对海洋工程装备产业的高度重视,特别是船舶工业进入 3.0 时代和《中国制造 2025》的发布,更进一步明确了海洋工程装备产业发展历史责任、战略地位发展方向和重点领域。

第 4 章

国外海洋工程装备发展历程、现状与趋势

4.1 国外海洋工程装备发展历程和现状

4.1.1 国外海洋工程装备发展历程

4.1.1.1 国外早期海洋工程装备发展历程

海洋工程的发源和发展是与海上油气资源勘探开发联系在一起的，是因人类早期追踪陆地油气田在海底延伸的过程中兴起的，近海石油的勘探开发已有100多年的历史，海洋石油勘探和开发是在近海岸的极浅海中开始的。

1890年代人们开始海洋油气勘探，那时人们根据陆地油气田向海洋延伸的趋势，在美国加利福尼亚海岸边修建了栈桥，开展了海边浅水海域的石油钻井。1897年，在美国加州Summerland滩的潮汐地带上首先架设起一座76.2 m(250 ft)长的木架，把钻机放在上面进行打井，这诞生了世界上第一口海上钻井，开始了海上油气资源开发的发展历程。1920年代，美国在委内瑞拉的马拉开波湖进行的石油普查钻井，当时也是搭制木制的固定栈桥与陆岸相连接，开展海边浅水海域的油气钻井勘探。

1932年，美国得克萨斯公司造了一艘钻井驳船"Mcbride"，上面放了几只锚，到路易斯安那州Plaquemines地区"Garden"岛湾中打井，这是人类第一次"浮船钻井"，即这艘钻井驳船在平静的海面上漂浮着，用锚固定进行海上钻井，但由于船上装了许多设备物资器材，该驳船在钻井时是坐落到近海岸的极浅海海底的，这就诞生了第一艘坐底式钻井平台。从此以后，人们就一直沿用这样的方式进行海上钻探。同年，该公司按设计意图建造了一艘坐底式钻井驳船"Gilliasso"，1933年这艘驳船在路易斯安那州佩尔托湖打了"10号井"，钻井深度1 737 m(5 700 ft)。坐底式钻井平台适用于河流和海湾等30 m以下的浅海水域，接着以后的若干年，设计和制造了许多不同型式的坐底式钻井驳船。

1936年，美国为了开发墨西哥湾陆上油田的延续部分，钻成功第一口海上油井并建造了木质结构生产平台，两年后，于1938年成功地开发了世界上第一个海洋油田。第二次世界大战后，木质结构平台改为钢管架平台。1947年，John Hayward设计的一座"布勒道20号"，钻井平台支撑件高出驳船20多m，平台上备有动力设备、泵等，它的投入使用标志着现代海上钻井业的诞生。随后，自升式钻井平台、浮式钻井船、半潜式钻井船先后相继问世。

为在40 ft或更深的水中工作，升降系统的造价比坐底式船要低得多。自升式钻井平台的腿是可以升降的，不钻井时，把腿升高，平台坐到水面，拖船把平台拖到工区，然后使腿下降伸到海底，再加压，平台升到一定高度，脱离潮、浪、涌的影响，得以钻井。自升式钻井平台开始兴起，1954年，第一座自升式钻井平台"迪龙一号"问世，配有12个圆柱形桩腿。随后几座自升式钻井平台，皆为多桩腿式自升式钻井平台。1956年造的"斯考皮号"平台是第一座三桩腿式的自升式钻井平台，桩腿为桁架式，用电动机驱动小齿轮沿桩腿上的齿条升降船体。1957年制造的"卡斯二号"是带有沉垫和4条圆柱形桩腿的平台。

随着海上钻井技术的提高，固定式平台也有了新的发展，在一个钻井平台上可以打出许多口井而钻井平台不必移动，特别是近海海域的开发井。这样，固定式平台就可以建成永久性钻井平台，大多数固定式平台是钢结构，也有些是水泥结构件。至今工作水深最深的固定平台是“Cognac”，它能站立在路易斯安那州近海 318 m 水深处工作。

1953 年，Cuss 财团改造成的浮式钻井船“Submarex”是世界第一艘钻井浮船，它由海军的一艘巡逻舰改装建成的，在加州近海 3 000 ft 水深处打了一口取芯井。浮式钻井船的钻井特点是比较灵活，移位快，能在深水中钻探，比较经济，但是它的缺点是受风浪海况影响大，稳定性相对较差，船体的运动会给钻井带来困难。由于波浪、潮汐至少给浮式钻井船带来漂移、摇晃、上下升沉这三种运动，其钻井钻头随时可能离开海底钻井井底，泥浆返回会漏失，钻井遇到高压油气大直径的导管伸缩运动而达不到耐高压要求等。1957 年，“卡斯一号”浮式钻井船也改装完毕，长 78 m，宽 12.5 m，型深 4.5 m，吃水 3 m，总吨位 3 000 t，用 6 台锚机和 6 根钢缆把船系于浮筒上，该船首先使用简易的水下设备，并把防喷器放到海底，从而将浮式钻井船的钻井技术向前推进了一步。

1962 年，壳牌石油公司用世界上第一艘“碧水一号”半潜式钻井平台钻井成功，“碧水一号”原来是一座坐底式平台，工作水深 23 m(图 4-1)。当时为了减少移位时间，该公司在吃水 12 m 的半潜状态下拖航。在拖航过程中，发现平台稳定，可以钻井，这样就受到了启示，后把该平台改装成半潜式钻井平台。1964 年 7 月，一座专门设计的半潜式平台“碧水二号”在加州开钻。第一座三角形的半潜式平台是 1963 年完工的“海洋钻工号”，第二座是 1965 年完工的“赛德柯 135”。

图 4-1　世界上第一艘半潜式钻井平台“碧水一号”

随着海上钻井业的不断发展，人类把目光移向更深的海域，半潜式钻井平台应运而生，并充分显示出它的优越性，在海况恶劣的北海，更显示出它的稳定性。半潜式钻井平台可以是自航的或非自航的，它的定位一般都是用锚泊系固定位的，在深海则必须使用动力定位，与之配套的水下钻井设备也有发展，从原来简单型逐渐趋于更为完善。动力定位船所配套的水下设备是无导向绳的水下钻井设备。世界上真正用于海上石油勘探的第一艘动力定位钻井船是1971年建成的"赛德柯-445"号钻井船，工作水深在动力定位时可达600 m以上，可抗100节(1节=0.514 m/s)风，21 m浪高，性能良好。

4.1.1.2　国外海洋工程装备后期发展历程

(1) 半潜式钻井平台(SEMI)：半潜式钻井平台(semi-submersible drilling platform，SEMI)由坐底式钻井平台发展而来，主要由浮体、立柱和工作平台三大部分组成。半潜式钻井平台仅少数立柱暴露在波浪环境中，抗风暴能力强，稳性等安全性能好。自20世纪50年代以来主要经历了两次建造高峰期，第一次为1973—1977年，第二次为1982—1984年。从1961年世界上首座半潜式钻井平台诞生到目前，半潜式钻井平台经历了六个发展阶段。目前，世界上半潜式钻井平台已发展到第六代和第七代。

① 第一代半潜式钻井平台：第一代半潜式钻井平台出现在20世纪60年代中后期，由座底式平台演变而来，这个时期平台作业水深为90～180 m，采用锚泊定位。1961年诞生的"Ocean Driller"为三立柱结构，甲板呈V字形；BlueWater钻井公司拥有的"Rig NO. 1"半潜式平台为四立柱结构，该平台为Shell公司设计；1966年"Sedco 135"半潜式平台为12根立柱，为Friede Goldman公司设计，这个时期的平台结构布局大多不合理，设备自动化程度低。

② 第二代半潜式钻井平台：20世纪70年代，出现了以"Bulford Dolphin"、"Ocean Baroness"、"Noble Therald Martin"等为代表的第二代半潜式钻井平台，这类平台作业水深180～600 m，钻深能力以6 096 m(20 000 ft)和7 620 m(25 000 ft)两种为主，采用锚泊定位，设备操作自动化程度不高。

③ 第三代半潜式钻井平台：1980年至1985年，以"Sedco 714"、"Atwood Hunter"、"Atwood Eagle"、"Atwood Falcon"等为代表的第三代半潜式钻井平台出现，此时平台作业水深450～1 500 m，钻深以7 620 m(25 000 ft)为主，采用锚泊定位，结构较为合理，操作自动化程度不高。这类平台是20世纪80—90年代的主力平台，建造数量最多。同期平台还有F&G Enhanced Pacesetter公司设计的"Pride Venezuela"、"Pride South Atlantic"以及Aker H-3设计的"Ocean Winner"和"Deepsea Bergen"等。

④ 第四代半潜式钻井平台：以"Jack Bates"、"Noble Amos Runner"、"NoblePaul Romano"、"Noble Max Smith"为代表的第四代半潜式钻井平台出现在20世纪90年代末，其作业水深达1 000～2 000 m，钻深以7 620 m(25 000 ft)和9 144 m(30 000 ft)为主，锚泊定位为主，采用推进器辅助定位并配有部分自动化钻台甲板机械，设备能力与甲板可变载荷都有提高。De Hoop Megathyst公司设计的"Pride Brazil"、"Pride Carlo Walter"、"Pride Portland"、"Pride Riode Janeiro"均属于此级别平台。

⑤ 第五代半潜式钻井平台：2000—2005年期间，出现了以"Ocean Rover"、"Sedco Energy"、"Sedco Express"为代表的第五代半潜式钻井平台，其作业水深达1 800～3 000 m，钻深能力在7 620～11 430 m(25 000～37 500 ft)之间，采用动力定位为主，锚泊定位为辅的定位方式，能适应更加恶劣的海洋环境。由Sedco Forex公司设计的第五代半潜式平台采用模块化的甲板构件和2台独立的管子垂直移运排放机等自动化设备，提高了钻管移放速度。

同期平台有“Friede & Goldman”设计的“GSF Development Driller I”&“GSF Development Driller II”和“Reading Bates RBS 8D”和“Reading Bates RBS 8M”设计的“Deepwater Horizon”、“Deepwater Nautilus”。

⑥ 第六代半潜式钻井平台：第六代半潜式钻井平台出现于21世纪初，如“Scarabeo 9”、“Aker H-6e”、“GVA 7500”、“MSC DSS21”等。第六代半潜式钻井平台采用动力定位，船体结构更为优化，质量减小，可变载荷更大，配备了自动排管等高效作业设备，能适应极其恶劣的海洋环境，作业水深达2 550～3 600 m，多数为3 048 m，钻深大于9 144 m(30 000 ft)，钻井、顶驱和钻井泵的驱动方式为交流变频驱动或静液驱动，随着作业水深的逐渐加大，钻机能力也逐渐加大，需要的绞车、泥浆泵、顶驱、转盘能力均相应提高。部分第六代平台采用了双井口作业方式，即钻机具有双井架、双井口和双提升系统，此对于深海钻井作业效率的提高是显著的。图4-2所示为第六代半潜式钻井平台。

图4-2 第六代半潜式钻井平台

⑦ 第七代半潜式钻井平台：第七代半潜式钻井平台为超深水钻井平台，如图4-3所示，出现于2010年以后的最新设计，抗风暴能力更强，全球全天候的工作能力和自持能力更长。采用了双井口作业方式，具有双井架、双井口和双提升系统，其作业效率比第六代半潜式钻井平台提高20%，作业水深达2 550～3 660 m，最大钻井深度达到15 240 m。随着作业水深的逐渐加大，钻机能力也更大，绞车、泥浆泵、顶驱、转盘能力也相应提高较大。

(2) 张力腿平台(TLP)：钻井平台不断有新的型式出现，张力腿平台(tension leg platform，TLP)是其中之一。张力腿平台是一种垂直系泊的顺应式平台，通过张紧缆索或张力腱将浮式半潜平台结构系于海底锚桩基础，浮力差作用于张力腿使其时刻处于受张拉状态，从而使平台垂直面的运动(横摇、纵摇、垂荡)较小，近似于刚性。张力腿平台的船体浮力使得张力腿始终处于张紧状态，从而使平台保持垂直方向的稳定，一旦锚定系固之后，平台

图 4-3　第七代半潜式钻井平台

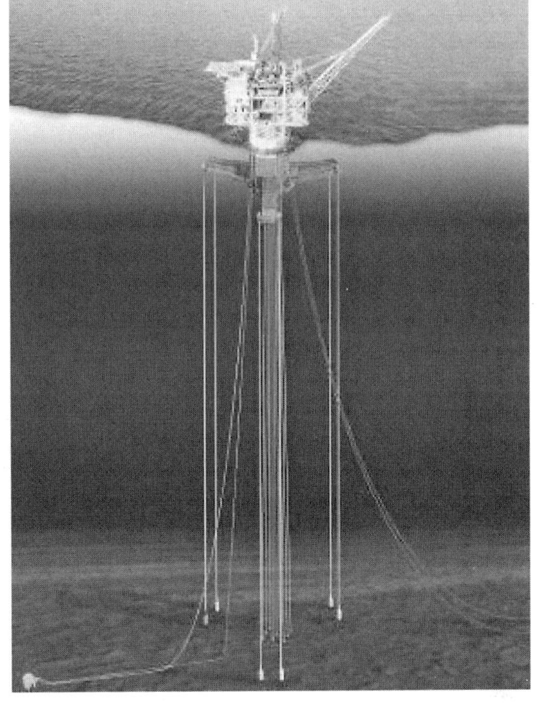

图 4-4　张力腿平台(TLP)

的起伏倾斜和摇晃运动都将在垂直方向消除,这大大有利于钻井作业。其合理的适用水深在 150～2 000 m 深水海域,特别是在 300～1 500 m 水深范围内,采用张力腿平台优势明显,随着水深的增加,张力筋腱长度的增加,出现了张力腿自重过大、造价增加等问题。张力腿平台按照总体结构分类可以分为两个大类,即第一代张力腿平台和第二代张力腿平台;按照采油树位置不同分类可以划分为湿树平台和干树平台两大类;按照功能和应用方式分类可以分为大载荷张力腿平台、迷你型张力腿平台、井口张力腿平台三大类。张力腿平台如图 4-4 所示。

① 第一代张力腿平台:第一代张力腿平台是最早出现的张力腿平台,也是当今世界上数量最多的张力腿平台。自 1984 年以来,传统类型的张力腿平台在生产实践中不断发展,其理论研究和工程应用已经趋于成熟。20 世纪 80 年代"Hutton"和"Jolliet"平台的生产应用,为传统张力腿平台提供了丰富的数据积累和优良的工作记录。进入 90 年代以来,传统类型的张力腿平台继续飞速发展,"Snorre TLP"和"Heidrun TLP"分别于 1992 年和 1995 年相继建成,使北海的张力腿平台数量达到了 3 座;从 1994 年到 2001 年,Shell 石油公司又在墨西哥湾连续制造了 5 座传统类型的张力腿平台,分别是"Auger TLP"、"Mars TLP"、"Ram Powell TLP"、"Ursa TLP"和"Brutus TLP";1999 年,BP 也建成了该公司的第一座张力腿平台"Malin TLP";2003 年,Unocal 公司在印度尼西亚的加里曼丹岛以东海域建成了"West Seno TLP",从而首次将张力腿平台引入到亚洲海域。这些张力腿平台保持着张力腿平台工作性能的多项世界纪录,其中,"Heidrun TLP"的排水量达到 290 310 t,是世界现役的张力腿平台中吨位最大的一座;"Snorre TLP"日产石油 190 000 桶(1 桶=158.987 3 dm^3)、天然

气 3.2×10^6 m^3，保持张力腿平台生产能力的世界纪录；而“Ursa TLP”的工作水深则突破了千米大关，至2004年仍保持着张力腿平台工作水深的世界纪录。属于第一代张力腿平台的有“Hutton”、“Jolliet”、“Snorre A”、“Auger”、“Heidrun”、“Mars”、“Ram”、“Powell”、“Ursa”、“Marlin”、“Brutus”、“West Seno A”和“West Seno B”。

② 第二代张力腿平台：第二代张力腿平台出现于20世纪90年代初期，它是在第一代张力腿平台的基础上发展起来的，在继承传统类型张力腿平台优良运动性能和良好经济效益的同时，对结构形式进行了优化改进，使张力腿平台更适合于深海环境，并且降低了建造成本。世界海洋工程界发展第二代张力腿平台的积极性很高，目前投入生产实践的第二代张力腿平台共分为三大系列，分别是由 Atlantia 公司设计的“Sea Star”系列张力腿平台、由 MODEC 公司设计的“MOSES”系列张力腿平台，以及由 ABB 公司设计的延伸式张力腿平台(简称 ETLP)。属于第二代张力腿平台的有：“Sea Star TLP”、“MOSES TLP”、“E TLP”、“Morpeth”、“Allegheny”、“Typhoon”、“Matterhorn”、“Prince”、“Marco Polo”、“Kizomba A”、“Kizomba B”和“Magnolia”。

(3) 立柱式平台：近年来又出现了新型式的立柱式平台(SPAR Platform)，这种平台是从张力腿平台发展而来的，系泊型式采用了斜线系泊，而且系泊钢缆中不像张力腿平台那样具有很大的预张力。SPAR 平台的主体吃水很深，水线面相对较小，在系泊系统和主体浮力控制的作用下，6个自由度上的运动的固有频率都远离常见的海洋能量集中频率范围，从而有效减少波浪引起的平台垂荡，显示了良好的运动性能。与其他深水平台相比，SPAR 平台的系泊系统投资成本降低一半左右，这些特点使 SPAR 平台成为当今国际海洋工程领域的研究热点之一。目前世界上建成的 SPAR 平台有三种类型，分别是传统型(Classic SPAR)、桁架型(Truss SPAR)、蜂巢型(Cell SPAR)。

① 第一代传统型 SPAR 平台：传统型 SPAR 平台(Classic SPAR)的主要特点是主体为封闭式单柱圆筒结构，结构外形巨大，世界上第一座传统型 SPAR 平台是于1996年建成的 Neptune 平台。传统型 SPAR 平台共有三座，其他两座分别是1999年建成的 Genesis 平台和 Hoover/Diana 平台，其中 Genesis 平台也是世界上第一座配备钻井模块的、同时具备钻采功能的 SPAR 平台。

② 第二代桁架型 SPAR 平台：桁架型 SPAR 平台(Truss SPAR)解决了 Classic SPAR 由于其主体尺寸较大、有效载荷能力不高、平台建造成本较大等问题。与 Classic SPAR 相比，Truss SPAR 的最大优势在于其钢材用量大大降低，从而能有效地控制建造费用，因此得到广泛的应用。世界上第一座 Truss SPAR 平台是于2001年建成的 Nansen 平台。Truss SPAR 平台是目前建成使用最多、应用最为广泛的 SPAR 平台类型。

③ 第三代蜂巢型 SPAR 平台：蜂巢型 SPAR 平台(Cell SPAR)为此对主体结构进行了进一步的改进，以降低造价、体积和提高平台的承载效率。Cell SPAR 平台采用组合式主体结构以取代 SPAR 平台传统的单圆柱主体结构，组装时以一个小型圆柱为中心，将其他的圆柱体环绕捆绑在该中心圆柱体上，形成一个蜂巢形(Cell)的主体结构(图4-5)。世界上唯一一座 Cell SPAR 平台是2004年建成的 Red Hawk 平台。

(4) 钻井船：钻井船是用于海上油气资源勘探开发的船形浮式钻井装置。钻井船的船体结构形式与大多数普通船形相类似，是“船体形式”与“钻井装置”的结合体。一般能从20～5 000 m 乃至更深水域进行钻井作业，特别适用深水、超深水海域勘探钻井作业。自

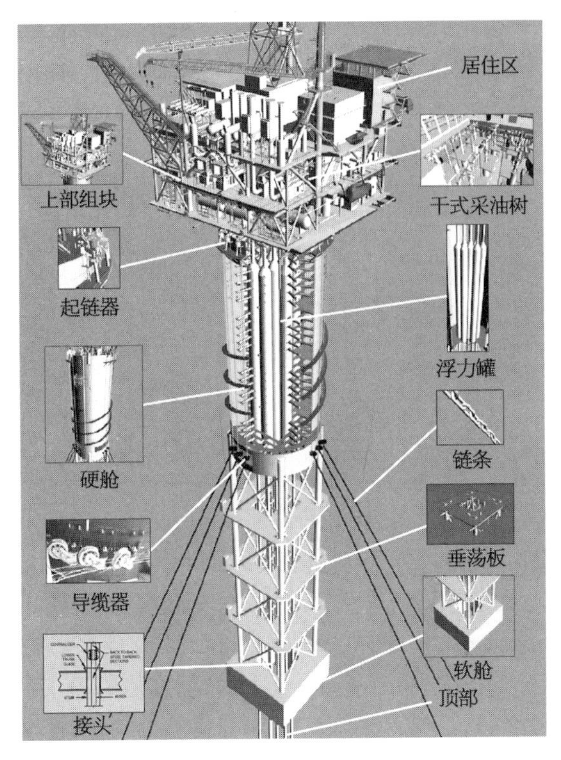

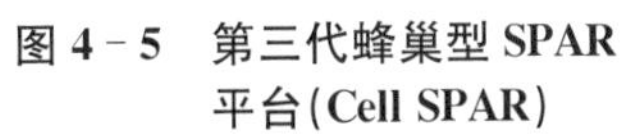

图 4-5　第三代蜂巢型 SPAR 平台(Cell SPAR)

图 4-6　美国双井架深水钻井船 "Discoverer Deep Seas"

1956 年世界上第一艘钻井船"Cuss I"建造以来，特别是深水油气资源开发和超深水油气田数量的大幅增加，深水钻井船有了较大的发展。在世界上这些深水钻井船中，作业水深为 900～3 658 m，有 70%的深水钻井船能够从事超深水钻井作业(钻井作业水深超过了 1 500 m)，有近一半数量深水钻井船的设计钻井作业水深为 3 000 m 以上，作业水深为 3 048 m 的深水钻井船最多，深水钻井船的钻深能力介于5 000～12 192 m，都能钻超深井，近一半数量深水钻井船能钻超万米的井深。美国 Transocean 公司的第五代超深水钻井船"Enterprise"型系列主要有"Discoverer Enterprise"、"Discoverer Spirit"、"Discoverer Deep Seas"号(图 4-6)。"Discoverer Deep"于 1999—2001 年间由西班牙 Astano 船厂建造，是世界上首艘采用 Transocean 公司专利"双动钻井技术"的超深水钻井船，该型船总长约 255 m，型宽 38 m，型深 27 m，排水量达 100 000 t，最大可变载荷 22 000 t，采用了 DP-2 动力定位系统，最大作业水深 3 048 m(10 000 ft)，最大钻井深度 10 668 m(35 000 ft)，可容纳 200 人居住的生活设施。该公司的第六代超深水钻井船"Enhanced Enterprise"型是在"Enterprise"型基础上发展起来的，作业水深 3 658 m(12 000 ft)，钻井深度 12 192 m (40 000 ft)，是目前世界上较先进的超深水钻井船。2013 年 6 月，韩国现代重工为 Dolphin Drilling Ltd 建造的 1 艘长 228.9 m超深水钻井船"Bolette Dolphin"在蔚山船厂举行命名仪式，该船作业水深超过 3 658 m(12 000 ft)，最大钻井深度达 12 192 m(40 000 ft)，是目前市场上较先进的超深水钻井船。

科学在进步，时代在发展，海上钻井技术也在飞速发展，人们现在已向更深的海域进军，无论是钻井井深、钻井水深、钻井效率都不断有新的世界纪录出现。

4.1.2 国外海洋工程装备发展现状

随着科学技术的进步，海上钻井技术逐渐进入成熟期，海上钻井装置也迎来了建造的黄金周期。据不完全统计，截至2013年底，全球共有移动钻井平台1 021座，其中自升式钻井平台538座、半潜式钻井平台226座、钻井船97艘、钻井驳及辅助钻井平台160艘/座。

与此同时，海上可移动钻井装置的技术性能也得到了突飞猛进的提升。尤其是在钻井能力、工作水深以及可变载荷这三个方面都有显著提高。随着平台的优化设计，泥浆泵性能、钻井绞车能力的增强，以及20世纪80年代初开发成功的顶部驱动装置的应用，海上可移动式钻井装置的钻井深度得到大幅度增加。

在世界范围内自升式钻井平台已超过400座装有大深度钻机，其中约有一半装有25 000 ft (7 620 m)钻井深度的钻机，近期建造的大部分装有钻井深度达30 000 ft(9 144 m)以上的钻机。半潜式钻井平台约有107座钻井深度达25 000 ft，有22座平台钻井深度达30 000 ft，其中5座在30 000 ft以上。钻井船约有33艘钻井深度达25 000 ft，其中有9艘在30 000 ft，6艘在30 000 ft以上。

自升式钻井平台由于桩腿长度的限制，工作水深不可能很深。大部分平台的工作水深在400 ft及以内，约有161座达到100 m以上，ROWAN公司的C. R. Paimer 2号自升式钻井平台工作水深达168 m，是目前自升式钻井平台工作水深之最。半潜式钻井平台的工作水深远远超过自升式钻井平台，随着动力定位技术的采用，目前世界上半潜式钻井平台已超过200座，其中有近30座工作水深超过3 000 m，Deepwanter Horizon号工作水深乃世界之最，达3 048 m。钻井船的工作水深相对比较深，有15艘钻井船工作水深达2 000 m，有68艘工作水深达3 000 m，Joides Resolution号钻井船无隔水管钻井状态工作水深设计能力达到8 230 m。

可变载荷也是钻井平台的一个重要性能。自升式平台一般都在2 000 t，其中近137座达到3 000多t，有一艘达到6 771 t。半潜式平台大部分都超过3 000 t，有部分达到4 000 t、5 000 t、6 000 t及7 350 t，近两年已接近10 000 t。钻井船的可变载荷较前二种平台大，现有的钻井船有79艘可变载荷超过7 000 t，其中10艘达到10 000 t，65艘达到20 000 t，还有一艘Glomar CR Luigs号钻井船可变载荷达37 500 t，是目前可变载荷最大的钻井装置。

有了性能优越的钻井平台，海洋钻井的工作水深也逐年增加。1970年海洋石油钻井的工作水深是456 m，1979年海洋石油钻井工作水深接近1 500 m。1984年突破2 000 m，1988年的纪录是2 328 m。2000年末，在墨西哥湾的钻井工作水深达2 695 m。2001年5月工作水深已是2 955 m，10月就达到2 964.8 m。2003年2月突破3 000 m，达到3 052 m。以后必将有性能更加优异的钻井平台问世，向更深的海域进军。

4.2　国外海洋工程装备产业发展趋势

4.2.1　海洋工程装备产业总体发展趋势

受陆上石油勘探开发难度越来越大，海洋作为全球油气资源开发的新地域，已经成为全球油气资源重要的接替区。在国际政治、经济、外交和军事等大环境影响下，国际大型石油公司已将开发海洋油气资源作为重要战略举措之一。世界海洋石油资源量占全球总量 34%，探明率仅为 28%，尚处于勘探早期阶段。1994 年，《联合国海洋法公约》生效，各国划出 200 海里专属经济区，使得深水海域油气资源开发的国际竞争更加尖锐。国际深海竞争的经济背景，在于海底现有的和潜在的资源，最为现实的是深海油气资源。从世界总的发展趋势来看，主要的海上油气勘探区目前的深水勘探都在蓬蓬勃勃地开展。据统计，现有 60 多个国家进行了深水油气勘探。近 5 年来，吸引了超过 710 亿美元的勘探开发投资资金；未来 4～5 年内用于深水油气田开发的资金将翻番（1 000 亿～2 000 亿美元）。深水是当今世界油气勘探开发的热点，当前全球各大石油公司的新动向就是走出已经勘采较多的大陆架海区，寻找深海海底的油气藏。目前主要集中在大西洋两侧地区、墨西哥湾、巴西坎帕斯盆地、西非的加蓬盆地、刚果盆地及尼日尔三角洲、北海的北部等海域，还有澳大利亚西北陆架区。由于深水海域勘探开发的需要，海洋工程装备设计、建造、安装技术有了突飞猛进的发展，其工作水深，原油储存能力，天然气处理能力，抗风暴能力，以及总体性能都在向更深、更强、更大的方面推进。

海洋油气资源开发作业水深不断加深，推动了海洋平台和钻井装备技术的快速发展。适合深水钻井的钻井船、钻井平台以及相配套的技术和配套设施应运而生。钻井技术、各种作业技术、平台定位技术、油气输送技术、海上工程安装、铺管、布缆、检测、水下电视、潜水作业、通信等技术都在快速发展，从而又促进海洋油气资源勘探开发的技术发展。为满足海洋资源开发利用的需要，物探船、铺管船、大型起重船等各类海上作业船和辅助工作船也得到了快速的发展。

解决海洋空间利用的工程技术问题也是近年来海洋工程界研究的热点。对超大型浮体结构、箱型超大型浮体和海上移动基地（MOB）的水动力特性的理论分析和试验研究，已经取得了有实际指导意义的成果。总之，海洋结构物开发与设计技术正在向大型化、深水化、多样化、标准化、信息化和绿色环保等方向发展。

墨西哥湾漏油事件造成的巨大冲击，促使未来对海工装备的安全性、可靠性和环保要求更高。尤其在浮式海洋平台遭受撞击的抗倾覆性，极端情况下抗沉没性，更好地防止漏油井喷等方面。海洋工程技术在需求背景变化的引领下，总体发展趋势是：从传统的海洋产业向新兴海洋产业拓展；从浅水领域向深海领域发展；从传统技术向信息化、集成化、绿色化协同发展；海洋工程装备向深水化、大型化、智能化、多功能化、模块化和向水下作业发展，设计更优化，配套更先进。更优化的新一代深水半潜式钻井平台、新一代自升式平台、新一代钻井浮船、新型的FPSO和半潜式生产系统等装备的设计进一步优化，平台（船）的可变载荷与总排水量的比值、总排水量与自重的比值、可变载荷与平台（船）自重比、工作水深与自重比等项指标值进一步提高，装备的钻采设备更为先进，采用高强度钢，甲板可变载荷和空间加大，工作水深与钻井深度的提高，采储油能力增大，安全性、抗风暴能力和自持能力增强，外形结构简单，建造费用减少，这些都是海洋工程装备发展的共同方向。

海洋工程装备产业发展趋势主要有以下几个方面：

1）海洋工程装备产业由传统海洋经济产业向新兴海洋经济产业发展的趋势

由于国际社会和经济格局发生了重大变化，当今世界处于一个海洋世纪来临和新产业革命启动的时代，对海洋能源资源、海洋环境灾害控制、海洋生物医药业等的需求成为各国关注的焦点，海洋经济必然由传统产业向新兴产业拓展，且越来越加速，而海洋工程装备产业就是适应这一变化趋势发展而成的一个高科技、高附加值的新兴战略产业，它的发展壮大，将促进传统海洋经济产业向新兴海洋经济产业发展。

2）海洋工程装备产业由适应浅水领域向适应深水领域发展的趋势

海洋油气资源开发是陆上石油开发的延续，由于陆地及近海寻找油气和开采油气越来越困难，于是将油气开采目光投向深海海域。随着海上开采技术的不断发展，深水海域油气资源的勘探和开发已成为可能和现实，一些石油公司逐渐将海洋油气资源勘探开发的重点转向了深水海域。近10多年来，全世界主要的海上油气发现大多在深水区，深水海域将是未来全世界海洋油气资源开发战略接替的主要区域，也预示着未来海洋工程装备的主攻方向将是深水海域油气资源开发的海洋工程装备。

3）海洋工程装备产业由以传统工业化为主向新型工业化方向发展的趋势

传统的海洋工程装备产业发展以工业化（机械化、电气化和自动化）为主，近年来它的信息化（数字化、智能化、网络化和集成化）进展十分神速，特别是与绿色化相结合的新型工业化方向，是当今最引人关注的发展趋势。

4.2.2 深水油气资源勘探开发装备和技术发展趋势

海洋油气资源开发加速向深水、超深水延伸，半潜式钻井平台、钻井浮船和FPSO等装备的钻井工作水深、钻井井深（钻井垂深）、海洋采油工作水深、海洋采油井井深、水平钻井位移、石油钻井下套管等设计工作水深，与钻井深度、实际钻井深度等不断创造新的纪录。随着海上大型油气田的勘探发现和海洋工程科技的飞速发展，深海钻采装备呈现出大型化趋势，包括甲板可变载荷、平台主尺度、载重量、物资储存能力等各项指标都向大型发展，以增大作业的安全可靠性、全天候的工作能力（抗风暴能力）和超长的自持能力。

1）深水海洋钻井装置深水化发展趋势

现在，海洋钻井装置的发展趋势是向更深的海域，适于更恶劣的环境，设计更合理，适用更广泛、技术性能更强、更先进、更安全的方向发展。第6代的深水钻井装置的工作水深将达到3 658 m，钻井深度可达到11 000 m，水下维修深度为2 000 m，深海铺管长度达到12 000 km。目前正在开发第7代的深水钻井装置，以适应更深海域和达到更深钻井深度。半潜式钻井平台、张力腿平台、SPAR平台、浮式钻井船、FPSO等海洋油气资源开发设施，由于深水油气勘探开发的需要，其设计、建造、安装技术也在快速发展，其工作水深，原油储存能力，天然气处理能力，抗风暴能力，以及总体性能都在向更强、更大方向迈进。张力腿平台最大的工作水深已达 1 425 m，SPAR 平台为 1 710 m，FPSO 为 1 800 m，水下作业机器人(ROV)超过 3 000 m，采用水下生产技术开发的油气田最大水深达到 2 192 m。

2）深水海洋钻井装置配套设备发展趋势

决定深海油气钻采装置的功能和先进程度的关键配套设备，随着石油、天然气工业的飞速发展日新月异，并不断更新换代，向着超深井、大功率、高压力、自动化、电脑化、高效率钻采方向发展。在石油钻机方面：交流变频电驱动钻机正在取代现有的可控硅直流电驱动钻机，成为海洋石油钻机发展的换代产品，新一代顶部驱动装置(TDS)在交流变频驱动、静液驱动等方面又有新发展，性能优越、造价低廉的无绞车、液缸升降型钻机已在新一代半潜式钻井平台和大型钻井浮船上安装使用，并将成为 21 世纪前期浮式钻井钻机发展的重要方向；在钻井泵方面：不断有大功率高压钻井泵问世，变频电驱动钻井泵将取代直流电驱动钻井泵；在井控设备方面：高压旋转防喷器将得到推广使用，并且其控制系统将实现智能化。

3）深水油气勘探开发技术发展趋势

随着海洋油气勘探开发生产活动的海域范围不断扩大，世界深水油气勘探开发技术主要有以下发展趋势：

(1) 广泛应用地震勘探技术。海域地震勘探具有速度快、采集量大、质量高、成本低、数据处理及时等特点。由于深水钻井勘探成本高，因而更多地依赖地震勘探技术。在深水油气的勘探过程中，高分辨率的三维和四维地震技术已经得到越来越广泛的应用，而且成效显著。通过这一技术并结合有关钻、测井资料，可准确刻画储层空间展布，监控油藏流体动态，从而建立更为有效的油藏地震地质模型。进而可对开发部署方案进行调整和优化，提高单井储(产)量，降低钻探成本，提高钻探成功率和投资回报率。地震资料除了用于构造解释、储层预测、油藏模拟等常规应用外，还广泛应用于海底地形地貌研究、油气田开发概念设计、断层封闭性研究和钻井类别(水平、分支井等)确定等，地震技术在深水油气勘探开发中的作用至关重要。此外，多波多分量地震技术、随钻地震技术以及三维可视化技术也得到了越来越广泛的发展和应用。

(2) 深水钻井新技术的广泛应用。在深海海域钻井勘探，钻探难度大，成本高，每口井的钻井费用平均为 2 000 万～5 000 万美元，钻完井费用一般占总项目经费的 50%以上。因此要求少钻常规井，多钻长距离水平井、分支井，从而提高单井产量和控制储量，缩短开发周期。水平井在国外海上油气田开发中已经得到了广泛的应用。北海的许多油气田都采用水平井生产。目前，国外单井总水平位移最大已经达 11 000 m。近年来，分支井钻井技术在国际海洋油气田开发中也得到了广泛使用。利用分支井可减少开发油藏所需平台数量及平台尺度，因为深水平台成本也很高。分支井可钻达多个油气层或含油气储集体，从而大大提高单井产量。同时，随钻测井、旋转导向钻井、三维显像等技术、智能完井技术、可扩张管柱技术等也有了迅速发展，铝合金钻井隔水管也得到了广泛应用。

(3) 深水平台技术的多样化和综合化。近年来，深水钻井平台出现了多样化和综合化趋势。多样化就是不断改进平台性能，平台的型式不断创新，如改进浮体形态、浮体结构、增加平台的稳定性和强度，改进深水立管技术等。综合化就是通过共用一个综合平台将多个边际油气田联结在一起，从而大大降低开发成本。如墨西哥湾 NA Kika 综合平台就将 6 个油田联结在一起。目前生产井口离主生产平台的最大距离已达100 km之遥。深水生产平台主要有顺应塔平台(Compliant tower)、张力腿平台(TLP)、立柱式平台(Spar)、半潜式平台(Semi)以及浮式生产储油装置(FPSO)等。

(4) 水下生产技术的发展趋势。水下生产系统是将油气生产装置及辅助设施的部分或全部直接放置在海底,成为一个完整的水下工程建筑物,进行自动采油、集油、输油生产的系统。巴西75%油气储量位于深水-超深水区,因而迫使其成为发展深水海洋采油技术的先驱。巴西先后对300~1 000 m水深水下生产系统,1 000~2 000 m水深海底多相泵、海底电潜泵和海底分离系统进行了研究。英国也对海底多相流油气管输动态模拟、多相计量、遥控操作等关键技术进行了研究。今后深水油气田水下生产系统将着重开展深水条件下大排量多相流混输,水下井口集成,全自动水下设备的安装、维护及管理技术的研究。

总之,深水油气勘探开发技术的发展体现在与油气勘探开发有关的各个方面,同时也体现在技术进步、项目管理、环境保护等其他方面。总体而言,经过数十年的探索,对勘探和开发水深小于3 000 m的深水油气田的技术已基本成熟。科技创新和技术改进大大降低了深水油气勘探开发的成本和缩短了项目的开发周期。当前的深水油气勘探开发综合成本已接近陆上油气勘探开发成本,有些地区甚至已低于平均成本,深水油气项目的开发周期从20世纪90年代以前的8年多缩短至90年代后期的5~6年,这一趋势还将持续下去。

4.2.3 海洋工程装备制造技术发展趋势

以信息化和工业化深度融合为重要特征的新科技革命和产业变革正在孕育兴起,多领域技术群体突破和交叉融合推动制造业生产方式深刻变革,"制造业数字化、网络化、智能化"已成为未来技术变革的重要趋势,制造模式加快向数字化、网络化、智能化转变,柔性制造、智能制造、虚拟制造等日益成为世界先进制造业发展的重要方向。海洋工程装备制造技术发展是紧随着数字信息技术的发展而发展的,目前正朝着设计智能化、产品智能化、管理精细化和信息集成化等方向发展,世界造船强国提出了建设智能船厂的目标。同时国际海事安全与环保技术规则日趋严格,排放、生物污染、安全风险防范等节能环保安全技术要求不断提升,绿色制造与智能制造是所有制造业也是海工装备制造的两大并列发展方向,海洋工程配套产品技术升级步伐也将进一步加快。

从20世纪60年代电子计算机作为数字计算工具开始,数字化技术就已用于船舶静水力计算、船舶数学放样有限元结构强度计算、流体水动力计算等,大大提高了计算速度和精度。随着计算机图形设备(数控绘图机、图形显示器)的出现,开始将CAD技术用于船舶线型设计、船舶放样、套料和船舶与海洋结构物基本设计及详细设计出图。随着数字模拟仿真技术和可视化技术的发展,船舶和海洋工程装备设计从二维设计和绘图发展到三维建模和设计,这使设计质量和周期大为缩短,设计精度大为提高。同时,由于三维模型的建立,使得海洋工程装备结构设计、舾装布置、综合布置等更为直观和便捷,数据库和网络技术等数字化技术的应用使壳舾涂一体化、分段预舾装、协同设计、并行制造等先进制造技术的应用得以实现。虚拟现实技术的应用更使得船舶和海洋工程装备设计结果的验证、生产过程的模拟和仿真成为现实,在设计阶段就能发现以往在建造和运行时才能发现的问题,避免重大损失。

数字化技术的快速发展促进了制造业管理思想和管理理念的发展和更新,从MRP(物料需求计划)到 ERP(企业资源计划);从 CAD(计算机辅助设计)到通过 PDM(产品数据管理)实现设计与生产的信息集成;从单个的部门级的计算机应用到企业级的集成制造(CIM);从即时生产(JIT)到精益生产(LP),这些新的思想和理念借助于数字化技术在造船和海工装备业中得以贯彻实施。随着互联网技术的发展,敏捷制造的思想也开始应用,将分布于不同地域的专业化配套生产企业组成动态企业联盟,形成“虚拟企业”灵活应对市场的变化和客户的需求。

同样,在数字技术工艺装备方面,从开始的数控装备(数控切割机、数控肋骨冷弯机等)向智能化装备发展,智能化机器人已成功地应用于焊接、装配、涂装等工序,特别是大厚板复杂构件的制作,提高了生产效率,降低了恶劣环境下的施工作业强度。数字化制造技术正向着两化融合和软件与硬件融合趋势发展,向着“集成化”、“精细化”、“智能化”、“虚拟化”的方向快速发展。

综上所述,船舶与海工装备行业的两化融合已进入了全面融合的状态,今后将随着大数据互联网技术的发展,进入深度融合的发展新阶段。

4.3　国外海洋工程装备产业市场现状、需求和竞争格局

4.3.1　海洋工程装备产业市场现状

近年来,世界范围内海洋工程装备产业和海工配套业均一直处于稳步发展时期。尽管经历了油价大幅下跌、金融危机的双重冲击,世界海洋工程装备市场在 2008 年整体仍然比较稳定,无论在装备租赁还是装备建造市场,所受到的影响均十分有限,仅在部分地区、部分产品领域有所影响。但进入 2009 年,随着世界范围内金融危机影响的逐步扩展,油价下挫,全球海工装备市场所受的负面影响开始清晰地表现出来,主要体现在订单减少和租金下降两方面。2011 年产业的外部环境基本与 2010 年类似,尽管还受制于不确定的世界经济形势,但金融危机后迅速恢复并再创新高的石油需求,以及对海洋油气开发尤其是深水油气开发的信心得以提升等因素。2011 年,全球仅钻井装备、生产装备、海洋工程船舶和少量配套设备的海洋工程装备订单金额就高达 690 亿美元,成为全球船海工业新接订单的主要来源。2012 年,全球海洋工程装备市场继续保持景气状态,全年订单金额超过 600 亿美元。2013 年,全球海工装备成交继续保持向好势头,成交各类海工装备及海洋工程船合计金额 580 亿美元,其中大型海工装备 115 座/482 亿美元;海洋工程船 266 艘/98 亿美元。但是,2014 年的下半年开始,特别是在近期,在国际政治、经济、外交和军事等大环境影响下,各油气产出国之间的激烈博弈,致使国际石油价格持续大幅下降,目前油价仍在 30～60 美元左右徘徊。从 2015 年的海工市场走势来看,低速的世界经济和低油价已对全球海洋工程装备市场带来了一定的负面影响,未来一段时间海洋工程装备市场的形势不容乐观,这仍然要看国际石油价格持续下降的时间周期长短,但却是转型升级、发展高端海洋工程装备的极好时机。

4.3.2 海洋工程装备产业市场需求

原油供需是影响原油工业以及海洋工程装备产业发展最直接也是最重要的因素之一，当前的原油供需基本平衡，供求关系相对宽松。从长期需求看，世界各大机构普遍认为，未来10～20年内原油需求仍将保持一定幅度的增长。国际能源组织(IEA)预测，2014—2018年全球原油需求的年增长率为1.2%～1.4%，2040年前全球油气消费量将以年均0.9%的速度增加。埃克森美孚石油公司预测，2040年前全球能源消费量的年增速为1.0%。英国石油公司(BP)认为，2011—2030年间全球能源消费量的年增幅为1.6%。道达尔石油公司预测，2030年原油需求将达峰值，届时天然气消耗量将有可能超过原油。海洋石油和非常规原油的开采力度逐渐加大。埃克森美孚石油公司认为，到2040年全球仅有55%的原油供应来自常规原油生产，其他将由深水原油、非常规原油、油砂、生物燃料等构成，而天然气水合物将可能成为搅动油气市场的一匹黑马。

随着海洋油气开发在世界油气开发中所占据的越来越重要的位置，以及船市低迷，许多造船企业不约而同地将目光投向了海洋工程装备产业和海洋工程装备配套业，但应及早防止新一轮产能过剩的出现。

1) 海洋工程装备需求量从长期看稳中有升

随着世界能源需求的不断提升，油气资源开发重心正逐步由陆地向海洋转移，并开始逐步转向深水和极地等自然环境更加恶劣的海域。2013年，海洋石油产量已占世界石油总产量的30%，需求上升直接导致海工市场升温，目前，全球海洋油气开发装备每年的总投资为500亿～600亿美元。从长远看，海洋工程装备市场总体发展前景依旧看好，面对海洋资源开发不断成长的新兴市场，世界各国都在积极发展相关装备，未来海洋工程装备制造业将面临日益激烈的市场竞争和发展机遇。

目前，亚洲国家在海洋工程装备的建造市场上已逐步占据一定主导地位，但在设计领域，欧美公司仍占据着绝对优势，一些新技术、新船型几乎都出自他们之手。随着世界油气资源开发重心向海洋转移，海洋工程装备船队也在不断壮大，不仅数量上持续有新鲜血液注入，各种新装备、新船型、新技术也是层出不穷。更大、更深、更专业、更环保成为当前海工市场的主要发展方向。此外，在世界各国大力发展新能源的背景下，由于海上风能越来越受到人们的重视，海上风电场建设正在进入高速发展期，海上风电装备市场也在逐渐升温，迫切需要大量的海上及潮间带风力发电装置、海上及潮间带风机安装平台(船)、海上风机运营维护船等装备。据GL预测，欧洲对于风机安装船的需求15～20艘，中国和美国40～50艘，配套的供应船等所需数量将为200～300艘，具有一定的市场潜力。此外，海水淡化和综合利用装备也具有良好的发展前景。

2) 深水海洋工程装备需求持续旺盛

总体来看，目前全球钻井平台的利用率下降主要是受到自升式平台需求不景气的影响，目前的低油价市场对此影响也日益突显，随着大量自升式平台的交付，预计利用率会持续走低，这都会在短期内对以自升式平台为代表的浅水海工装备需求带来不利影响。与浅水海工装备市场不景气相反，深水油气勘探受金融危机冲击相对较小，深水设备需求仍将保持强劲增长。主要原因是深水油气田是未来全球油气供给增长的主要来源，从长远战略规划出发，油气公司对深水油气勘探支出的规划有增无减。根据国际权威油气咨询公司DW公司的预测，未来五年内深水油气勘探总支出将达到 1 370 亿美元，同比增长 57%。但由于 2014 年以来受石油价格下行影响，海洋工程装备市场需求一路下滑，深水油气勘探投资也有明显下降。

4.3.3　海洋工程装备产业竞争格局

目前，全球海洋工程装备产业经过多年来的发展，大致形成如下三个方阵：

(1) 第一方阵：欧美各国技术力量雄厚，掌控着海洋工程装备的核心关键技术，具备总承包能力，以高尖端海工产品和项目总承包为主，并且仍在从事部分高端产品的开发和建造。主要产品：立柱式平台、大型综合性一体化模块及海底管道、钻采设备、水下设施的打包供应，动力、电气、控制等关键设备配套供货。

(2) 第二方阵：韩国、新加坡技术实力仅次于欧美，在总装建造领域处于领先地位，主要承担海洋工程装备总装建造，已具备一定的总承包能力，自主设计也已经有所突破。主要产品：新加坡为自升式、半潜式平台及 FPSO 改装；韩国侧重钻井船、FPSO 新建。

(3) 第三方阵：中国、阿联酋、巴西、部分东南亚国家主要建造中低端海工产品，从事浅水装备的建造和分包，逐步进入深水装备的建造领域，正大力进入高端产品总装集成领域。主要产品：导管架平台、自升式平台、半潜式平台及 FPSO、平台供应船、三用工作船、风机安装船、起重铺管船。

俄罗斯等资源大国通过国产化比例要求等政策导向，正在积极进入海工产业。目前，全球海洋工程装备产业总体格局见表 4-1。

表 4-1　全球海洋工程装备产业总体格局

区　域		特点及主要业务领域	主 要 产 品	主　要　企　业
第一方阵	欧美	技术力量雄厚，以高尖端海工产品和项目总承包为主	立柱式平台、大型综合性一体化模块及海底管道、钻采设备、水下设备的打包供应、动力、电气、控制等关键设备配套供货	J. R. McDermott、KBR、SBM、MODEC、Technip、AkerSolution、BWOffshore、Heerema、NOV、ABB、西门子、GE 等
第二方阵	韩国、新加坡	技术实力仅次于欧美，主要承担海洋工程装备总装建造，已具备一定的总承包能力	新加坡：自升式、半潜式平台及 FPSO 改装 韩国：钻井船、FPSO 新建	吉宝岸外与海事、胜科海事公司、现代重工、三星重工、大宇造船
第三方阵	中国	主要建造低中端产品，正大力进入高端产品的总装集成领域	导管架、自升式、半潜式平台及 FPSO、平台供应船、三用工作船、风机安装船、起重铺管船	中船工业集团、中船重工集团、海油工程、中远船务、中集烟台来福士、中交振华重工

4.3.4　海洋工程装备产业国外主要龙头企业动态

2011 年的钻井平台订单主要由韩国三星重工、现代重工、大宇造船海洋和新加坡吉宝远东等4家企业获得。韩国获得近150亿美元的订单，新加坡获得超过65亿美元的订单，合计市场份额超过70%。巴西南大西洋船厂凭借着本土化政策也获得本国石油公司支持的46亿美元钻井船订单。除了韩国、新加坡以及巴西之外，其他国家的合计市场份额不到15%。

韩国三星重工、现代重工、大宇造船海洋三家船厂获得34艘钻井船中的25艘，占比超过70%。此外，巴西南大西洋船厂(EAS)获巴西国家石油公司支持的7艘钻井船订单，上海的船厂获得新加坡Opus Offshore 2艘钻井船订单。

新加坡吉宝远东船厂、胜科海事裕廊船厂、胜科海事PPL船厂获得40座自升式钻井平台中的28座，占据70%的市场份额。阿联酋Lamprell船厂、大连船舶重工、南通中远船务、招商局工业集团、外高桥造船、吉宝美国船厂等6家船企分享其他12座自升式钻井平台订单。

2012年，全球海工装备市场延续了前两年的景气状态，全年订单总额超过了600亿美元，成交各类海工装备331座(艘)。其中，韩国获得230亿美元订单，新加坡获得170亿美元订单，巴西获得80亿美元订单。

2013年，全球海洋工程装备产业继续蓬勃发展，全球海洋工程装备全年成交量为580亿美元，完工量和手持订单依旧处于高位。其中，韩国获得250亿美元订单，新加坡获得93亿美元订单。

目前，韩国和新加坡主要海工企业优势产品情况见表4-2。

表4-2 韩国和新加坡主要海工企业优势产品情况表

国家	企业	优势产品
韩国	现代重工	FPSO新建、钻井船、固定平台、上部模块、海上铺管
	大宇造船	半潜式平台、钻井船、FPSO新建、固定平台、上部模块
	三星重工	钻井船、LNG-FPSO、FPSO新建、固定平台、上部模块
新加坡	吉宝远东船厂	自升式钻井平台、半潜式钻井平台
	吉宝船厂	FPSO改装、上部模块
	吉宝新满利	海工辅助船和作业船
	吉宝海外船厂(分布在美国、荷兰、巴西等国)	自升式和半潜式平台、海工辅助船和作业船
	胜科海事裕廊船厂	自升式和半潜式钻井平台、FPSO改装、上部模块
	胜科海事森巴旺船厂	FPSO改装、海工辅助船和作业船
	胜科海事PPL船厂	自升式钻井平台
	SMOE	上部模块

第 5 章

国内海洋工程装备产业发展现状与趋势

5.1 国内海洋工程装备产业发展现状

我国海洋工程装备产业的起步相对较晚。海洋石油工业始于20世纪50年代末期，最早起步于南海海洋石油勘探，当时石油部提出了“上山下海，以陆推海”的海洋石油发展大略。1954年夏天，渔民曾汉隆在莺歌海最先发现了海上咕咕冒着的小泡泡气苗(后被地质学家命名为“3号气苗”)。根据这一发现，1957年4月，石油部北京地质所派员潜水调查了浅海油气苗，并取得储油岩和气样。从1958年起，在附近相继钻探了“莺浅”、“英冲”、“海1”等近10个钻探井，揭开了中国海洋石油工业的序幕，莺歌海也成为我国海洋石油开发的发祥地。1963年，在对海南岛和广西地质资料进行详尽分析的基础上，决定在中国南海建造海上石油平台。此后2年间，广东茂名石油公司专家用土办法制成了中国第一座浮筒式钻井平台，在莺歌海渔村水道口外距海岸4 km处钻了3口探井，并在400 m深的海底钻获了15 L原油。

1959年，开始在渤海海域进行海洋石油勘探开发，该地区典型水深约为20 m。1965年后，海洋石油勘探开发重点转移到了我国北方的渤海海域，开始了我国海洋石油勘探开发工业化进程，以后逐渐扩大到南黄海、东海和南海北部大陆架等海域。1966年，我国建造的第一座海上固定式平台在渤海下钻，并于1967年6月14日喜获工业油流，从此揭开了我国海洋石油勘探开发的序幕。

1972年我国第一座四桩腿圆柱式自升式钻井平台“渤海一号”，在大连建成，可以在30 m水深钻井，在渤海湾钻井。1974年我国第一艘浮式钻井船“勘探一号”建成，并于同年在南黄海试钻成功，这是一艘双体浮船，是用两艘长100 m，宽14 m的货轮拼装而成。1975年之后，从新加坡和日本相继引进了几座自升式平台，如“南海一号”、“渤海二号”、“勘探二号”、“渤海四号”，后又从挪威引进了一座半潜式平台“南海二号”，它们分别在渤海、黄海、南海、珠江口钻井。

进入20世纪80年代，我国又相继设计建造了“渤海五号”、“渤海七号”、“渤海九号”等自升式钻井平台，还设计建造了“胜利1号”、“胜利2号”、“胜利3号”等座底式钻井平台。同时引进了性能先进的“南海五号”、“南海六号”半潜式钻井平台、“渤海八号”、“渤海10号”、“渤海12号”、“胜利4号”自升式钻井平台。1984年6月，我国自行设计建造的第一座半潜式钻井平台“勘探三号”成功交付使用，见图5-1。同年11月在东海海域进行试钻，成功地打出了“灵峰一井”，其后转战南北，打出了许多口海底油、气井，它为发现中国东海平湖油气田残雪构造，做出了重要贡献。1995年，又购进了一座半潜式钻井平台“勘探四号”。到了80年代末期，中国南海的海洋石油联合勘探和开采已开始在水深100 m左右的水深范围内进行。

导管架平台是我国浅水海洋油气开发的主力。导管架平台具有稳性好、技术成熟、较大的甲板载荷等优点，但缺点是不能移动，不能重复使用。目前在我国海域投入海上作业的各

图 5-1　半潜式钻井平台“勘探三号”

类导管架平台，水深一般在几十米到一百多米。在浅水导管架平台设计技术方面，我国有较强的自主研发设计能力，但水深都没有超过 200 m。

进入 21 世纪，我国海洋工程装备产业在建设海洋强国和国家能源战略的指引下，抓住机遇、乘势而上，进入了快速发展时期，海洋油气勘探开发钻井装置有了较快的发展。2006 年 5 月 31 日，由大连船舶重工集团有限公司为中海油田服务股份有限公司建造的 400 ft 自升式钻井平台“海洋石油 941”交付使用，而后姊妹船“海洋石油 942”也相继交付使用。2007 年 5 月 31 日，山海关船舶重工有限责任公司为中国石油集团海洋工程有限公司建造的“中油海三号”座底式钻井平台完工交付使用，该平台号称是目前世界上最大的坐底式钻井平台。同年 9 月 3 日，拥有我国自主知识产权的齿轮齿条升降自升式钻井平台“中油海 5”号在青岛北海船舶重工有限责任公司建造完工交付，年底又交付了“中油海 6”号，“中油海 7”号和“中油海 8”号相继开工建造。2011 年上海外高桥造船有限公司为中海油田服务股份有限公司建造的 3 000 m 深水半潜式钻井平台“海洋石油 981”交付使用。30 万 t FPSO 和 3 000 m 水深第六代半潜式钻井平台的建成投产标志着我国海工装备产业已全面进入深水领域。表 5-1 为我国海洋工程钻井装备发展历程。物探船、铺管船及水下生产系统的研制成功标志着我国海工装备产业能力的全面提升，表明我国海工装备产业正处在加速由大转强的发展态势中。

表 5-1　我国海洋工程钻井装备发展历程

时间阶段	海洋工程钻井装备
1965 年	广东茂名石油公司用两个 500 t 打捞筒作基础，上用角钢联结成一平台，再安装一部 B-1 200 m 钻机，自制成了我国第一座浮筒式钻井平台
1972 年	我国第一座四桩腿圆柱式自升式钻井平台“渤海一号”自行设计，在大连建成

（续表）

时间阶段	海 洋 工 程 钻 井 装 备
1974 年	1974 年我国第一艘浮式钻井船“勘探一号”建成，这是一艘双体浮船，是用两艘长 100 m，宽 14 m 的货轮拼装而成
1980 年之后	我国相继设计建造了“渤海五号”、“渤海七号”、“渤海九号”等自升式钻井平台，还设计建造了“胜利一号”、“胜利二号”等座底式钻井平台
1984 年	我国自行设计建造的第一座半潜式钻井平台“勘探三号”成功交付使用
1988 年	胜利石油管理局工艺研究院与上海交通大学联合设计完成“胜利二号”极浅海步行坐底式钻井平台
1988 年	中国船舶工业总公司 708 所设计的 CCS 级“胜利三号”坐底式钻井平台，于 10 月由烟台造船厂完成建造
2006 年	由大连船舶重工集团有限公司为中海油田服务股份有限公司建造的 400 ft 的自升式钻井平台“海洋石油 941”交付使用，而后姊妹船“海洋石油 942”也相继交付使用
2007 年	山海关船舶重工有限责任公司为中国石油集团海洋工程有限公司建造的“中油海三号”座底式钻井平台交付使用，该平台是目前世界上最大的坐底式钻井平台
2007 年	拥有我国自主知识产权的齿轮齿条升降自升式钻井平台“中油海 5”号在青岛北海船舶重工有限责任公司建造完工交付，年底又交付了“中油海 6”号，“中油海 7”号和“中油海 8”号相继开工建造
2011 年	上海外高桥造船有限公司为中海油田服务股份有限公司建造的 3 000 米深水半潜式钻井平台“海洋石油 981”交付使用

目前，我国现有半潜式钻井平台见表 5－2，现有自升式钻井平台见表 5－3，目前投入使用的 FPSO 见表 5－4。

表 5－2　我国现有主要半潜式钻井平台一览表

序　号	1	2	3	4	5	6
平台名称	南海 2 号	南海 5 号	南海 6 号	勘探 3 号	勘探 4 号	海洋石油 981
业主	中海油	中海油	中海油	中石化	中石化	中海油
设计者	挪威阿克公司	美国 Friede & Goldman	美国 Friede & Goldman	708 所上海船厂上海海洋石油局	美国 Friede & Goldman	美国 Friede & Goldman 708 所
制造厂	挪阿克公司	挪华克斯德	瑞典哥德堡	上海船厂	新加坡远东	外高桥造船
工作水深(m)	304.8	457	460	200	600	3 050
钻井深度(m)	7 620	7 620	7 620	5 200	7 620	10 000
上船体长×宽(m)	69.2×61	82.3×68	87×68	91×71	87.78×64.49	114×114
立柱直径×数量(m)	7.92×4/5.79×2	11.13×4/9.75×2	10.67×4/9.75×2	9×6	11.58×4/10.66×2	4
钻机绞车	C3－Ⅱ	1625－DE	C3－Ⅱ	C2－Ⅱ	C3－Ⅱ	
泥浆泵	FB－1600	12－p－160	FB－1600	FB－1600	FB－1600	
交付时间	1975 年 2 月	1983 年 7 月	1982 年	1984 年 2 月	1983 年	2011 年

表 5-3　我国现有主要自升式钻井平台一览表

序号	业　主	名　称	工作水深(m)	类　型	桩　腿	最大钻井深度(m)
1	中石化	胜利 5 号	～15	槽口式、独立桩脚	4 圆柱形	640
2	中石化	胜利 6 号	～30.5	槽口式、独立桩脚	4 圆柱形	700
3	中石化	胜利 7 号	～30	槽口式、独立桩脚	3 圆柱形	400
4	中石化	胜利 8 号	～20	槽口式、独立桩脚	3 圆柱形	500
5	中石化	胜利 9 号	～35	悬臂梁式独立桩脚	3 圆柱形	600
6	中石化	勘探二号	9～91.4	槽口式、独立桩脚	3 桁架式	700
7	中海油	渤海 4 号	9～91.4	悬臂梁式独立桩脚	3 桁架式	6 096
8	中海油	渤海 5 号	5.5～40	槽口式、独立桩脚	4 圆柱形	6 096
9	中海油	渤海 6 号	～76.2	槽口式、沉垫桩脚	3 圆柱形	6 096
10	中海油	渤海 7 号	5.5～40	槽口式、独立桩脚	4 圆柱形	6 000
11	中海油	渤海 8 号	～75	悬臂梁式独立桩脚	3 桁架式	6 096
12	中海油	渤海 9 号	～40	槽口式、独立桩脚	4 圆柱形	6 096
13	中海油	渤海 10 号	5～76.2	悬臂梁式独立桩脚	3 桁架式	6 096
14	中海油	渤海 12 号	～54.9	悬臂梁式独立桩脚	3 桁架式	6 096
15	中海油	南海一号	～50.3	悬臂梁式独立桩脚	3 桁架式	6 096
16	中海油	南海四号	～96	悬臂梁式独立桩脚	3 桁架式	6 096
17	中海油	COSL 931	～100	悬臂梁式独立桩脚	3 桁架式	6 500
18	中海油	COSL 935	～91.4	悬臂梁式独立桩脚	3 桁架式	6 096
19	中海油	COSL 941	～122	悬臂梁式独立桩脚	3 桁架式	9 144
20	中海油	COSL 942	～122	悬臂梁式独立桩脚	3 桁架式	9 144
21	中石油	中油海 1 号 (港海一号)	～7.8	槽口式、独立桩脚	4 圆柱形 液压升降	4 500
22	中石油	中油海 61 (辽河作业 1 号)	25	悬臂梁式独立桩脚	3 圆柱	修井 6 000 (2～7/8 in)

表 5-4　我国目前主要投入使用的 FPSO 一览表

序号	船　名	油　田	系泊系统	载重量(t)	水深(m)	投产时间	备　注
1	渤海友谊	渤中 28-1	单点软钢臂式	52 000	24	1989 年	沪东建造
2	渤海长青	渤中 34-2	单点软钢臂式	52 000	22	1990 年	沪东建造
3	渤海明珠	绥中 36-1 蓬莱 19-3	单点软钢臂式	58 000	31	1993 年	江南建造
4	渤海世纪	秦皇岛 32-6	单点软钢臂式	160 000	20	2001 年	大连建造
5	海洋石油 112	曹妃甸 11-1/11-2	单点软钢臂式	160 000	24	2004 年	大连新船
6	海洋石油 113	渤中 25-1	单点软钢臂式	170 000	22	2004 年	外高桥建造
7	海洋石油 111	番禺 4-2/5-1	单点内转塔式	150 000	97	2003 年	外高桥建造
8	南海发现	惠州 21-1	单点内转塔式	250 000	116	1990 年	油轮改装

（续表）

序号	船　名	油　田	系泊系统	载重量（t）	水深（m）	投产时间	备　注
9	南海奋进	文昌 3-1/13-2	单点内转塔式	150 000	330	2002 年	大连造船
10	南海盛开	陆丰 13-1	单点内转塔式	150 000	141	1993 年	油轮改装
11	南海开拓	西江 24-3	单点内转塔式	150 000	101	1994 年	油轮改装
12	南海胜利	流花 11-1	单点内转塔式	150 000	310	1996 年	油轮改装
13	南海睦宁	陆丰 22-1	单点内转塔式	100 000	333	1997 年	租用
14	海洋石油 115	南海西江	单点内转塔式	100 000	100	2007 年	青岛北海
15	海洋石油 116	文昌	单点内转塔式	100 000	135	2007 年	大连新船建造
16	海洋石油 117	蓬莱 19-3	单点软钢臂式	300 000	30	2007 年	外高桥建造
17	海洋石油 118	南海东部恩平	单点内转塔式	150 000	330	2014 年	大连重工建造

“十一五”初期，我国启动向深水海域油气资源勘探开发进军，要具备深水油气资源勘探开发能力，必须配置深水海洋工程装备及海工船舶，才能满足对我国南海深水油气资源开发需求。经过“十一五”、“十二五”期间的发展，具备 3 000 m 水深钻井作业能力的深水半潜式钻井平台，为深水半潜式钻井平台作业提供多种辅助工程服务的深水三用工作船，能为深水油气地质评价提供实地探测及三维地震资料信息的深水 12 缆物探船，能为 3 000 m 作业水深海区提供水文环境、工程物探和工程地质基础资料的深水综合工程勘察船，能为深水作业海区提供深水铺管作业和大型海上结构物工程安装的深水铺管起重船等，均已建成和交付使用，深水海洋工程装备及海工船舶已赴南海海域作业。这表明我国在深水油气资源勘探开发装备方面已经初步形成一定系列化、成套化、本土化的良好态势。但是，我国在海上边际油田开发技术、深水油气田勘探开发技术、海洋工程施工技术及装备等方面依然面临着原创技术和能力不足的挑战。

5.2　国内海洋工程装备产业发展趋势

5.2.1　产业市场发展

2010 年我国海洋工程装备年产值超过 300 亿元人民币，占世界市场份额约为 7%。2012 年，我国海洋工程装备产品的国际市场占有率由 2011 年的不足 10%提高到 15%以上。2013 年我国海洋工程装备接单金额超过 180 亿美元，占全球市场份额 29.5%，跃居世界第二，海洋工程装备订单价值量已超过船舶行业接单总价值量的 30%。其中，海洋工程辅助船和自升式钻井平台接单量位居世界第一，半潜式钻井平台累计接单数量与韩国基本持平。2014 年，全球船舶市场新船订单量呈现前高后低态势，海洋工程装备市场一路下滑。市场环境出现了不利变化，但我国船企和海工骨干企业凭借自身优势，努力承接订单。我国承接各类海洋工程装备订单31座、海洋工程船149艘,接单金额147.6亿美元,占全球市场份额的35.2%,位居世界第一。

我国不仅已全面具备500 m以内浅海油气开发装备的自主设计建造能力,并开始向深海油气研发装备进军,且已形成探、勘、钻、采、输、储、辅的全产业链,且产品也走向全面系列化、配套本土化的良好趋势。沪东中华LNG船接单进入世界第一方阵,中集来福士半潜式钻井平台、大连船舶重工自升式钻井平台接单量居世界前列,中远船务(南通)研制的圆筒式钻井平台更是全球独创独有,浙江船厂、福建东南船厂等在海洋工程特种船细分市场中占有率领先。

5.2.2 产业能力发展

21世纪以来,我国海洋工程装备产业抓住难得的国内外市场机遇,进入了历史上发展最快的时期,取得显著成就,获得了长足进步,已在海洋油气开发装备领域夯实了较好的发展基础,初步实现了我国海洋工程产业深海发展的历史性跨越。在环渤海地区、长三角地区、珠三角地区,初步形成了具有一定产业集聚度的区域性布局,涌现出一批具有较强竞争力的企业(集团)。目前,我国已基本实现浅水装备自主设计和建造(80%以上),部分海工产品具备了总承包能力,并且在海洋工程作业船和辅助船等部分领域形成了自主品牌;深水装备制造业已经取得一定突破,承接了深水半潜式钻井平台、深水起重铺管船、深水钻井船和30万t FPSO等多个具有较大国际影响力的装备订单,初步具备了深水装备的研发设计和建造能力,尤其在超大型FPSO和深水半潜平台的研发建造方面有所突破。

从海洋工程装备的建造上看,国内各省市海洋工程企业经过近几年的探索实践,已能承建系列大吨位FPSO(大连船舶重工等)、自升式钻井平台(大连船舶重工、烟台来福士、南通中远船务、上海外高桥造船等)、深水半潜式钻井平台(大连船舶重工、烟台来福士、南通中远船务、上海外高桥造船等)、导管架平台(海油工程)、起重船(烟台来福士、振华重工等)、深水铺管船(熔盛重工、振华重工等)、深水钻井船、物探船(上海船厂)等各类海洋工程装备,有些企业还形成了批产能力。

5.2.3 海工基地建设

我国已有和正在建设的主要海洋工程装备基地见表5-5。

表5-5 国内已建成和在建、拟建的主要海工基地

所在地	名称
上海	上海外高桥造船有限公司海工项目
上海	上海船厂船舶有限公司海工项目
上海	上海振华重工(集团)股份有限公司
江苏	四川宏华海洋油气装备基地
江苏南通	江苏熔盛重工有限公司
江苏南通	惠生(南通)重工有限公司
江苏南通	江苏启东新加坡遨拓海工项目
江苏南通	中远船务(启东)海洋工程有限公司海工基地

（续表）

所在地	名　　　称
江苏南通	韩通船舶重工有限公司
江苏南通	明德船舶重工有限公司
浙江舟山	太平洋海洋工程（舟山）有限公司海工项目
浙江舟山	舟山惠生海工秀山基地项目
浙江舟山	舟山金海重工股份有限公司海工项目
浙江舟山	舟山中远船务海工项目
浙江舟山	舟山长宏国际海工项目
浙江象山	浙江象山中石油海工基地
浙　　江	浙江金财海洋工程装备项目
山东青岛	中石油青岛海工建造基地项目
山东青岛	中海油青岛海工建造基地项目
山东青岛	青岛武船重工有限公司
山东青岛	青岛北海船舶重工有限责任公司
山东烟台	天津三联龙口海洋工程项目
山东烟台	烟台中集来福士海洋工程有限公司
山东烟台	蓬莱巨涛海洋工程重工有限公司
辽宁大连	大连新加坡万邦集团海工项目
辽宁大连	大连大正港海洋工程基地
辽宁大连	大连船舶重工长兴岛海工基地
辽宁大连	大连船舶重工前盐海工基地
辽宁大连	大连船舶重工集团海洋工程有限公司
辽宁大连	深圳中集集团海工项目
辽宁盘锦	中际重工海洋工程有限公司
辽宁盘锦	中石油盘锦海工基地
河北秦皇岛	山海关船舶重工有限责任公司
河北曹妃甸	唐山德龙海洋工程基地项目
河北曹妃甸	博迈科海洋工程设施制造项目
广东深圳	招商局重工（深圳）有限公司
广东深圳	深圳赤湾胜宝旺工程有限公司
广东深圳	深圳巨涛海洋石油服务有限公司
广东珠海	中国海油珠海深水海洋工程装备基地
广东珠海	中船集团珠海海工基地
广　　州	中船黄埔文冲船舶有限公司龙穴海工制造基地
天　　津	天津渤油船舶工程有限公司

5.2.4　海工配套发展

近年来，在造船总装化和配套国产化发展思路的指导下，本土化配套率的大幅提高，促使我国船舶和海工配套业经济总量大幅提升，骨干配套企业加大科技研发，加强产品研制和市场拓展。长三角地区、重庆、湖北等中西部地区、环渤海地区配套业集群发展日趋壮大。自主品牌船用中高速柴油机、船舶综合电力推进系统、船用雷达实现装船取得零的突破，自主品牌甲板机械实现批量装船，交付了国内首台绿色环保 W6X72 主机、11S90ME－C9.2 船用低速柴油机、6S40ME－B9.3 型船用低速柴油机；船用压载水处理系统等新型常用设备研制与世界同步；自主研发的电力推进系统集成、高效扭曲舵、全回转舵桨系统、350 吨双滚筒拖缆机、船舶综合导航系统、1 600 kW 伸缩全回转动力定位推进器等一批配套设备实现装船；自主研发的综合船桥系统及关键设备、低压大功率液压马达、SXD－MAN12V32/40 原油发电机组、组合式拖缆吊车、DP3 动力定位系统等产品填补国内空白，打破国外垄断；自主研制的自升式平台升降系统实现批量出口，动力定位系统和铺管系统等获得用户认可。2013 年本土化配套率总量超过 2008 年的两倍，增长速度快于船舶制造业。2014 年，船舶配套企业主营业务收入 942.7 亿元，同比增长 11.8%。完工船用低速柴油机近 700 万马力（1 马力＝0.735 kW），同比增长 71.6%。承接中低速柴油机超过 1 200 kW，同比增长 100%，锚铰机、舵机、吊机、增压器、螺旋桨、曲轴等主要配套产品产量同比也大幅增长，本土制造甲板机械市场占有率达到 70%。

从海工配套产业看，目前，国内各省市一些企业开始涉足关键配套设备如海上钻井成套设备等的研发，已能生产供应通用配套设备产品（包括部分动力及传动系统、电力电气设备、甲板机械、舱室设备、导航通信自动化设备等），所配套的海工设备主要用于国内石油公司的近海油气开采平台和海洋工程辅助船舶。一些通用设备领域已形成一定研发基础，并呈现出从浅海工程装备配套向深海工程装备配套发展的趋势。

5.3 长三角地区海洋工程装备产业发展现状与趋势

长三角地区是长江三角洲地区简称，长江三角洲地区原指上海市、江苏省、浙江省两省一市，2010 年扩展至安徽省部分城市。长三角地区位于我国大陆东部的“黄金海岸”东海之滨、长江“黄金水道”入海口和杭州湾交汇区域的发达地带，是长江入海之前形成的冲积平原。区域面积 21.17 万 km^2。占国土面积的 2.2%。长江三角洲城市群已是国际公认的六大世界级城市群之一，其核心城市上海是世界最大城市之一。长三角地区区位优势突出，经济实力雄厚，是中国综合实力最强的经济中心、亚太地区重要国际门户、全球重要的先进制造业基地、中国率先跻身世界级城市群的地区，是中国经济发展速度最快、经济总量规模最大、最具有发展潜力的经济板块。

长三角地区分属三省一市的 22 个城市，行政隶属关系复杂，地区之间的协调难度很大，再加上长期的条块分割管理，更助长了各自为政、甚至以邻为壑的不良风气，这种不良风气严重干扰了地方政府之间的合作与协调。为了发展地方经济、增加地方收入，各地在发展经济时，往往把注意力集中在少数几个税大利高的产业上，再加上长三角地区内部自然禀赋比较相似，因而本区的产业结构趋同问题十分严重，城市间分工不明确，产业结构趋同使得各地区不能发挥自己的比较优势，同时也使得投资和生产分散，不能发挥规模经济效应，降低了整个地区的整体经济效益，更为严重的是会形成大量的重复建设，导致生产能力闲置和资源的浪费。长三角地区人口密度高，土地承载压力本来就很大。这些年，由于工业化和城市化迅猛发展，工业污水和生活污水的排放量急剧增加，更加恶化了生态环境，使长三角地区的可持续发展受到威胁。

2010 年 5 月 24 日，国务院正式批准实施长三角区域规划，这是贯彻落实《国务院关于进一步推进长江三角洲地区改革开放和经济社会发展的指导意见》(国发〔2008〕30 号)，进一步提升长江三角洲地区整体实力和国际竞争力的重大决策部署，是深入实施区域发展总体战略、促进全国经济平稳较快发展的又一重要举措。当前，长江三角洲地区面临着提高自主创新能力、缓解资源环境约束、着力推进改革攻坚等方面的繁重任务，正处于转型升级的关键时期。《规划》的实施有利于这一地区进一步消除国际金融危机的影响，加快转变发展方式，不断提升发展水平，带动长江流域乃至全国经济又好又快发展。《规划》要求，长江三角洲地区要高举中国特色社会主义伟大旗帜，以邓小平理论和“三个代表”重要思想为指导，深入贯彻落实科学发展观，进一步解放思想，坚持改革开放，着力推进经济结构战略性调整，着力增强自主创新能力，着力促进城乡区域协调发展，着力提高资源节约和环境保护水平，着力促进社会和谐，在科学发展、和谐发展、率先发展、一体化发展方面走在全国前列，努力建设成为实践科学发展观的示范区、改革创新的引领区、现代化建设的先行区、国际化发展的先导区，为我国全面建设小康社会和实现现代化做出更大贡献。《规划》提出了城镇发展与城乡统筹、产业发展与布局、自主创新与创新型区域建设、基础设施建设与布局、资源利用与生态环境保护、社会事业与公共服务、体制改革与制度创新、对外开放与合作等八个方面的发展方向和重点任务，明确了保障规划实施的政策措施。长江三角洲地区发展的战略定位是：亚太地区重要的国际门户、全球重要的现代服务业和先进制造业中心、具有较强国际竞争力的世界级城市群。发展目标是：到 2015 年，率先实现全面建设小康社会的目标，到 2020 年，力争率先基本实现现代化。

《规划》在“产业发展与布局”中提出，做强做优先进制造业。在装备制造业中，按照提升水平、重点突破、整合资源、加强配套的原则，加快建设具有世界影响的装备制造业基地。依托重大工程建设，积极引导企业整合相关资源，组建具有国际竞争力的大型企业集团。采取产业链接、技术外溢和资本扩张等形式，进一步加强区内外产业配套协作。以上海、南通、舟山等为重点，建设大型修造船及海洋工程装备基地。结合上海地区船舶工业结构调整和黄浦江沿岸船厂搬迁，重点建设长兴岛造船基地。

5.4　上海市海洋工程装备产业发展现状与趋势

5.4.1　上海市海洋工程装备产业基础情况

上海是我国现代船舶工业的诞生地，经过新中国成立以来 60 多年的发展，特别是改革开放30多年的快速发展，上海已成为我国船舶与海洋工程装备产业综合技术水平和实力最强的地区之一。2009年上海又将海洋工程装备列为高新技术产业化九大重点领域之一，为产业快速发展注入了强大的动力。“十一五”时期是上海船舶与海洋工程装备产业高速发展的五年，产业规模、科技创新、能力建设等各方面都取得了显著成绩。

在海洋工程装备领域，具备了深水半潜式钻井平台、350 ft自升式钻井平台、15～30万t级海上浮式生产储油装置(FPSO)等主流海洋油气钻采装备的设计生产能力，成功获得了3 000 m深水半潜式钻井平台的市场订单并顺利交付，多缆物理探测船、海上大型浮吊、起重铺管船等海洋工程船舶获得市场认可并成功实现产业化。中船长兴造船基地一期工程顺利建成并迅速形成年产450万载重吨船舶的生产能力，上海外高桥造船基地二期工程和临港海洋工程基地一期工程建成投产，上海船厂崇明基地一期工程和港池工程也顺利竣工。2010年，长兴岛被工业和信息化部认定为新型工业化产业示范基地，长兴造船基地二期工程(第一阶段)也得到了国家发展改革委核准。船舶配套产业通过自主研发、引进合资等方式得到了较大发展。沪东重机、中船三井造机、齐耀瓦锡兰、上海曲轴公司等一批船用柴油机及关键零部件制造企业集聚发展，基本形成了船舶动力系统产业群，科技创新能力和生产能力全国领先。大功率推进器、自升式平台升降装置、油气水处理系统、综合录井仪、平台防喷器组等海洋工程装备关键系统和配套设备的研发取得突破并实现了产业化。

上海市海洋工程装备产业发展将面向国内外海洋资源开发的重大需求，以提升主流海洋油气开发装备和海洋工程船舶的研发制造能级和市场竞争能力为核心任务，培育专业设计能力，启动一批主流海洋工程装备和关键配套设备的核心技术研发和产业化项目，掌握总体设计技术和建造技术。在工程设计、模块制造、配套设备工艺、技术咨询等领域培育具备较强市场竞争力的专业化分包商，通过典型的工程总承包项目实现从分包到总包的能力突破，培育形成较完整的海洋工程装备产业链。逐步完善技术创新体系，提高工程管理水平，快速扩大市场份额，壮大产业规模。上海海洋工程装备产业在高端船舶和海洋工程装备领域不断取得突破，将进入高端船舶和海洋工程装备转型升级的关键阶段。随着以外高桥造船、振华重工集团、上海船厂、中远船务长兴海工基地、中外运长航长兴海工基地为代表的海洋工程装备制造基地，以临港、长兴、闵行地区为代表的现代化船舶与海洋工程装备配套基地建设的展开，上海长兴、外高桥、临港、崇明等四地域为主的长江口船舶与海洋工程装备总装产业基地、配套产业基地、现代化修船改装产业基地等逐步建成投产，上海海洋工程装备产业将迎来新一轮发展。

5.4.2 上海市海洋工程装备产业发展现状

上海是我国海洋油气开发装备的重要基地，在60多年的发展历程中为中国海洋油气开发装备产业做出了突出贡献。目前，已具备了较强的海洋工程装备产业的研发和制造能力。在海洋工程装备和海工配套设备的研究和制造过程中，创造了多个“第一”：双体钻井浮船、“非标准”半潜式钻井平台、半冷半压式液化气船、液化石油气船、地球物理调查船、海洋工程勘察船、海上石油勘探生活模块、三用拖船等均为国内第一。

21世纪以来，上海船舶工业把握时机、抓住机遇、条块结合、适时决策、坚决实施、及时形成能力和规模，实现了历史性的跨越。上海船舶工业与全国船舶工业一样在国家提出建设世界造船大国目标的指引下走过了21世纪头十年的高速发展期，取得了造船总量大幅提升，经济指标稳步增长，科技创新卓有成效，能力建设形成规模，配套能力显著提升等辉煌成绩。“十二五”以来，长兴船舶与海洋工程装备基地的建成投产和外高桥造船公司的发展壮大，以及临港、长兴两个船舶与海洋工程配套园区的渐成规模，使得上海的船舶工业从“黄浦江时代”进入了“长江口时代”，掀开了上海船舶工业发展的新篇章，为上海船舶工业背靠长三角、面向太平洋提供了优越的发展环境。

目前，上海共拥有规模以上船舶工业企业99个。其中，金属船舶制造企业12个，船用配套企业62个，船舶修理企业17个，船舶改装与拆除企业4个。按企业规模划分，大型企业12个，中型企业13个，小型企业74个。从业人员近5.32万人。上海船舶海工企业主要集聚在长兴岛和浦东临港地区，全市拥有万吨级以上船坞、船台22座，其中30万t级大船坞7座。“十二五”期间，上海船舶与海洋工程装备产业保持了平稳发展，产业综合实力保持国内第一。经济总量稳步上扬。2013年，上海船舶与海洋工程装备产业实现营业收入900亿元(含生产性服务业)，较“十一五”末增长52.7%。上海船舶与海洋工程装备产业在2014年呈现复苏趋势，开始步入两位数的同比增长率。2014年，中船集团公司在上海的企事业单位完成工业总产值555.6亿元，同比增长13%，交付新船872.5万载重吨，同比增长1.9%，按修正总吨计交付258.6万t，同比增长10.9%，说明高端船舶比重的增加。在做强做优传统船舶产业的同时，海洋工程装备业务比重不断提升，2013年海洋工程业务产值达到130亿元。新型LNG船、大型液化气船、超大型集装箱船、30万t FPSO、深水半潜钻井平台、自升式钻井平台、大型铺管船和十二缆物探船等产品连续获得突破性发展，促使海工装备主要产品国际市场占有率迅速提高。船舶海工配套能力显著提升，新型低速机、中速机获得突破，动力集成打包、船舶及海洋工程装备用电站和电力推进系统研发成功，多型海洋工程配套设备研制获得突破，并实现工程化应用。

1) *在海工装备设计方面*

随着我国海洋油气开发的发展需求，第708研究所通过多型FPSO的开发设计，已具备了不同海域、不同油气田尤其应用于恶劣海况FPSO的自主设计能力；自主设计了“渤海一号”和“港海一号”自升式钻井平台、“勘探三号”半潜式钻井平台和“胜利三号”坐底式钻井平台等。近年来承接了中海油自升式海洋平台4座、坐底式海洋平台2座和工作平台1座的开发设计、3 000 m半潜式钻井平台设计1座；并为各油田设计了12缆地球物探船、海洋综合调查船、喷水推进浅吃水多用途拖轮等海洋工程辅助船。此外，上海船舶研究设计院设计了地球物探船、起重铺管船、半潜驳、深水三用工作船、综合工程检测船、导管下驳船、全天候大功率救助船等海洋工程装备。最近几年，有关院所还设计出海上风电安装平台、自升式平台、SPAR概念平台等。

2) *在海洋工程装备建造方面*

从20世纪60年代开始上海即已形成海洋工程装备建造能力。20世纪80年代上海船厂建成我国第一座半潜式钻井平台“勘探三号”，所承建的2艘12 000 ft钻井船(第二艘)也于2009年交付使用；沪东中华造船集团曾完成我国第一艘双体钻井船“勘探一号”建造，成功交付了5艘14.7万m^3液化天然气(LNG)船，实现了中国LNG船建造的零的突破。江南造船集团成功交付了东海平湖、春晓油气钻采平台生活模块的建造；振华重工作为上海海工装备建造领域的后起之秀于2009年承接了自升式钻井平台订单，并成功建造了浅水铺管船、大型浮吊等海工辅助船舶。上海外高桥造船有限公司经过几年的探索实践，已能承建大型和超大型的 FPSO 系列船型，其中，30 万吨海上浮式生产储油船（FPSO），是全球吨位最大、技术最新的海洋工程船舶；2011 年交付的 3 000 m 深水第六代半潜式钻井平台，标志着上海船舶工业在深水海洋工程装备领域取得了重大突破，它的建成使我国深水油气资源的勘探开发能力和大型海洋工程装备建造水平跨入了世界先进行列。特别是近年来，研发的 JU2000E 型自升式钻井平台等海工产品，无论是接单量和建造实绩都取得了显著进步，在国际海工装备市场上，外高桥造船公司正成为迅速崛起的“中国力量”的代表和中国海工装备建造的旗舰企业。

通过近几年飞速发展，上海海洋工程装备建造企业已先后批量建造了若干具有世界先进水平的海洋工程装备，成功打造了企业品牌。上海海洋工程装备建造企业已形成大吨位海上浮式生产储油轮系列（FPSO）、31.6 万 t 超级油轮、17.4 万 m^3 双燃料电力推进型 LNG 船、14.7 万 m^3 LNG 船、3 万 m^3 级的支线 LNG 船、2.2 万 m^3 液化石油气船、12 000 ft 钻井船、3 000 m 深水半潜式钻井平台、350 ft 自升式钻井平台以及各类起重船、铺管船、物探船、重载半潜船、极地运输船、重型海上浮吊等多种油气运输船舶和海洋工程装备生产能力。

3）*在海洋工程装备配套设备产业方面*

上海宝钢与中海油田服务股份有限公司合作开发出了应用于自升式平台桩腿的 690 MPa 超高强度合金钢，打破了国外企业在这一海工关键材料领域的垄断地位。上海三高石油设备有限公司目前具备 2 000～9 000 m 成套陆上钻机的生产能力，也将进军海工配套市场，并已开始研发海洋石油开采成套钻井设备。上海神开石油化工设备有限公司研制的防喷器组、平台采油树等也已经部分用于油气生产。美钻集团成功研制的水下连接器、水下阀门、水下防喷器、水下控制系统等均投入实际应用。中船重工第七一一研究所组建的上海齐耀科技集团，签订了多艘船舶动力系统集成供货合同，合同总金额超过 7 亿元，首台自主品牌船用 6CS21/32 高中速柴油机实现装船应用；中高柴油机重工有限公司成功研制国内首型单机功率最大的 MAN18V32/40 中速柴油机和柴油发电机组。中船重工第七〇四研究所开发的减摇装置产品占据了国内市场相当份额，已成为国内领先、国际一流的产品供应商，在“远望”号航天测量船等特种船舶上发挥了重要作用。在沪企业在电力推进系统集成领域承接了合同金额最高、集成范围最广的项目。

5.4.3 上海市海洋工程装备产业基础优势

1）*上海地区区位优势*

上海位于我国大陆海岸线中部，处于长江入海口和东海交汇处，地理特色明显。上海市海域面积超过 8 000 km^2，江海岸线总长 763 km，其中大陆岸线 186 km，岛屿岸线 577 km。滨江临海，地域广阔，经济发达，拥有港口航道、湿地滩涂、渔业、滨海旅游、风能潮汐等海洋资源，为发展海洋经济提供了良好的条件。上海在基础工业、航运业、金融业上也有着其他地区难以比拟的优势，在发展海洋工程装备产业和海洋工程装备配套产业方面有着明显的区位优势和广阔的发展空间。

2）*上海海洋工程装备产业规划优势*

早在 2004 年，上海市制定的《上海优先发展先进制造业行动方案》就明确将“船舶和海洋工程”、“航天”等国家战略产业作为优先发展的重中之重。

在 2006 年发布的《上海海洋经济发展“十一五”规划》中明确将“海洋经济（包含船舶工

业和海洋工程)”列为上海市新的支柱产业。

2009年发布的《关于加快推进上海高新技术产业化的实施意见》中，更进一步明确了海洋工程装备作为上海高新技术产业化的九大重点推进领域之一，制定了《上海推进海洋工程装备高新技术产业化行动方案》，还将长兴岛规划成为国家级海洋装备岛，并由国家主管部门批准。

上海船企和科研院所抓住技术源头，掌握勘探、开采、加工、储运等生产环节关键装备的自主设计建造核心技术，以我国海洋资源开发需求为突破口，融合船舶工业、石油石化和钢铁产业等各方力量，由浅水到深水，逐步提升总体装备、关键系统和设备规模化制造能力，坚定不移地走专业化、国际化的道路，统筹配套总装发展，建立专业化海工装备区域制造基地。

2012年上海市经信委正式发布《上海市船舶与海洋工程装备产业“十二五”发展规划》，从政策、资金、人才等方面加大产业扶持力度，全面建成以长兴、外高桥、临港、崇明等四地域为主的长江口船舶与海工装备总装产业基地、配套产业基地和现代化修船改装产业基地。

3) 上海海洋工程装备研发优势

上海目前有一批国内知名的设计研究院所、高等院校及国家工程实验室、产品研发中心、国家级企业技术中心等，包括中国船舶及海洋工程设计研究院、上海船舶研究设计院、上海船舶工艺研究所、中船第九设计研究院工程有限公司、上海佳豪船舶工程设计股份有限公司、上海交通大学海洋工程国家重点实验室、同济大学海洋地质国家重点实验室、船舶工艺研究所的数字化造船国家工程实验室、振华重工海洋工程研究院和中远船务技术中心等。在海洋工程结构性能、建造工艺、关键技术攻关、信息集成等方面形成了具有强大研发能力的海洋工程研发体系，在国内具有行业领先的研发能力和科技优势。

近年来，结合国内海洋开发需求，建立产学研用协同创新机制，支持企业以产业联盟的形式在技术难度大、市场前景广阔的领域整体突破。承担的多渠道下达的科研项目及单位自行立项的科研项目均有较大的增长，科研投入的占比也相应逐年有所增长。尤其是项目的技术含量和研发水平趋向高端化、高技术化，并更切合国家制定的发展方向。今后，上海海工产业将进一步依托研发优势，以创新引领构建海洋工程装备制造业支柱地位，产学研用协同，专业化国际化发展方向，提质增量，将海工装备制造业打造成为船舶产业发展的“第二引擎”，进入世界海工装备制造先进地区行列，形成海工、造船“双轮驱动”的格局。

4) 上海海洋工程装备建造能力优势

在海洋工程装备建造领域，上海集聚了多家国内现代化程度高、实力雄厚的大型企业，企业的兼并重组取得初步成效，“大江南”、“大沪东”、“大振华”、“大动力”等旗舰企业已浮出水面。包括：上海外高桥造船有限公司、上海船厂船舶有限公司、沪东中华造船(集团)有限公司、江南造船(集团)有限责任公司、上海振华重工股份有限公司等，具有强大的总包和总装生产能力，在业界具有良好口碑。上海是中国船舶工业集团公司最主要的造船基地。中船集团已制订了“形成一个核心，发展六大产业板块”的发展战略，即围绕军工核心产业，全力发展船舶修造、海洋工程、动力装备、机电设备、信息与控制、生产性现代服务业等六大产业板块。

沪东中华进一步明确了以LNG船、超大型集装箱船、特种船为核心的产品定位，在新型LNG船相关技术和LNG全产业链装备研究中不断取得进展，陆续承建了17.4万m^3双燃料电力推进型LNG船等高端船型，LNG船的成功建造打破了先进造船国家垄断，高端产品比例已经达到92%，产品结构明显优化。

上海外高桥造船有限公司坚持以量变促质变，在自升式钻井平台领域持续发力，自升式钻井平台已形成批量，2014年已完工交付2座，手持11座自升式平台订单，这为做大做强海洋工程全面进入高端海洋工程装备市场，打破韩国在该领域的垄断地位，为巩固上海世界级海洋工程装备中心地位奠定了坚实的基础。

江南造船(集团)有限责任公司在保障军品任务的同时积极开拓民品市场，新一代运载火箭运输船“远望21”号、“远望22”号成功交付，是继“远望5”号、“远望6”号远洋航天测量船后为我国航天事业做出的新贡献，成功开发3万m^3级的支线LNG船、超大型干线LNG船、超大型液化气体运输船(VLGC)等高端船舶赢得市场，承接了VLGC和支线LNG船订单。

上海船厂船舶有限公司经过近年来的调整和转型，已明确了从中小型散货船、集装箱船全面转型海洋工程装备的战略方向，瞄准钻井船、物探船、三用工作船等海工产品不断拓展市场。是全国唯一有能力建造多缆物探船的船厂，在成功交付第一艘物探船后又接新订单，并首次承接钻井驳项目，进一步增强了在海洋工程市场的影响力和竞争力。

振华重工的重型海上浮吊、起重铺管船等已成功打造品牌，形成系列，首座自升式钻井平台已形成商品，该钻井平台升降系统、锁紧系统、悬臂梁及钻井滑移系统等核心配套件均由振华重工自主研发设计制造。300 ft钻井平台锁紧系统顺利通过ABS产品认证，成为国内第一家获得平台锁紧系统美国权威认证的企业，首批通过ABS认证的72台套平台锁紧系统，在产业化同时实现了产品外销。

上海中远船务工程有限公司从浮式生产储油轮(FPSO)的设计和建造技术输出开始，正式进入巴西海工装备建造市场，以高质量的详细设计、生产设计以及现场技术服务，得到了巴西合作方的高度认可，继而一举承接了8艘FPSO生活模块和3 000 m深水钻井船功能模块和钻井系统的建造合同，成功进军巴西海工主流市场。

此外，各建造厂在新工法、新工装研究等方面取得了一系列成果，在提高船厂生产效率方面具有巨大的促进作用。上海船舶工艺研究所与江南造船合作研制了国内首条完整的采用机器人焊接的船舶管子生产流水线，彻底改变了船舶管子生产的落后状态，成功实现了产业化和技术输出。上海交大的海洋工程国家重点实验室自主开发了海洋平台远程监测系统在“海洋石油981”深水半潜式钻井平台上得到了初步应用。中船重工第711研究所承担的国家工信部“海洋工程船舶综合信息集成管理系统研究项目”科研任务取得产业化成果，实现了海洋工程装备核心控制系统的新突破，对进一步实施海洋工程装备自动化、控制系统国产化具有重要意义。

5) 上海海洋工程装备配套产业优势

上海在基础工业、航运业、金融业上也有着国内其他地区难以比拟的优势。上海拥有宝钢、上海电气、沪东重机、江南重工、神开石油化工装备公司、上海船舶设备研究所、上海船用柴油机研究所和上海船舶运输科学研究所等配套企业和研究所，具有雄厚的制造业基础、厚实的科技研发实力、强大的人才聚合效应、不断完善扩大的贸易服务和对外合作交流等，必将在技术、研发、人才、资金、服务等方面为发展船舶配套业和海洋工程装备配套业提供更大优势。上海提出的要将上海建设成为国际航运中心和国际金融中心，又将为进一步发展海洋工程装备配套产业提供重要的市场机遇和金融保障。

在做强做优传统船舶产业的同时，围绕主业开展的研发、咨询、物流、贸易等生产性服务业飞速发展，2013 年实现营业收入超过 500 亿元。船舶海工配套能力显著提升，配套产品以柴油机动力系统为核心，在船用低速机、中速机、大功率柴油机曲轴、动力系统集成等领域占有较高份额，在电力推进系统集成、动力系统集成等产业具有很强的市场竞争力。新型低速机、中速机获得突破，动力集成打包、船用及海工用电站和电力推进系统研发成功，各类海洋工程的配套设备研制不断获得突破，并实现工程化应用。按照上海推进海洋工程装备高新技术产业化行动方案和“十三五”规划所确定的海洋工程装备配套设备发展目标，上海的海洋工程装备配套产业有着广阔的发展空间。

宝钢研发生产的自升式海洋平台桩腿用厚板通过了 ABS 的型式认可，具备了海洋平台用厚板全系列产品供货能力，打破了国外钢厂高价、限价等方面的垄断，对推进我国海洋经济建设和能源发展具有重要意义。

在沪的石油采掘设备企业在海洋平台防喷器和水下生产系统的研制，也取得了新突破。上海神开石油化工设备有限公司自主研发了立式双管式水下采油树，适用于浅水及近海油气田作业，有效服务于水下复杂的作业环境，这是国内自行设计制造海洋油气田生产装备的一项重要成果。美钻集团成功研制了我国首个水下采油树，并获得国际资质证书。

5.4.4　上海“国家新型工业化产业示范基地(船舶与海洋工程)”

上海“国家新型工业化产业示范基地(船舶与海洋工程)”位于上海市长兴岛。该岛三面临江，一面临海，东西长 31 km，南北宽 2～4 km，岛域总面积约 160.6 km^2，其中陆域面积约 93.3 km^2，青草沙水库库区面积约 67.3 km^2。长兴岛与浦东外高桥相距仅 7.5 km，新建成的长江隧桥工程使长兴岛成为崇明三岛接受上海陆域辐射的最前端，也是连接上海和江苏的重要枢纽点。长兴岛的南岸拥有极为宝贵稀缺的深水岸线，水深－12～－16 m，最深处达－22 m，可停靠 30 万 t 级船和浮态下水作业。这些深水岸线是长兴岛海洋装备产业发展的必要基础条件。

长兴岛海洋装备产业基地目前主要以中船集团长兴基地、中海长兴修造船基地和振华重工长兴基地为主构筑了产业发展态势，三家央企的技术装备和产品档次质量均在国内处于领先地位。基地企业研发实力雄厚，拥有四所国家级企业技术中心以及“ZMPC”和“JN”等国际和国内知名商标。主导产业为船舶制造、海洋工程、港口机械、船舶修理等，产品包括：双 40 ft 集装箱、大型钢结构、海洋钻井平台以及 30 万 t 级的 VLCC、万箱级集装箱船、17.7 万 t 散货轮及海军装备的制造和修理等。上海是目前国内既能自主设计又能成功建造大型 FPSO 的地区，是第一个取得 LNG 船建造资质、并且实现批量建造的地区，是全球最大的港口机械制造地区，拥有国内具有海洋平台设计能力的院所，这些优势均能为长兴岛海洋装备产业基地所拥有或者利用，为发展船舶与海洋工程示范基地奠定了扎实的基础。同时，基地内的江南造船集团又是为海军国防事业做出杰出贡献的传统骨干企业，军品制造技术国内领先，军民结合，寓军于民也是本产业基地的一大特色。

2010 年以来，长兴岛与长兴产业园区先后被评为“国家新型工业化产业示范基地(船舶与海洋工程)”、“国家船舶出口基地”、“上海市品牌园区”、“上海国家高技术服务产业重点培育园区”。长兴岛以高新技术船舶及海洋工程装备配套产业为中心，正逐步与其他先进制造业、生产性服务业、高新技术产业形成联动发展、齐头并进的局面，将建设成一个科技含量高、经济效益好、资源消耗低、环境污染少、人力资源充分利用、品牌优势明显的新型综合性船舶与海工产业园区。

5.4.5 上海海洋工程装备产业发展主要问题

1) 上海海洋工程装备产业发展的不利因素

(1) 国内外经济形势不确定性因素增多。全球经济增速放缓将对全球贸易产生很大的不利影响,海洋工程装备产业与世界经济贸易高度相关,复杂的经济环境给我国和上海海洋工程装备产业持续健康发展带来了困难和挑战。同时,由于全球经济危机发生后,钢材、原材料价格和汇率等海洋工程装备产业外部因素都发生了较大的波动,特别值得注意的是,由于全球能源效率的提升、替代能源的发展、北美非常规油气产量的增长以及发展中国家经济增速和消费增速的下滑,导致全球石油市场供求关系、买卖双方的市场格局发生重大变化,国际油价下行趋势明显,特别是在 2014 年的下半年开始,国际石油价格持续大幅下降,目前油价在 30～60 美元上下浮动,下滑的世界经济和低油价已对海洋工程装备市场带来了明显影响。

(2) 无石油公司和船东背景。近年来,远洋运输公司和石油公司纷纷进军海洋工程装备和船舶建造等领域,致力于完善产业链、增强其综合竞争力已成为普遍现象。随着有着这类背景的海工建造基地和船舶修造基地的建成投产,原来需要向传统造船企业购买船舶或海工产品的船东或石油公司必然将自身发展所需的新订单首先在内部消化,当其内部接单饱和后才有可能在市场上寻找非本系统建造企业。而目前落户于上海的船舶建造、配套等企业大多无此背景。因此,相较于依托中远集团的中远船务若干个船舶修造基地、隶属于中海油、中石油的海工建造基地,上海海工及船企在接单方面处于明显不利地位。

(3) 海工低端产品产能过剩。受世界船市低迷和近几年国内造船产能盲目扩张共同作用,我国船舶行业产能严重过剩现象尤其突出。国家已将船舶行业列为产能严重过剩行业之一,其产能利用率仅为 75%。国家提出将海洋工程装备产业纳入重点培育的战略性新兴产业和船舶工业调整和振兴的重要方向后,国内船企集体转战海工市场也是一大趋势,因此在短期内初步形成建造能力后,国内海洋工程装备低端产品产能过剩也将是必然现象。

(4) 海洋工程装备制造成本上升。上海作为未来的国际航运中心和金融中心,其国际大都市地位毋庸置疑,但由此带来的商务、劳务成本快速上升不容忽视。尽管近年来上海海洋工程装备行业的技术水平有了快速提升,但尚未形成全面的技术优势,而劳务成本较低仍是其比较国外企业最大优势,而这正是上海相比国内其他地区的最大劣势。此外,能源、原材料价格也将长期走高。故商务、劳务和采购等各类成本的持续上升必将严重削弱上海船舶与海洋工程装备产业的竞争优势。

2) 上海海洋工程装备产业发展的薄弱环节

(1) 产业整体实力还不强。上海在海洋工程装备的自主研发建造上曾处于国内领先水平,但从 20 世纪 80 年代中期后～21 世纪初的一段时期内基本处于停滞状态,虽然近几年承接了一批海洋工程产品,但大多处于“造壳子”的状态。因此,从整体上看,上海地区在海洋工程装备领域的创新能力、建造技术水平、配套体系都相对较薄弱,缺乏原创能力和核心竞争力,尚未形成完整的创新体系和形成合力。有个别企业走得较前,但关键技术尚待突破、成套完备的工艺技术尚未完全掌握,上水平、上能力有待时日。

(2) 专业骨干和领军人才紧缺。近年来，上海海洋工程装备产业人才队伍建设虽然取得一定成绩，但人员总量过大与人才总量不足的矛盾较为突出，人员结构不够合理的状况还没有全面改观。由于产能的快速扩张，国内许多地区把海洋工程装备作为支柱产业发展，造成对人才需求的迅速增长，而人才增长速度远赶不上产能的扩张速度，从而引发了人才的激烈竞争。上海海洋工程装备产业的人才队伍建设面临着较大挑战：一是具有国际经验、全球眼光、抢占国际海洋工程装备创新制高点的领军人才稀缺的矛盾更加突出；二是支撑海洋工程装备产业突破发展的骨干人才严重不足，具有丰富从业经验、支撑高新技术产业化的中坚队伍急需壮大；三是专业教育学科建设滞后，导致海洋工程装备产业化专业人才和高技能人才基础薄弱；四是人才保障与激励机制有待落实，尤其是海洋工程装备高新技术产业化针对性人才扶持政策有待细化、落实，机制有待突破。

(3) 海洋工程装备配套产业链有待整合。上海地区的船用配套主要还是集中在船用主机、曲轴等动力、推进系统上，在舱室机械、特种机械、船舶自动化及通信导航设备等高端配套方面和国际先进水平均还有 5～15 年差距，与实现国家提出配套国产化率 2010 年 60%、2015 年 80%的目标则有很大差距。在海洋工程装备配套产业上进入较晚，尚未规模化和形成产业链，目前在少量配套设备研发和关键技术上开始有所突破，相关配套产业链有待继续加强、整合和突破。

5.5　江苏省海洋工程装备产业发展现状与趋势

5.5.1　全省海洋工程装备产业发展现状与趋势

1) 船舶与海工产业基础

江苏省在全国船舶制造、海洋工程、船舶修理、配套、拆船等领域占有举足轻重的地位，已经成为我国第一造船大省和世界重要的造船基地之一。经过发展，江苏省产业综合竞争力大幅提升，产业区域集聚效应显现，已初步形成区域错位发展、产品差异化竞争的格局，南通、泰州、扬州三大基地的规模、带动作用日益显著。培育了一批具有世界影响力的骨干企业，六家企业主要造船指标曾经分别进入全国前十强，五家企业成功上市。目前，江苏省拥有规模以上船舶工业企业 468 个。其中，船舶制造企业 161 个，船用配套企业 229 个，船舶修理企业 13 个，船舶改装与拆除企业 44 个。船舶企业从业人员 26 万余人。江苏省拥有万 t 级以上船坞、船台 77 座，其中 30 万 t 级大船坞 8 座。泰州、南通、扬州是江苏省三大造船基地。21 世纪船业集团、扬子江船厂有限公司等造船企业在油船、集装箱船建造、散货船制造优势明显，南通中远川崎船舶工程有限公司的造船效率处于国内领先水平，一批特色明显的中型造船企业则各有优势。

2) 海洋工程装备建造能力

江苏省船舶产业发展始终保持全国领先，总资产贡献率、全员劳动生产率、人均实现利润等多项经济指标均保持全国第一;产品结构进一步优化,做强南通、泰州、扬州三大远洋造船基地,推进建设国家级船舶出口基地建设;海洋工程装备产业蓄势待发,打造海洋工程装备制造基地,大型海工项目陆续建成投产,部分大型骨干企业逐渐形成支撑作用,海工产品基本覆盖了主要领域。海工产品涉及了从近海到深水的近乎大部分种类,其中半潜式平台、浮式储油船、钻井平台等实现自主研发。南通中远船务交付了世界新颖的圆筒型超深水海洋钻探储油平台等海工产品,企业成功跨入海工装备总承包商行列。打造以南通为主的苏中地区海洋工程装备制造基地,力争形成集研发设计、高端制造为一体的千亿元级的海洋工程装备制造基地,逐步培育成为中国一流、世界知名的海洋工程装备制造集聚区。

近几年来,江苏一批骨干海洋工程装备总装企业迅速成长。全省已有六个海洋工程装备企业进入总装领域,在海洋工程装备领域,具备了深水半潜式钻井平台、自升式钻井平台、圆筒型超深水海洋钻探储油平台、生活服务支持平台、深水铺管船、海上风电安装船等主流海洋工程装备的设计和总承包能力;批量建造了大型浮吊、三用工作船和平台供应船等海洋工程船舶;在桩腿总装技术、平地制造下水技术、浮态建造技术、模块化建造技术等关键技术方面实现了突破。南通中远船务工程有限公司成功实现了由修船向海洋工程装备建造的快速转型;扬子江船业集团高起点进入海洋工程装备领域,提升了集国际技术、资金、订单和制造四大优势为一体的综合竞争力。南通太平洋海洋工程有限公司突破了小型液化气(LPG/LEG)船、多用途液化气船、LNG 再气化模块和 LPG 储存罐等设计和关键制造技术,小型液化石油气船产量全球第一;道达重工有限公司建造的 7 000 t 海上风电安装船首次采用复合筒型基础整机一体化安装技术,填补了国际海上风电安装空白。江苏韩通船舶重工有限公司承担的项目“海上潮间带风电机组专用安装船”被认定为 2013 年度国际重点新产品计划项目。韩通重工有限公司、明德重工有限公司的两个产品被认定为省首台重大装备。

3) *船舶与海洋工程装备配套产业*

船舶配套产业加速发展,全省初步形成了南京、泰州、镇江三大船舶配套基地,全省船舶配套产品品种繁多、门类齐全。一批代表性的船舶配套产品在国际、国内具有一定的影响力,锚链(系泊链)生产总量居世界第一,中速柴油机、克令吊分别占国内市场份额的 60%和 50%,螺旋桨、船用泵、船用锅炉、船用救生设备等均处于全国领先地位,低速柴油机、自动控制系统等关键船用设备得到重点支持发展。江苏已成为我国船舶配套业发展最密集的地区之一。

创建国家级船舶配套示范基地:加快船用动力系统基地建设,支持镇江、靖江地区加快发展船用动力系统、发电机组等;进一步扩大甲板机械和舱室设备基地建设规模,大力支持南京地区、泰州地区依托现有骨干生产企业,通过技术改造等方式,实现规模化发展;大力支持船用通信系统基地建设,鼓励通过合资合作、许可证方式、联合设计开发等途径,培育和扩大一批中高端产品生产能力,填补省内空白;推进重点骨干配套企业尽快掌握系统集成技术,加速实现单一设备供应向系统集成供货转变。鼓励和引导专业相关、产品类同的中、小配套企业向船舶配套园区集聚;积极推进造船企业与配套企业建立紧密战略合作关系,逐步建立船舶配套供应商体系。

5.5.2 南通地区海洋工程装备产业发展现状与趋势

南通地区依托“靠江靠海靠上海”的独特区位优势,已经形成船舶修造、海洋工程装备等特色优势产业。经过近30年的发展，已经打下了良好的产业基础。南通海洋工程装备产业起步于2007年，短短5、6年间，海洋工程装备产业从无到有，实现跨越发展，2010年南通中远船务海工研发中心获得国家级企业技术中心认定，中远船务、熔盛重工、振华重工、吉宝重工、招商局重工、惠生重工等一批企业陆续落户南通，其中，多家企业已具备总承包总集成能力。2009年，南通地区有规模以上海工装备与船舶工业企业494家，完成总产值921.9亿元，同比增长25.7%，增速列工业各行业之首，造船完工量566.9万载重吨，占全省37%、全国13%；新接船舶订单365.7万载重吨，占全省50%、全国14%；手持订单超过3 000万载重吨，占全省44%、全国16%。南通地区规模以上海工、船舶制造及配套企业已从2007年的223家增加到2012年的431家，海工、船舶产业产值也从2007年的298亿元发展到2012年的1 483亿元，成为南通第二大支柱产业。2012年，南通地区海工特种船完工量476万综合吨，实现海工装备产值154.4亿元，同比增长21%，占国内三分之一，海工产品基本覆盖了从近海到深海的所有种类，其中半潜式平台、浮式储油船、钻井平台等具有自主研发能力。

近年来，南通经过调整优化产业结构，地区海工新兴产业占比明显提高。海工产值在船舶产业中占比也明显提高，2013年，南通市有规模以上船舶与海工装备企业409家，共完成总产值1 555.6亿元，同比增长7.9%，其中海洋工程新兴产业实现产值264.7亿元，增长23.3%，海工项目占比达到17%，比上年提高了6.6个百分点。海工特种船完工量在全市整个完工量的占比明显提高，2013年的海工特种船完工量647万综合吨，增长32.7%，占全市造船完工量的58.5%，比上年提高了23.4个百分点。海工项目订单也持续增加，2013年的手持海工项目订单达到75亿美元，产品覆盖从近海到深海的各类海洋工程装备，其中，2013年新接海洋工程装备订单约36亿美元，同比增长33%。手持海工项目订单中，有半潜式居住平台、浮式天然气液化再气化生产存储平台(FLRSU)、钻井包等产品，填补了国内海洋工程装备空白。2014年，南通市船舶工业呈现产业结构调整优化、海工装备新兴产业发展较快的势头。全市船舶工业实现总产值1 670.8亿元，同比增长14.6%。其中，海工新兴产业实现产值352.6亿元，同比增长39%，增速高于船舶工业平均水平24.4%。南通中远船务(启东中远海工)、招商局重工、振华重型装备、吉宝重工等11家海工装备骨干企业完成工业总产值264.9亿元，同比增长43.2%，占全市海工新兴产业产值的75%。

目前，南通已形成中远船务、招商重工、振华重工、吉宝重工、惠生重工等海工装备及特种船舶企业，中远川崎、韩通重工、明德重工、道达重工等造船企业，政田机械、润邦重机、中远重工、振华传动、力威机械、中船机械、航海机械、通柴股份、中天科技装备电缆、申通机械等船舶海工配套企业为特色的船舶企业群体和集船舶工程、海洋工程、游艇和配套业为一体的船舶海洋工程产业体系。南通海工装备与船舶产业、载体和园区建设具有较强的综合竞争优势，船舶配套能力不断增强，船舶配套企业超过300家，产品涉及六大类200多个品种，已在甲板机械、舱口盖及船用中间产品、热交换器等方面，形成了一定的地区上下游产业配套产业链。

南通海工装备制造产业已形成了以南通中远船务国家级企业技术中心为龙头，熔盛重工、中远川崎、明德重工等一批省级企业技术中心(工程中心)为支撑的涵盖国家、省、市三级的企业技术创新体系；还集聚了斯达瑞、海纳德、欣通、贝斯特等一批专业从事船舶、海工产品设计的技术服务外包企业，为中小船舶、海工企业提供产品设计、技术咨询等服务。通过示范基地创建工作，南通将建成和完善具有国际先进水平的海工及船舶和配套产业集中区，形成一批具有较强国际竞争力的船用设备专业化生产企业，船舶造修技术和配套能力达到国际先进水平，建成国际先进水平的海洋工程与船舶工业基地。南通作为国家船舶工业中长期发展规划重点建设的三个现代化大型造船基地之一，生产船型的技术水平在国内已具有一定优势，部分领域已达国际先进水平。将南通打造成为国际先进、国内一流的海洋工程、船舶及海洋工程装备的先进制造业基地，对全国船舶及海洋工程产业升级具有较强的示范和带动作用，对推动我国船舶工业和对外贸易持续、健康、稳定发展具有积极意义。

5.6 浙江省海洋工程装备产业发展现状与趋势

5.6.1 全省海洋工程装备产业发展现状与趋势

浙江省系我国主要船舶制造的主要基地之一。目前，拥有规模以上船舶企业235个，其中造船企业139个，修船企业41个，船舶配套企业42个，游艇制造企业7个。从业人员4.3万余人。浙江省已形成以舟山为核心，宁波、台州、温州和杭嘉湖等地区为辅的各具船舶工业发展特色的现代船舶制造基地，产业规模不断扩大，通过规划引导，重点扶持，产业规模和集聚度逐步提高。舟山进入国家海洋工程装备重点产业基地布局，以舟山为中心辐射全省的海工装备产业基础逐步形成，全省海工装备产业蓄势待发。自2011年国务院相继批复了《浙江海洋经济发展示范规划》和批准设立浙江舟山群岛新区之后，2012年，舟山船舶与海洋工程装备基地又被国家工信部列入第三批“国家新型工业化产业示范基地”，国家的战略决策与布局措施，有力地推动着浙江省船舶行业转型升级进程。全省年造船完工量、新接订单量、手持订单量占全国市场份额位居江苏、上海之后，处全国第三位，成为我国重要的船舶制造基地。

浙江省造船技术装备水平不断提升，全省现有万吨级船坞、船台279座，其中30万t级大船坞11座(全国之最)，配置200 t以上起重吊机76台，最大起重能力800 t。重点骨干企业均已大量采用平面分段生产流水线等关键技术装备、三维船舶设计系统以及先进船舶设计技术，普遍建立现代造船模式，实现造船精度化、高效化。钢材利用率、高效焊接率、预舾装率、无余量上船台率等技术指标处国内领先水平，船坞(台)、码头周期达到或接近国内先进水平。船舶公共服务体系建设不断完善，已拥有专业船舶设计院所、公共平台30多家。海工产品基础不断夯实，全省已有中远船务、太平洋海洋工程(舟山)有限公司、浙江造船等生产企业进入海洋工程装备制造领域。主要产品涉及多用途海工船、3.8万t自航式半潜船、FPSO浮式储油船、全压式液化石油气船(LPG)、采用液压环梁步进式升降装置的海上平台、415WC可移动自升式起重平台、GM4000海洋工程平台等产品。船舶配套产品发展取得较大进展，DN8320大功率中速柴油机填补了该省不能自主配套大船主机的空白，HCQ700轻型高速齿轮箱打破了我国完全依赖进口的局面，大型螺旋桨、变距推进器等一批世界知名品牌船舶配套产品也开始在该省生产，船舶配套与船舶制造逐步协调发展。

5.6.2　舟山地区海洋工程装备产业现状与趋势

国务院批复的《长江三角洲地区区域规划》关于装备制造业空间布局，把舟山定位为建设大型修造船及海洋工程装备基地之一。《浙江海洋经济发展示范区规划》关于海洋装备制造业产业发展目标确定：要推动舟山和宁波在自升式钻井平台、浮式生产储油装置、深水水下采收系统等领域取得突破，形成长链条、大配套能力，建成我国重要的海洋工程装备基地。根据南生活、北生产的空间规划布局，舟山经济开发区新港工业园区是重要的海洋工程和临港装备生产基地之一。目前，舟山已有规模以上船舶修造和配套企业 82 家，其中造船企业 29 家，修船企业 18 家，相关从业人员近 8 万人。全市共拥有船坞总容量 680 万 t(修船坞 330 万 t)，其中 10 万 t 级以上船坞 24 座，30 万 t 级以上船坞 11 座；10 万 t 级以上舾装码头 30 座，30 万 t 级以上舾装码头 12 座，现代化的修造船设施设备齐全。全市具有年造船 1 000 万载重吨、修理万吨级以上各类船舶 3 000 艘的能力。

目前，舟山地区产业布局已进一步集中优化，把“五大船舶修造集聚区、四大船舶配套园区”调整为“舟山本岛北部、六横、岱山三大核心集聚区”，在三大核心集聚区块内布局五大海洋工程装备项目：太平洋海工项目、惠生海工项目、金海重工海工项目、中远船务海工项目、长宏国际海工项目。产业集中度越来越高，金海重工、舟山中运、欧华、扬帆等八个龙头企业造船完工量、新接订单、手持订单这三大造船指标占舟山地区 80%以上，另外拥有 14 家特色优势企业。产品结构不断优化升级，已有五家企业进入海洋工程装备制造领域，2013 年，完成海洋工程装备制造产值 25.5 亿元，占全省海工总产值比重超过 40%；新签约了一批万箱级集装箱船、液化石油气(LPG)船、浮式生产储油船(FPSO)、海洋工程船和远洋渔船，高技术船舶占比已超过 20%。2014 年，完成海洋工程装备制造产值 56.1 亿元，同比增长 44.4%。截至 2014 年末，舟山市手持海工订单超过 100 亿元，后发潜力巨大。其中，舟山中远 2014 年新接海工订单 10 余个，海工业务比例占到 60%，实现海工产值 40.6 亿元。目前，已开工建造海上铺管驳船、平台供应船及 15.2 万 t 穿梭油轮；太平洋海工已交付全球首艘新一代 DP3 级 750 半潜式海洋生活平台(SSAV)。

为推动船舶与海洋工程产业快速向现代产业集群转变，舟山与国内外有关船舶专业设计研究院所、高等院校建立了省级船舶制造产业技术创新战略联盟。浙江省海洋开发研究院组建了船舶产业省级重点实验室、船舶工程技术研究中心等多家研究机构，太平洋海洋工程(舟山)有限公司与新加坡合作建立太平洋海工技术研发中心，扬帆集团建立扬帆船舶设计研究院，浙江大学海洋系、舟山汇成海洋工程装备有限公司与中舟海洋工程有限公司将共建“中舟海洋工程研究院”，浙江大学、浙江海洋学院等本省高校正在建设海洋工程专业学科，以摘箬山海洋科技岛为主体的海洋装备浙江省工程实验室已开工建设。经过一段时间发展，众多的研发机构将有效提升海工科技的研发能力，为舟山发展海工装备提供必要的技术支撑。

第6章

国内外海洋工程装备产业发展比较分析

6.1 海洋工程装备工程运作模式和现代建造模式

6.1.1 海洋工程装备工程总承包模式

工程总承包是指从事工程总承包的企业受业主委托，按照合同约定对工程项目的可行性研究、勘察、设计、采购、施工、试运行(竣工验收)等实行全过程或若干阶段的承包。工程总承包企业对承包工程的质量、安全、工期、造价全面负责。工程总承包是国际通行的工程建设项目组织实施方式，也是海洋工程领域普遍采用的国际先进运作模式之一。工程总承包模式可按照“过程内容”与“融资运营”分两种模式。

1) 工程总承包“过程内容”模式的主要方式

(1) E+P+C 模式(设计采购施工)/交钥匙总承包：设计采购施工总承包[EPC，即 Engineering(设计)、Procurement(采购)、Construction(施工)的组合]是指工程总承包企业按照合同约定，承担工程项目的设计、采购、施工、试运行服务等工作，并对承包工程的质量、安全、工期、造价全面负责，是目前欧美国家在海洋工程装备运作模式中处于垄断地位采用的最主要一种总承包模式，也是我国在海洋工程装备产业发展中极力推行的一种总承包模式。交钥匙总承包是设计采购施工总承包业务和责任的延伸，最终是向业主提交一个满足使用功能、具备使用条件的工程项目。

(2) E+P+CM 模式(设计采购与施工管理)：设计采购与施工管理总承包(engineering-procurement-construction management，EPCM)是国际海洋工程总承包市场较为通行的项目支付与管理模式之一，也是目前我国海洋工程装备建造企业从国际海洋工程获得海洋工程装备建造分承包合同的一种模式。

EPCM 承包商是通过业主委托或招标而确定的，EPCM 承包商与业主直接签订合同，对工程的设计、材料设备供应、施工管理进行全面的负责。根据业主提出的投资意图和要求，通过招标为业主选择、推荐最合适的分包商来完成设计、采购、施工任务。设计、采购分包商对 EPCM 承包商负责，而施工分包商则不与 EPCM 承包商签订合同，但其接受 EPCM 承包商的管理，施工分包商直接与业主具有合同关系。因此，EPCM 承包商无须承担施工合同风险和经济风险。当 EPCM 总承包模式实施一次性总报价方式支付时，EPCM 承包商的经济风险被控制在一定的范围内，承包商承担的经济风险相对较小，获利较为稳定。

(3) D+B 模式(设计+施工总承包)：设计-施工总承包是指工程总承包企业按照合同约定，承担工程项目设计和施工，并对承包工程的质量、安全、工期、造价全面负责。根据工程项目的不同规模、类型和业主要求，工程总承包还可采用设计-采购总承包(E-P)、采购-施工总承包(P-C)等方式。

2) 工程总承包“融资运营”模式的主要方式

(1) 项目 BOT 模式：BOT(Build-Operation-Transfer 的缩写)即建设-经营-移交，指一

国政府或其授权的政府部门经过一定程序并签订特许协议将专属国家的特定的基础设施、公用事业或工业项目的筹资、投资、建设、营运、管理和使用的权利在一定时期内赋予本国或/和外国民间企业，政府保留该项目、设施以及其相关的自然资源永久所有权；由民间企业建立项目公司并按照政府与项目公司签订的特许协议投资、开发、建设、营运和管理特许项目，以营运所得清偿项目债务、收回投资、获得利润，在特许权期限届满时将该项目、设施无偿移交给政府。有时BOT模式被称为“暂时私有化”过程（temporary privatization）。由政府对项目建设、经营提供特许权协议，投资者需全部承担项目的设计、投资、建设和运营，在有限时间内获得商业利润，期满后交付政府。欧美国家在国际政治、经济、外交和军事等大环境影响下，在海洋工程装备产业领域中为持有控制地位而采用的一种模式，如在中东地区的某些石油工程开采。

（2）项目BT模式：BT是英文Build（建设）和Transfer（移交）缩写，即“建设-移交”，是政府或开发商利用承包商资金来进行融资建设项目的一种模式。BT模式是BOT模式的一种变换形式，指一个项目的运作通过项目公司总承包，融资、建设验收合格后移交给业主，业主向投资方支付项目总投资加上合理回报的过程。采用BT模式筹集建设资金成了项目融资的一种新模式。

工程总承包是国外海洋工程建设活动中多有使用的总承包方式，近年来，我国也引进和采用了这一方式。实践证明，总承包方式有利于厘清工程建设中业主与承包商、设计与业主、总包与分包、执法机构与市场主体之间的各种复杂关系。有利于优化资源配置，实行工程总承包减少资源占用与管理成本，有利于优化组织结构并形成规模经济，有利于控制工程造价、提升招标层次，有利于提高全面履约能力，并确保质量和工期，有利于推动管理现代化，实现从单一型向综合型、现代开放型的转变，最终整合成资金、技术、管理密集型的大型海洋工程装备企业，能大大增强我国海工企业的国际承包竞争力。

6.1.2 海洋工程装备现代建造模式

海洋工程装备现代建造模式源自现代造船模式，借鉴现代造船模式的相关理论和制造业的相关理论，是指组织建造生产的基本原则和方式，既反映对产品作业任务的分解原则，又反映作业任务分解后的组合方式。现代建造模式是体现产品的设计思想、建造策略和管理思想三者的系统结合。

海洋工程装备现代建造模式目前比较公认的内涵为：以系统工程先进制造理念为指导，以项目总包为牵引，以系统集成为主线，以模块化制造为核心，以项目管理和信息技术为手段，按结构/模块/功能进行工程分解，组织专业化的并行设计和生产，使结构制造、模块安装、系统集成、联调海试等作业有序可控，实现海工装备的健康、安全、环保、优质、高效的总装建造。

1）海洋工程装备总装建造模式的基本特征

海洋工程装备具有“四高”特点，导致建造中存在着设备及系统集成化程度高、建造工艺复杂、项目管理难度大以及建造进度不易控制等难题。因此，海洋工程装备总装建造模式应具备以下基本特征：

（1）项目管理体系健全。

（2）模块化设计建造。

(3) 结构、模块并行建造。

(4) 全球采办,系统集成。

(5) 系统联调复杂,技术难度大。

(6) 信息化与制造技术高度融合。

(7) 项目总包下的全过程控制。

(8) 风险控制贯穿全过程。

(9) 强调全生命周期质量可靠性。

(10) 强调安全、环境和健康。

2) *实现海洋工程装备总装建造模式的基本标志*

(1) 生产设计:详细设计与生产设计交叉融合;详细设计为生产设计三维建模提供依据,三维生产设计为详细设计提供验证,多专业协同设计,构建完整准确的三维模型。生产设计按区域/托盘设计,按区域/阶段/类型出图,图面工艺/物量基础信息完整,按系统生成调试文件。

(2) 总装建造:充分利用国内外资源,结合企业硬件条件,科学合理确定总装深度,实现主体/模块并行建造,壳、舾、涂、(联)调协调有序,建造过程均衡、可控、高效,逐步达到总段巨型化、模块集成化、建造总装化。

(3) 工程管理:实行项目管理,实现设计、生产、进度、物资、质量、安全、成本以及沟通协调等集成管理和控制,具有拉动式工程计划管理体系、完整的工时/物量统计分析系统、成本控制系统和质量安全管理体系和 HSE 管理体系。

(4) 作业流程:总装作业主流程、工序流程清晰顺畅,无迂回,实现各总段/模块完整性制造、安装、调试以及总装场地(平地、船坞)搭载合拢。

(5) 生产组织体制:机构设置扁平化、精简高效;充分体现岗位复合技能;能适应总装建造和一体化综合管理。

(6) 信息集成化:导入并行工程、协同设计、精细化管理等先进管理理念,实现企业信息系统集成化、设计、生产、管理信息一体化、信息共享和信息交换规范化。

3) *海洋工程装备总装建造模式与现代造船模式的关系*

(1) 海洋工程装备总装建造模式以现代造船模式理论为基础发展形成。海洋工程装备与船舶制造具有较大的相似性和关联性,世界上的海洋工程装备制造强国如韩国、新加坡等均是在原有造、修船产业基础上,利用船厂现有(或部分改造)设备设施,如大型船坞/台、岸线资源、大型场地、大型吊机、切割、焊接设备等,发展海工装备制造业。此外,海洋工程装备与船舶建造在生产流程、设计技术、建造技术、技术检验机构等方面都存在较大的相似性。

海洋工程装备与船舶建造的相似性,使得现代造船模式对于海工装备建造具有较强的借鉴意义。如现代造船模式的基于成组技术的相似性原理,统筹优化理论的设计、生产、管理一体化以及壳舾涂一体化等,可以说,海洋工程装备总装建造模式实际上是在现代造船模式理论基础上发展而形成。

(2) 现代造船模式不能完全适应海洋工程装备建造。船舶具有较强的批量性、生产过程平稳性以及技术成熟性等特点,而海工装备(尤其是深水装备)即使是同一系列的两型平台也会存在较大差异,均为量身定制,含有大量业主个性化要求,往往在已经开工建造时发生设计变更,从而扰乱整体生产节奏。日本造船企业的核心业务是大量造船,通过大规模生产的方式实现高效率，使企业在高劳动力成本等不利条件下保持市场竞争力。而这种方式要求设计、建造能够顺畅进行，进而要求对船厂生产作业流水线仅允许有最小改变和调整，因此很多船厂希望只建造海洋工程装备的船体部分，上部模块和集成等工作由其他厂来完成，从而制约了日本成为海洋工程装备制造强国。

面对海洋工程装备建造个性化强、变更多等特点，韩国采取划分专区进行海洋工程装备建造，仅在小组立之前与造船共用生产线；新加坡依托在修船上积累的快速灵活的应变能力、经验与技术实力强的现场作业人员以及娴熟的项目管理等优势，保证以较短周期、较低成本提交质量合格的海洋工程装备产品。

(3) 海洋工程装备总装建造模式是针对海洋工程装备建造的基本原则和方式。海洋工程装备总装建造模式是在系统性地梳理海洋工程装备建造的基础共性技术，分析掌握海洋工程装备总装建造技术特点的基础上结合现代造船模式理论提出的，是海洋工程装备建造的基本原则和方式，主要体现在：

① 面向阶段、专业范围更宽。从理论上来讲，现代造船模式是按区域、阶段、类型进行造船作业任务分解与组合的基本原则和方式，所针对的范围是从造船生产设计开始直到船舶出坞下水，而下水后的码头调试与试航等阶段则是按照专业/系统来组织作业，未在模式考虑范围之内，这是由于一般船舶结构作业量比舾装偏高，如何有效组织船舶总装（即搭载合拢）前的各项壳舾涂等作业是制约造船效率、周期和成本的关键，后期调试与试航则所占比重相对偏低。

而海洋工程装备，对于不以货物运输为主要目的、具有专门作业用途的海洋工程产品而言，除需具备一般船舶的海事系统外，还要承载各类专业机械、设备和系统，如钻井系统、动力系统、泥浆系统、动力定位系统、生产系统等，舾装比明显上升，结构的比重显著下降，设备、系统调试与联调等成为制约企业建造效率、周期、成本的重要影响因素，这从自升式钻井平台、半潜式钻井平台码头调试周期长达 10 个月以上就可见一斑，而船舶通常只需 60 天左右。

因此，海洋工程装备建造模式面向的范围是从合同签订后的详细设计、生产设计、开工建造、总装合拢一直到系统联调试航等，贯穿海洋工程装备设计、建造、安装、调试、交付的全过程。

② 进行严格的项目管理。采用工程项目管理模式，将设计、采购、建造、进度、质量、安全、成本等管理融于一体，加强了项目的整体策划、协调、管理和推进能力与效率，有效保证海洋工程装备建造的全过程控制，相比于造船管理模式，其设计、生产、管理一体化程度更高。

③ 突出模块化设计建造。模块化设计建造是海洋工程装备总装建造的显著特征，是针对海洋工程装备专业性强、系统繁多、技术难度大等特点，通过组织专业化技术团队对各专业系统开展模块的设计和制造，易于采用专业化生产、分包高效建造的方式。能够有效提升建造效率和质量，降低成本，缩短周期。

④ 充分实施并行工程。并行工程的充分实施是在现代造船模式统筹优化理论（体现为两个“一体化”，即设计、生产、管理一体化和壳舾涂一体化）基础上的进一步提升和发展，在生产设计阶段重视与前道详细设计的交叉并行，缩短设计周期，提高设计效率；在建造阶段实施主体结构与海工系统模块并行建造，为建造过程有序、高效创造条件等。

因此，海洋工程装备总装建造模式是在借鉴现代造船模式理论的基础上，结合海洋工程装备建造个性化特点的一个理论创新和发展，对于指导我国海洋工程装备建造企业快速提升制造技术水平具有重要意义。

6.2　国内外海洋工程装备产业发展态势

海洋工程装备是开发和利用海洋资源的前提和基础，海洋工程装备产业具有先导性、成长性、带动性的鲜明特征，以及技术门槛高、资金密集度高、国际化程度高的基本特征，已成为当今世界各国发展海洋经济的战略取向。目前除美国、法国、挪威、澳大利亚等老牌发达国家雄踞在海工装备设计和核心设备领域外，韩国、新加坡等造修船强国，以及巴西、俄罗斯等新兴经济体和资源大国，都在大力发展海洋工程装备制造业。亚洲国家船舶工业均在加大力度开拓海洋工程装备领域，以抢占经济技术制高点。

6.2.1　国外海洋工程装备产业发展态势

1）欧美垄断了海洋工程装备设计和高端制造领域

欧美国家海工企业是世界海洋油气资源开发的先行者，也是世界海洋工程装备技术发展的引领者，在装备设计和高端制造领域世界领先，主要有法国公司、意大利公司和美国公司等。随着世界制造业向亚洲国家的转移，欧美企业逐渐退出了中低端海洋工程装备制造领域，但在高端海洋工程装备制造和设计方面仍然占据垄断地位。自升式平台设计主要有美国、荷兰的公司，半潜式平台设计有美国、挪威和意大利等公司，拥有多项开创性技术专利，并且欧美企业垄断着海洋工程装备运输与安装、水下生产系统安装和深水铺管作业业务，主要企业有法国 Technip 公司，意大利 Saipem 公司、美国 McDermott 公司等。

欧美企业的技术领导地位与其长期海洋油气开发实践密切相关，在此基础上，欧美企业形成了大量的技术专利和技术储备，并积累了丰富的工程实践经验，成为其研发新技术和装备的重要支撑。目前，欧美企业仍是世界大多数海洋油气开发工程的总承包商，掌握着海洋油气田开发方案设计、装备设计和油气田工程建设的主导权，为降低开发风险，石油公司会选择具有技术优势的欧美企业负责装备设计工作。这在客观上增强了其技术领先地位。

2）亚洲国家逐渐主导海洋工程装备总装领域

亚洲国家海洋工程装备制造业日渐成熟，发展较快，但是在装备设计方面，与欧美存在着较大的差距。在亚洲，韩国、新加坡和阿联酋是主要的海洋工程装备制造国，韩国垄断了钻井船市场，三星重工、大宇造船、现代重工和 STX 造船拥有极高的钻井船市场占有率，韩国三星重工提出到 2015 年海洋工程业务收入占公司总收入的比重达到 60%，韩国和新加坡则占据了 FPSO 改装和新建的大部分市场，在自升式钻井平台和半潜式钻井平台建造领域，新加坡和阿联酋逐渐占据主导地位。

亚洲虽然在装备制造中逐渐占据主导地位，但在装备设计方面与欧美仍存在较大差距，特别是我国与之差距更大，自升式平台的设计公司主要有美国F&G公司、荷兰Gusto MSC公司，半潜式钻井平台的设计公司主要有美国F&G公司、挪威GM公司、SEVAN公司、意大利Saipem公司等。

3）海洋资源大国开始进入海洋工程装备制造领域

近年来，海洋资源大国依托海洋油气资源开发的巨大需求，巴西和俄罗斯等资源大国开始培育本国的海洋工程装备制造企业，成为世界海洋工程装备领域新的竞争者。巴西提出在本国海域进行油气勘探开发的装备由本国企业制造，其国内几家船厂加快能力建设。俄罗斯通过本国能源公司的系列订单，实现本国造船业现代化，并以订单为“诱饵”，邀请日本、韩国造船企业参与该国船厂建设和改造。

海洋工程装备包含了海洋工程的勘探、开采加工、储运管理及后勤服务等大型工程装备和辅助性的装备，目前是把海洋工程油气开发装备列为主体。随着海洋开发步伐的加快，海洋工程装备制造业将迎来广阔的发展机遇，但越来越多的国家认识到了这一产业的重要性，进入和开始抢占这一领域，海洋工程装备产业的竞争也将更加激烈。

6.2.2 国内海洋工程装备产业发展态势

1）制造能力主要集中于几家骨干央企

21世纪以来，我国国有骨干造船企业抓住机遇，承接了相当数量的海洋工程装备，取得了不少成绩，得到了国内外石油公司和工程承包商的认可。目前，国内从事海洋工程装备制造的企业主要集中在大连、天津、青岛、上海和南通等地。其中，中央企业是目前我国海洋工程装备业的主力军。在我国已经建成的各类钻井平台和FPSO中，绝大多数由两大造船集团和中交、中集等央企完成。

2）民营企业异军突起，取得不俗成绩

我国地方和民营造船企业近年来异军突起，在海洋工程辅助船、钻井平台和FPSO建造领域取得了不俗成绩。烟台来福士船业有限公司建造了多型海洋工程辅助船、FPSO，手持多座半潜式和自升式钻井平台订单；太平洋造船集团有限公司、福建东南船厂等企业已成为全球三用工作船和平台供应船的主要建造地。

3）主要产品为自升式钻井平台和海洋工程装备辅助船

在海洋工程装备建造中，国内尚无TLP、Spar平台的建造业绩。除了上述几家企业完成过或在建半潜式钻井平台和FPSO之外，国内其他企业主要集中在自升式钻井平台和海洋工程辅助船的建造方面。在自升式钻井平台建造方面，青岛北海船厂建造过多座自升式钻井平台；招商局重工也已交付其承建的自升式钻井平台；辽河石油装备制造总公司也有自升式平台在建，海油工程公司目前拥有中海油田服务股份有限公司4座自升式平台订单；振华重工大举进军海洋工程装备制造业，拥有来自国外的多座自升式钻井平台订单。在海洋工程辅助船建造方面，熔盛重工为海油工程公司建造过深水铺管船，上海船厂为中海油田服务公司建造过12缆物探船；黄埔船厂为中海油田服务公司建造过深水工程勘察船。福建东南、大洋船厂、番禺灵山造船、广州航通、粤新船厂、武昌船厂等交付了大量海洋工程辅助船。

6.2.3 国内外海洋工程装备产业发展分析

目前，全球海洋工程装备市场已经基本形成了三个层次方阵梯队的竞争格局，欧美垄断了海洋工程装备研发设计和关键设备制造，亚洲国家已逐渐将海洋工程装备领域资源、高端海洋工程装备模块建造与总装领域占据领先地位，而中国和阿联酋等主要从事浅水装备建造、开始向深海海洋工程装备进军。海洋油气资源投入和产量的增加需要海洋钻采设备和生产设备的增加，尤其是深海领域的海洋工程装备的需求大量增加。低端海洋工程产品已经出现建造能力过剩的迹象，而深水资源开发的海洋工程装备比较稀缺，浅海装备生产能力正向深海转移。产品将实现一体化战略，从总装建造向配套设备和零部件制造领域延伸。国内外海洋工程装备产业发展分析主要如下：

1）FPSO 占据海洋油气生产设备主流，中国需要进一步提升市场占有率

从全球浮式生产设施保有量来看，FPSO 仍占据大部分，占比高达 65%，且占比将继续呈上升态势。韩国、新加坡分别垄断 FPSO 新建和改装市场，中国只占 FPSO 改装市场的 10%。因此，我国企业要提升大型 FPSO 及浮式生产系统设备制造、安装能力，其中应优先发展深水 FPSO。

2）海洋工程辅助船舶市场中长期需求可观，三用工作船和平台供应船为主要船型

欧美国家垄断了高端海洋工程辅助船舶市场，而中低端市场以中国、新加坡、印度、巴西等国家为主，其中，中国占据领先地位。尽管短期内海洋工程辅助船舶存在一定的供需失衡局面，但随着海洋油气开采活动的进一步活跃，海洋工程辅助船船队替代需求的逐渐释放，且考虑到手持订单的持续下降，海洋工程辅助船舶市场中长期需求仍为可观。

3）中国海洋工程装备配套设备将从低端走向高端，市场替代空间广阔

欧美国家在海工装备核心配套设备市场占据垄断地位。由于海工配套设备技术要求高、研制难度大，我国的海工配套设备生产能力较弱，大部分海洋工程装备的配套设备依赖进口，自己配套率不足 30%。尤其在海工核心配套领域，我国自配套率低于 5%。今后我国大量海洋石油装备订单将向国内配套的倾斜，海工配套设备将迎来黄金发展期，将逐渐由目前的中低端配套，向附加值更高的核心高端海工配套发展，形成大功率动力及传动系统、动力定位系统、提升系统、水下系统、甲板吊机等关键配套设备和零部件制造能力，海工配套逐步实现替代进口。

6.3 国内主要海洋工程装备企业比较

我国已明确将海洋工程装备产业列入当前加快培育和发展的战略新兴产业，近期由工信部发布的《中国制造 2025》将其列为十大重点发展领域之一加快推进。为增强海洋工程装备产业的创新能力和国际竞争力，推动海洋资源和海洋工程装备产业创新、持续、协调发展，国家发改委、科技部、工业和信息化部、国家能源局组织编制了《海洋工程装备产业创新发展战略(2011—2020 年)》，将集中力量，加快发展。市场环境和政策环境都为发展海洋工程装备产业提供了绝好机遇。

上海海洋工程装备产业在过去几年中有所发展，并在研发设计及人才方面具有一定的

优势，但并未完全形成系统、批量的设计建造能力。近几年，国内海洋工程装备产业已呈蓬勃发展态势，大批海工基地开始新建，许多船企都在谋划转战海洋工程装备市场，可以说国内的海洋工程装备产业发展方兴未艾。所以在此轮海洋工程装备产业大发展中上海是和国内绝大多数企业与地区站在同一条起跑线上，并都将面临激烈的市场竞争。因此，我国海洋工程装备产业大发展，对于上海既是机遇也是挑战。

国内上海与江苏、山东、大连地区的主要海工企业的特点、优势产品和近年主要业绩的分析对比见表6-1。

表6-1　国内主要海工基地分析对比表

地区	主要代表企业	特　点	优势产品	近年主要业绩
上海	中船长兴造船基地 外高桥造船厂 沪东中华造船（集团）有限公司 上海船厂 振华重工	在设计、制造、安装大型海上钢质结构物方面有优势，在项目管理方面具有优势	钻井平台、FPSO、LNG船、工程船、辅助船、专用配套	30万t FPSO、3 000 m深水半潜式钻井平台、深水钻井船、12缆物探船、7 500 t起重船、铺管船、升降系统、动力定位系统
江苏	南通中远船务	从事海洋工程产业以来，在竞争中异军突起，技术和制造能力迅速提升，已经形成比较全面的产品组合，建立了品牌优势	钻井平台、FPSO改装、风车安装船、辅助船和作业船、铺管船	钻井辅助及生活驳船、深水铺管船、深海圆筒形钻井探储油平台、自升式多功能平台、自升式海上风车安装船3 000 m级深水铺管起重船
山东	中集莱福士 蓬莱巨涛 北海船舶重工	在设计、制造和调试钻井平台方面有优势	半潜式和自升式钻井平台、辅助船和作业船	3 000 m深水半潜式水钻井平台、10万t FPSO、各式钻井平台
大连	大连船舶重工 大连中远船务	已具有研发、设计、制造一体化的产品开发体系	自升式钻井平台、FPSO、辅助船和作业船	300 ft自升式钻井平台、FPSO系列产品

6.4　世界深水油气资源勘探开发对我国的影响

21世纪以来，世界上各大石油公司纷纷加快进军深水区域的步伐，不断加强勘探开发投资力度，海上油气产量稳步上升，深水油气产量及所占比重不断增长，已成为当前热门的海洋油气勘探开发领域。西非、北美和拉丁美洲依然是未来深水油气生产的重要区域，亚洲也将成为一个十分重要的深水油气生产基地。通过对世界深水油气资源勘探开发现状和未来发展趋势分析，可以清楚地看到深水油气资源勘探开发已成为世界各大石油公司的发展重点。随着作业水深加大，深水油气勘探开发技术难度不断增加，为了解决这些问题，高分辨率三维地震技术、四分量/四维(4C/4D)地震技术、大位移水平井及分支井技术、智能完井技术、各种深水作业平台以及越来越智能化的海底生产系统等，正日益广泛应用于深水油气的勘探开发中。深水油气勘探开发将成为海洋工业的一道亮丽风景线，成为当前油气勘探成功率最高、效益最好的海洋油气资源开发领域。

近几十年来，世界深水油气资源勘探开发工作的大规模开展，已成为油气产量的主要来源。不过，就全球范围而言，尤其是在不发达国家水域，深水油气资源勘探开发仍然是一个不成熟的前沿领域，需要克服的技术难题很多，也受制于国家基础设施和财力条件。但是尽管如此，向深水海域要油气资源必将成为一个主要的战略焦点，深入研究深水油气资源勘探开发中的一系列问题，在当前显得尤其重要。在 21 世纪，能源产业是我国国民经济发展的瓶颈产业，加快发展海洋油气业对缓解国内能源短缺，促进国民经济持续、健康、快速发展具有重要的战略作用。国家在油气开发上要坚持“保陆拓海、保近海拓远海”的开发原则，放慢陆域油气开发速度，将重点放在大陆架和专属经济区内的海域。渤海是我国的内海，海洋石油蕴藏量丰富，开采风险小，没有主权之争，放慢开采步伐作为战略油源储备。对东海、南海油气资源的开发，要加大海洋油气的开发力度，加快勘探开发南海海域有争议区域的深水油气资源，不仅有助于缓解我国石油和天然气对外依存度过高的状况，且有助于守卫海疆和维护我国的海洋权益，为我国海洋经济发展做出贡献。

6.5　我国海洋工程装备产业发展面临的问题

目前，我国海洋工程装备产业已基本实现浅水油气装备的自主设计建造，部分海洋工程船舶已初步形成品牌，深海装备制造取得一定突破。海上风能等海洋可再生能源开发装备初步实现产业化，海水淡化和综合利用等海洋化学资源开发初具规模，装备技术水平不断提升。但与世界先进水平相比，产业发展、经济规模和市场份额较小；研发设计和创新能力薄弱，核心技术依赖国外；尚未形成具有较强国际竞争力的专业化制造能力，基本处于产业链的中低端；配套能力不足，核心设备和系统主要依靠进口；产业体系尚不健全，相关服务业发展滞后，产业发展存在诸多问题。突出表现为创新能力不强、优强企业不够强健、配套产业发展滞后、高端海工装备产能不足、低端海工装备产能过剩等问题依然存在。

目前，制约我国海洋工程装备产业发展的影响因素主要有以下几个方面：

1) *海洋工程装备核心技术缺失*

我国海洋工程装备制造业与世界发达国家的发展水平差距较大，在目前的国际竞争格局中，仍处于该产业的第三方阵，设计开发能力与国外差距较大，目前仅能自主设计部分浅水海洋工程装备，基本未涉足高端、新型装备设计建造领域，更不具备其核心技术研发能力。深水海洋工程装备的前端设计还是空白，产业体系不健全，专业设计机构少、专业设计人员少；此外，国内大多数船企未涉足过海洋工程市场，缺乏海洋工程建造和管理等相关经验，一定程度上制约了我国海洋工程装备制造业的快速发展。

2）海工产品自主创新能力不强

海洋工程产品具有高技术特点，而国内海洋工程企业缺乏核心技术及高端科研人才支持，自主创新能力不强，基本是参照或直接引进国外技术，承接海洋工程产品订单，产品技术含量低；同时，海洋平台的各类功能模块以及各类配套设备规格品种多，对技术性能、材料、精度、可靠性、寿命及环境适应性的要求十分严格，专利技术多、附加值高的高端配套设备，多被国外供应商所垄断，面临国外技术封锁的严峻事实，核心技术受制于人，特别是深水油气勘探开发所需的技术和装备，亟须尽快提升自主创新能力。

3）初现结构性产能过剩显隐忧

近年来，国内很多大型船舶企业纷纷借助海洋工程装备转型，扩大了海洋工程装备基地建设，造船业鼎盛时期一拥而上的局面在海工领域也再度显现。然而，受技术、人才及配套支持限制，国内海洋工程产品竞争领域重叠现象严重，主要集中在门槛较低的浅水和低端深水海洋工程装备领域，高端海洋工程装备设计建造基本空白，海洋工程企业扎堆于价值链低端，海洋工程装备产品供求结构不均衡，初现新的结构性产能过剩隐忧，供给侧结构性改革宜尽早布局。

4）海工配套设备产业发展严重滞后

由于海洋工程配套设备技术要求高、研制难度大，我国的配套设备研制能力又较弱，大部分海洋工程装备的配套设备依赖进口。尤其在核心海工配套领域，我国的自主配套率低于5%。配套设备是海洋工程装备价值链中的高价环节，占比高达55%。而关键技术及其专利基本由欧美企业垄断，我国只在低端配套产品上占有一定份额，在深水油气勘探开发所需的配套设备几乎空白。如果我国海洋工程配套业不能实现与海洋工程装备制造业同步发展，中国海洋工程企业将被牢牢钉在海洋工程产业链的低端，这也是中国海工企业进军海洋工程市场的最大瓶颈。

6.6 国内外海洋工程装备产业比较分析

6.6.1 认同差距，明确目标

21世纪以来，我国海洋工程装备产业发展取得了长足进步，特别是海洋油气开发装备具备了较好的发展基础，在环渤海地区、长三角地区、珠三角地区初步形成了具有一定集聚度的产业区，涌现出一批具有竞争力的企业。目前，我国已基本实现浅水油气装备的自主设计建造，部分海洋工程船舶已形成品牌，深海装备制造取得一定突破。此外，海上风能等海洋可再生能源开发装备初步实现产业化，海水淡化和综合利用等海洋化学资源开发初具规模，装备技术水平不断提升。但是，与世界先进水平相比，仍存在较大差距。未来五到十年是我国海洋工程装备产业发展的关键时期，未来我国海洋工程装备产业将面临日益激烈的市场竞争和发展机遇。既要应对国际竞争日益激烈的挑战，更要抓住国内外海洋资源开发装备需求增加的机遇，进一步增强紧迫感和责任感，大力协同，迎难而上，力争通过十年的发展，使我国海洋工程装备制造能力和水平迈上新台阶。《中国制造 2025》明确指出：力争到 2025 年，我国要成为世界海洋工程装备和高新技术船舶领先国家，实现船舶工业由大到强质的飞跃。

6.6.2 重点突破，全面发展

在国际政治、经济、外交和军事等大环境影响下，开发海洋油气资源特别是深水油气资源开发已成为国家的重要战略举措之一。随着海洋油气资源开发的重点逐步向深水和极地等自然环境更加恶劣的海域发展，海洋油气资源的开发需要靠先进的海洋工程技术和装备作支撑。我们要把握世界海洋资源开发利用与保护的总体趋势，面向国内外海洋资源开发的重大需求，重点突破深海装备的关键技术，大力发展以海洋油气开发装备为代表的海洋矿产资源开发装备，加快推进以海洋风能工程装备为代表的海洋可再生能源开发装备、以海水淡化和综合利用装备为代表的海洋化学资源开发装备的产业化，积极培育潮流能、波浪能、天然气水合物、海底金属矿产、海洋生物质资源开发利用装备等相关产业，加快提升产业规模和技术水平，完善产业链，促进我国海洋工程装备产业快速健康发展。

6.6.3 面向市场，产学研用相结合

针对世界海洋资源开发的重大需求，重点发展市场需求量大、技术成熟度高的海洋能源资源开发装备，集中力量，加快推进。分阶段分步骤推进海洋可再生能源、海洋化学资源开发装备的产业化。近日有报道称，我国将在鲁浙粤建三个海洋能试验场(位于黄海烟台浅海海工试验场、东海舟山潮流能试验场和南海广东万山波浪能试验场)，预示着我国对海洋可再生能源开发的起步。着力提高装备的总承包能力和总装集成能力，带动相关设备供应商和分包商的发展；坚持走专业化发展道路，努力培育研发设计、总装建造、模块制造、设备供应、技术服务等方面的专业化能力。立足现有装备工业基础，加强能力建设的统筹规划，大力推进产业集群发展；全面推进产业链各环节和现代制造服务业的同步协调发展，不断完善产业体系。依托现有骨干企业，努力培育一批技术实力雄厚、综合竞争力强的品牌企业；倡导“产、学、研、用”相结合，以重大项目为牵引，打造一批技术性能优良的品牌产品。把握海洋资源开发装备领域科技发展的新方向，加强海洋潮流能、波浪能、温差能、天然气水合物、海底金属矿产资源、海洋与极地生物基因资源等领域相关装备的前期研究和技术储备，抢占未来发展先机。经过努力，使我国海洋工程装备产业的产业规模、创新能力和综合竞争力大幅提升，形成较为完整的产业体系，产业集群形成规模，国际竞争力显著提高，推动我国成为世界主要的海洋工程装备制造大国和强国，争取用较短的时间使我国在主流海洋工程装备市场占有重要位置，尽快进入国际市场的第一方阵。

第 7 章

世界新科技发展趋势与海洋工程装备科技

随着海洋资源的开发从浅海走向深海，从近海走向国际海域，开发的深度和广度不断扩展，工程装备与科学技术已成为海洋资源开发、保障我国的资源和能源安全必不可少的工具和手段。而全球新一轮科技革命和产业变革方兴未艾，科技创新正加速推进，并深度融合、广泛渗透到人类社会的各个方面，成为重塑世界格局、创造人类未来的主导力量，世界新科技的发展对海洋工程装备产业带来了巨大的发展机遇，并由此产生深远的影响。

7.1 世界新科技发展趋势

当今世界科学技术突飞猛进,知识经济、智慧地球已见端倪,国力竞争日趋激烈。当前,信息技术加速渗透到制造业和生产性服务业,正催生生产力的飞跃。云计算、物联网、大数据、人工智能等技术的应用,加速变革资源驱动的传统经济增长方式;互联网和增材制造技术(3D打印)的创新和应用开辟了众包、创客、分布式制造发展的新空间;数字化、智能化、绿色化等新型制造模式将使全球技术和市场要素配置方式发生深刻变化。

人类正在迎来一场技术革命,这场革命将从根本上改变我们的生活、工作以及彼此之间的相处方式。从这场变革的规模、程度和复杂性来说,它将不像人类此前经历的任何一场变革,它的特点是技术融合,模糊了实体、数字和生物世界的界限,涉及全球政治中的各个利益攸关方,从公共和私营部门,到学术界和民间社会。前三次工业革命源于机械化、电力和信息技术。第一次工业革命利用水和蒸汽的力量实现生产的机械化。第二次工业革命利用电力实现大规模生产。第三次采用的是电子和信息技术实现生产的自动化。现在,第四次工业革命正在20世纪中叶以来出现的数字革命,即第三次革命的基础之上发展。现在,将物联网和服务应用到制造业正在引发第四次工业革命。将来,企业将建立全球网络,把它们的机器、存储系统和生产设施融入虚拟网络-实体物理系统(CPS)中。在制造系统中,这些虚拟网络-实体物理系统包括智能机器、存储系统和生产设施,能够相互独立地自动交换信息、触发动作和控制。这有利于从根本上改善包括制造、工程、材料使用、供应链和生命周期管理的工业过程。正在兴起的智能工厂采用了一种全新的生产方法。智能产品通过独特的形式加以识别,可以在任何时候被定位,并能知道它们自己的历史、当前状态,以及为了实现其目标状态的替代路线。嵌入式制造系统在工厂和企业之间的业务流程上实现纵向网络连接,在分散的价值网络上实现横向连接,并可进行实时管理—从下订单开始,直到外运物流。此外,他们形成的且要求的端到端工程贯穿整个价值链。

就和此前的革命一样,第四次工业革命有可能提高全球收入水平,改善世界各国人民的生活品质。智能工厂使个体顾客的需求得到满足,这意味着即使是生产一次性的产品也能获利。在制造工程领域,在制造行业引入物联网和服务,通过各种计划来应对去工业化,促进"先进制造业"的发展。动态业务和工程流程使得生产在最后时刻也可以变化,也可能为供应商对生产过程中的干扰与失灵做出灵活反应。制造过程中提供的端到端的透明度有利于优化决策。创新将改变我们的一切,未来,技术创新还将带来供给侧的奇迹,带来长期的效率和生产率提高,一个重要趋势就是技术带来的各种平台的发展,它们将把需求和供给结合起来,打破现有的工业结构,带来创造价值的新方式和新的商业模式。特别是,它将为初创企业和小企业提供发展良机,并提供下游服务。应对并解决当今世界所面临的一些挑战,如资源和能源利用效率,城市生产和人口结构变化等,使资源生产率和效率增益不间断地贯穿于整个价值网络。智能辅助系统将工人从执行例行任务中解放出来,使他们能够专注于创新、增值的活动。灵活的工作组织使得工人能够将他们的工作和私人生活相结合，并且继续进行更加高效的专业发展，在工作和生活之间实现更好的平衡，随着实体、数字和生物世界继续融合，新技术平台将使人们可以与政府互动，表达看法、协调努力。第四次工业革命最终将不仅改变我们所做的一切，而且将改变我们是谁，它将影响我们的身份以及与之相关的所有问题。

新工业革命将使全球技术要素和市场要素配置方式发生深刻变化，将给产业形态、产业结构、产业组织方式带来深刻影响，很可能催生全新产业，带动整个制造业升级换代，并对人类经济活动和社会生活产生根本性的影响。

7.1.1 当今世界新科技

1）信息科学技术

信息技术(information technology，IT)，是主要用于管理和处理信息所采用的各种技术的总称。它主要是应用计算机科学和通信技术来设计、开发、安装和实施信息系统及应用软件。它也常被称为信息和通信技术(information and communications technology，ICT)，主要包括传感技术、计算机与智能技术、通信技术和控制技术。广义而言，信息技术是指能充分利用与扩展人类信息器官功能的各种方法、工具与技能的总和。中义而言，信息技术是指对信息进行采集、传输、存储、加工、表达的各种技术之和。狭义而言，信息技术是指利用计算机、网络、广播电视等各种硬件设备及软件工具与科学方法，对文图声像各种信息进行获取、加工、存储、传输与使用的技术之和。信息技术的应用包括计算机硬件和软件，网络和通信技术，应用软件开发工具等。物联网和云计算作为信息技术新的高度和形态被提出、发展。

信息技术代表着当今先进生产力的发展方向，信息技术的广泛应用使信息的重要生产要素和战略资源的作用得以发挥，使人们能更高效地进行资源优化配置，从而推动传统产业不断升级，提高社会劳动生产率和社会运行效率。就传统的工业企业而言，信息技术在以下几个层面推动着企业升级：

① 将信息技术嵌入到传统的机械产品中。

② 计算机辅助设计技术、网络设计技术可显著提高企业的技术创新能力。

③ 利用信息系统实现企业经营管理的科学化，统一整合调配企业人力物力和资金等资源。

④ 利用互联网开展电子商务。

2）大数据技术

“大数据”(big data)作为时下最火热的IT行业词汇，随之数据仓库、数据安全、数据分析、数据挖掘等等围绕大数据的商业价值的利用逐渐成为行业人士争相追捧的利润焦点。

大数据技术的战略意义不在于掌握庞大的数据，而在于对这些含有意义的数据进行专业化处理。换言之，如果把大数据比作一种产业，那么这种产业实现盈利的关键，在于提高对数据的“加工能力”，通过“加工”实现数据的“增值”。

随着大数据的快速发展，就像计算机和互联网一样，大数据很有可能是新一轮技术革命的重要内容之一。随之兴起的数据挖掘、机器学习和人工智能等相关技术，可能会改变数据世界里的很多算法和基础理论，实现科学技术上的突破。

大数据作为一种重要的战略资产，已经不同程度地渗透到每个行业领域和部门，其深度应用不仅有助于微观层面的企业经营活动，还有利于推动宏观层面的国民经济发展。它对于推动信息产业创新、大数据存储管理挑战、改变经济社会管理面貌等方面也意义重大。现在，通过数据的力量，个人用户希望掌握真正的便捷信息，从而让生活更有趣。对于企业来说，如何从海量数据中挖掘出可以有效利用的部分，并且用于品牌营销，才是企业制胜的法宝和兴趣所在。

3）物联网技术

物联网是国家新兴战略产业中信息产业发展的核心领域，将在国民经济发展中发挥重要作用。目前，物联网是全球研究的热点问题，国内外都把它的发展提到了国家级的战略高度，称之为继计算机、互联网之后世界信息产业的第三次浪潮。何谓物联网？不同的阶段在不同的场合有不同的描述。目前对物联网比较准确的表述是：物联网（internet of things）是指将无处不在（ubiquitous）的末端设备（devices）和设施（facilities），包括具备“内在智能”的传感器、移动终端、工业系统、数控系统、家庭智能设施、视频监控系统等、和“外在使能”（enabled）的，如贴上 RFID 的各种资产（assets）、携带无线终端的个人与车辆等“智能化物件或动物”或“智能尘埃”（mote），通过各种无线和/或有线的长距离和/或短距离通信网络实现互联互通（M2M）、应用大集成（grand integration），以及基于云计算的 SaaS 营运等模式，在内网（intranet）、专网（extranet）和/或互联网（internet）环境下，采用适当的信息安全保障机制，提供安全可控乃至个性化的实时在线监测、定位追溯、报警联动、调度指挥、预案管理、远程控制、安全防范、远程维保、在线升级、统计报表、决策支持、领导桌面（集中展示的 cockpit dashboard）等管理和服务功能，如下图 7－1 所示，实现对“万物”的“高效、节能、安全、环保”的“管、控、营”一体化。

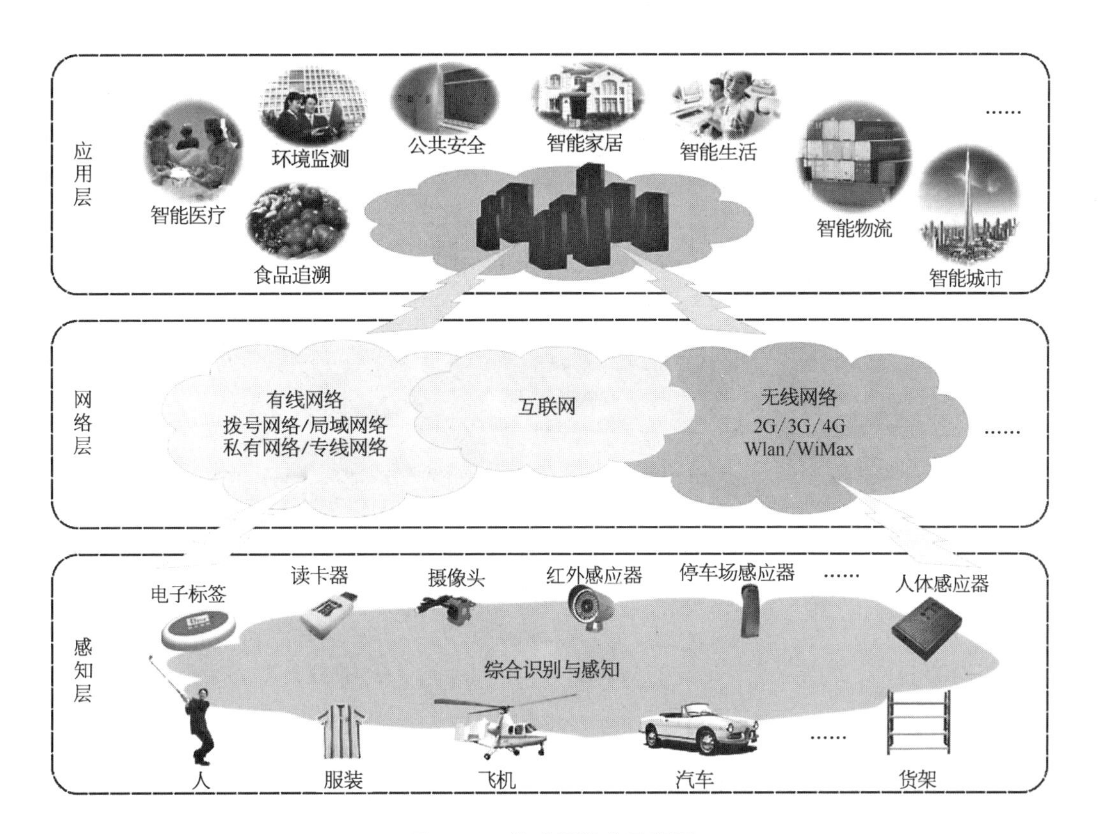

图 7－1　物联网的应用模型

4）新材料技术

新材料（或称先进材料）是指那些新近发展或正在发展之中的具有比传统材料的性能更为优异的一类材料。新材料技术的最大特征是按照人的意志，通过物理研究、材料设计、材料加工、试验评价等一系列研究过程，创造出能满足各种需要的新型材料的技术。

新材料按材料的属性划分，有金属材料、无机非金属材料（如陶瓷、砷化镓半导体等）、有机高分子材料、先进复合材料四大类。按材料的使用性能性能分，有结构材料和功能材料。结构材料主要是利用材料的力学和理化性能，以满足高强度、高刚度、高硬度、耐高温、耐磨、耐蚀、抗辐照等性能要求；功能材料主要是利用材料具有的电、磁、声、光热等效应，以实现某种功能，如半导体材料、磁性材料、光敏材料、热敏材料、隐身材料和制造原子弹、氢弹的核材料等。新材料在国防建设上作用重大。例如，超纯硅、砷化镓研制成功，导致大规模和超大规模集成电路的诞生，使计算机运算速度从每秒几十万次提高到现在的每秒百亿次以上；航空发动机材料的工作温度每提高 100℃，推力可增大 24%；隐身材料能吸收电磁波或降低武器装备的红外辐射，使敌方探测系统难以发现等等。新材料技术被称为“发明之母”和“产业粮食”。

5）海洋科技逻辑图

信息技术、大数据技术、物联网技术、新材料技术等最新世界科学技术加速与制造业进行深度融合，促进海洋工程装备科技的飞速发展，其内涵和作用如图 7－2 所示。

图 7－2　海洋科技逻辑图

信息技术是大数据技术发展的基础和载体，大数据技术为物联网技术的发展提供了技术保障，以及新材料技术的发展和运用，为海洋工程装备的智能制造奠定了科技基础。

7.1.2　智能制造新技术

智能制造技术是指利用计算机模拟制造业领域的专家的分析、判断、推理、构思和决策等智能活动，并将这些智能活动和智能机器融合起来，贯穿应用与整个制造企业的子系统（经营决策、采购、产品设计、生产计划、制造装配、质量保证和市场销售等），以实现整个制造企业经营运作的高度柔性化和高度集成化，从而取代或延伸制造环境领域的专家的部分脑力劳动，并对制造业领域专家的智能信息进行收集、存储、完善、共享、继承和发展，是一种极大提高生产效率的先进制造技术。

7.1.2.1　德国工业 4.0

德国工业 4.0 战略为我们展现了一幅全新的工业蓝图，深入分析其愿景与要点，可以洞察德国提出工业 4.0 的目的与战略意图。“工业 4.0”的概念源于 2011 年德国汉诺威工业博览会，其初衷是通过应用物联网等新技术提高德国制造业水平。在德国工程院、弗劳恩霍夫协会、西门子公司等学术界和产业界的大力推动下，德国联邦教研部与联邦经济技术部于 2013 年将“工业 4.0”项目纳入了《高技术战略 2020》的十大未来项目中，计划投入 2 亿欧元资金，支持工业领域新一代革命性技术的研发与创新。随后，德国机械及制造商协会（VDMA）等设立了“工业 4.0 平台”，德国电气电子和信息技术协会发表了德国首个工业 4.0 标准化路线图。

德国政府认为，尽管德国拥有强大的机械和装备制造业，但中国对德国工业构成了竞争威胁，美国也在通过各种计划促进先进制造业发展，因此，制定“工业 4.0”战略的目的就是为了“确保德国制造的未来”。

1）“工业 4.0”战略愿景与要点

（1）战略愿景：与美国流行的第三次工业革命的说法不同，德国将制造业领域技术的渐进性进步描述为工业革命的四个阶段，工业革命的四个阶段如图 7－3 所示。

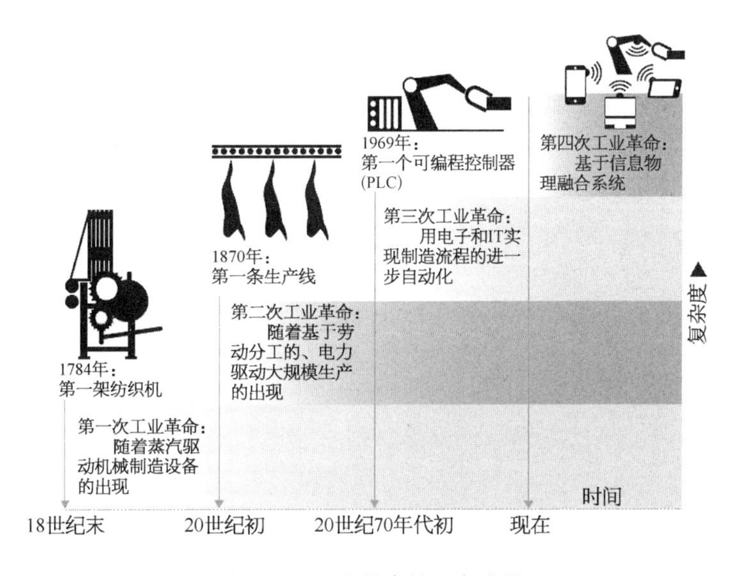

图 7－3　工业革命的四个阶段

① 工业 1.0：18 世纪 60 年代至 19 世纪中期，通过水力和蒸汽机实现的工厂机械化可称为工业 1.0。这次工业革命的结果是机械生产代替了手工劳动，经济社会从以农业、手工业为基础转型到了以工业以及机械制造带动经济发展的模式。

② 工业 2.0：19 世纪后半期至 20 世纪初，在劳动分工的基础上采用电力驱动产品的大规模生产可称为工业 2.0。这次工业革命，通过零部件生产与产品装配的成功分离，开创了产品批量生产的新模式。

③ 工业 3.0：始于 20 世纪 70 年代并一直延续到现在，电子与信息技术的广泛应用，使得制造过程不断实现自动化，可称为工业 3.0。自此，机器能够逐步替代人类作业，不仅接管了相当比例的“体力劳动”，还接管了一些“脑力劳动”。

④ 工业 4.0：德国学术界和产业界认为，未来 10 年，基于信息物理系统（cyber-physical system，CPS）的智能化，将使人类步入以智能制造为主导的第四次工业革命。产品全生命周期和全制造流程的数字化以及基于信息通信技术的模块集成，将形成一个高度灵活、个性化、数字化的产品与服务的生产模式。

“工业 4.0”为我们展现了一幅全新的工业蓝图：在一个“智能、网络化的世界”里，物联网和服务网（服务互联网技术）将渗透到所有的关键领域，创造新价值的过程逐步发生改变，产业链分工将重组，传统的行业界限将消失，并会产生各种新的活动领域和合作形式。

首先，工业 4.0 将使得工业生产过程更加灵活、坚强。这将使得动态的、适时优化的和自我组织的价值链成为现实，并带来诸如成本、可利用性和资源消耗等不同标准的最优化选择。包括在制造领域的所有因素和资源间形成全新的循环网络、智能产品独特的可识别性、个性化产品定制以及高度灵活的工作环境等。

其次，工业 4.0 将发展出全新的商业模式和合作模式。这些模式将力争确保潜在的商业利润在整个价值链所有利益相关人之间公平地共享，包括那些新进入的利益相关人。同时，工业 4.0“网络化制造”、“自我组织适应性强的物流”和“集成客户的制造工程”等特征，也使得它追求新的商业模式以率先满足动态的商业网络而非单个公司，这将引发一系列诸如融资、发展、可靠性、风险、责任和知识产权以及技术安全等问题。

再次，工业 4.0 将带来工作方式和环境的全新变化。全新的协作工作方式使得工作可以脱离工厂，通过虚拟的、移动的方式开展。员工将拥有高度的管理自主权，可以更加积极地投入和调节自己的工作。同时，随着工作环境和工作方式的巨大改变，可以大幅度提升老年人和妇女的就业比例，确保人口结构的变化不会影响当前的生活水平。

最后，工业 4.0 将促进形成全新的信息物理系统平台。全新的信息物理系统平台能够联系到所有参与的人员、物体和系统，将提供全面、快捷、安全可靠的服务和应用业务流程，支持移动终端设备和业务网络中的协同制造、服务、分析和预测流程等。

（2）战略要点：德国“工业 4.0”战略的要点可以概括为：建设一个网络、研究两大主题、实现三项集成、实施八项计划：

① 建设一个网络：信息物理系统网络。信息物理系统就是将物理设备连接到互联网上，让物理设备具有计算、通信、精确控制、远程协调和自治等五大功能，从而实现虚拟网络世界与现实物理世界的融合。CPS 可以将资源、信息、物体以及人紧密联系在一起，从而创造物联网及相关服务，并将生产工厂转变为一个智能环境。这是实现工业 4.0 的基础。图 7－4 所示为工业 4.0 和智能工厂的一部分物联网和服务网。

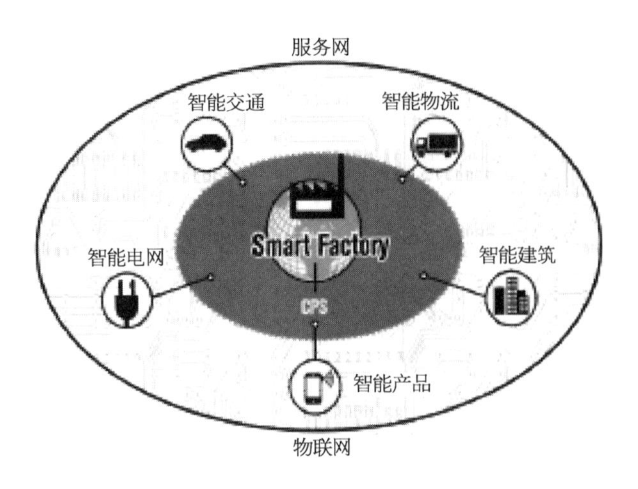

图7-4 工业4.0和智能工厂的一部分物联网和服务网

② 研究两大主题：智能工厂和智能生产。“智能工厂”是未来智能基础设施的关键组成部分，重点研究智能化生产系统及过程以及网络化分布生产设施的实现。“智能生产”的侧重点在于将人机互动、智能物流管理、3D打印等先进技术应用于整个工业生产过程，从而形成高度灵活、个性化、网络化的产业链。生产流程智能化是实现工业4.0的关键。图7-5所示为横向价值网络。

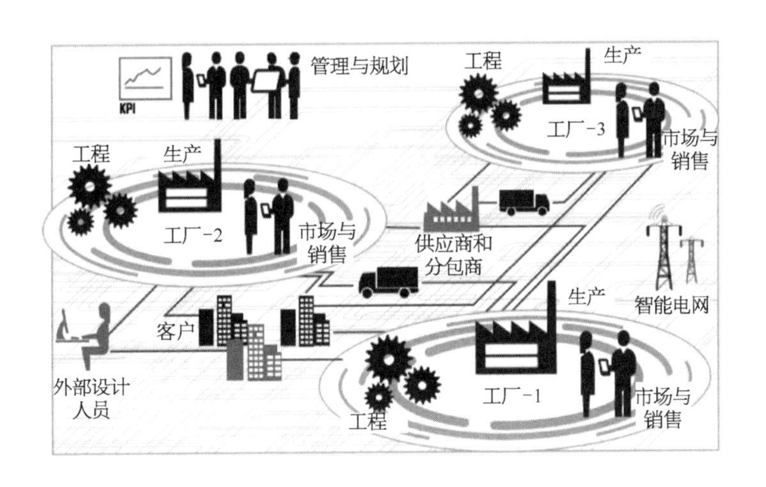

图7-5 横向价值网络

③ 实现三项集成：横向集成、纵向集成与端对端的集成。“工业4.0”将无处不在的传感器、嵌入式终端系统、智能控制系统、通信设施通过CPS形成一个智能网络，使人与人、人与机器、机器与机器以及服务与服务之间能够互联，从而实现横向、纵向和端对端的高度集成。“横向集成”是企业之间通过价值链以及信息网络所实现的一种资源整合，是为了实现各企业间的无缝合作，提供实时产品与服务；“纵向集成”是基于未来智能工厂中网络化的制造体系，实现个性化定制生产，替代传统的固定式生产流程(如生产流水线)；“端对端集成”

是指贯穿整个价值链的工程化数字集成，是在所有终端数字化的前提下实现的基于价值链与不同公司之间的一种整合，这将最大限度地实现个性化定制。物联网和服务网中的人、物和系统如图 7－6 所示。

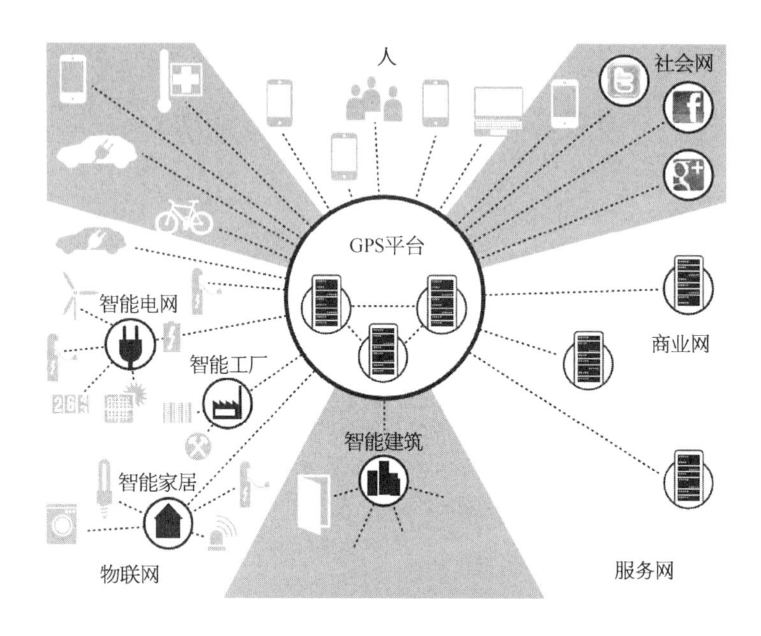

图 7－6　物联网和服务网中的人、物和系统

④ 实施八项计划："工业 4.0"得以实现的基本保障，包括以下八个方面：

A. 标准化和参考架构：需要开发出一套单一的共同标准，不同公司间的网络连接和集成才会成为可能。

B. 管理复杂系统：适当的计划和解释性模型可以为管理日趋复杂的产品和制造系统提供基础。

C. 一套综合的工业宽带基础设施：可靠、全面、高品质的通信网络是"工业 4.0"的一个关键要求。

D. 安全和保障：在确保生产设施和产品本身不能对人和环境构成威胁的同时，要防止生产设施和产品滥用及未经授权的获取。

E. 工作的组织和设计。随着工作内容、流程和环境的变化，对管理工作提出了新的要求。

F. 培训和持续的职业发展。有必要通过建立终身学习和持续职业发展计划，帮助工人应对来自工作和技能的新要求。

G. 监管框架。创新带来的诸如企业数据、责任、个人数据以及贸易限制等新问题，需要包括准则、示范合同、协议、审计等适当手段加以监管。

H. 资源利用效率。需要考虑和权衡在原材料和能源上的大量消耗给环境和安全供应带来的诸多风险。

总体来看，"工业 4.0"战略的核心就是通过 CPS 网络实现人、设备与产品的实时连通、相互识别和有效交流，从而构建一个高度灵活的个性化和数字化的智能制造模式。在这种模式下，生产由集中向分散转变，规模效应不再是工业生产的关键因素；产品由趋同向个性的转变，未来产品都将完全按照个人意愿进行生产，极端情况下将成为自动化、个性化的单件制造；用户由部分参与向全程参与转变，用户不仅出现在生产流程的两端，而且广泛、实时参与生产和价值创造的全过程。

2）“工业4.0”战略目的与意图

这是积极应对新科技产业革命，争夺国际产业竞争话语权的重要举措。美国等发达国家纷纷把重振制造业作为近年来最优先的战略议程。当前，信息通信、新能源、新材料、生物等领域的多点突破，正孕育和催生新一轮科技和产业变革。为在国际竞争中赢得主动权，2009年初美国开始调整经济发展战略，同年12月公布《重振美国制造业框架》；2011年6月和2012年2月相继启动《先进制造业伙伴计划》和《先进制造业国家战略计划》，并通过积极的工业政策，鼓励制造企业重返美国。从实际效果看，美国制造业占GDP的比重从2010年的12%回升至2013年的15%。此外，日本、韩国等也特别重视对以信息技术、新能源为代表的新兴产业的扶持。例如，2009年3月，日本出台信息技术发展计划，促进IT技术在医疗、行政等领域的应用；同年4月推出新增长策略，支持环保型汽车、电力汽车、太阳能发电等产业的发展。韩国制定《新增长动力规划及发展战略》，将绿色技术、尖端产业等领域共17项新兴产业确定为新增长动力。

中国等新兴经济体在全球制造业领域的影响力和竞争力迅速提升。1990—2011年间，传统工业化国家制造业增加值平均增长了17%，而以金砖四国（中国、俄罗斯、印度、巴西）为代表的新兴工业化国家则增长了179%。在新兴经济体中，中国制造业产出约占全球的20%，成为全球制造业第一大国。同时，中国政府制定了《工业转型升级规划》、《国家战略性新兴产业发展规划》等，积极推动制造业的转型提升。2011年，印度通信和信息技术部正式启动“信息物理系统创新中心”，开展包括人形机器人在内的多个领域的研究。根据Zebra Tech公司的最新调查，即便目前，印度企业使用物联网技术的水平也位于世界前列。

德国亟须通过战略调整指引企业积极争夺国际制造业竞争制高点。新一代信息通信技术的发展，催生了移动互联网、大数据、云计算、工业可编程控制器等的创新和应用，推动了制造业生产方式和发展模式的深刻变革。在这一过程中，尽管德国拥有世界一流的机器设备和装备制造业，尤其在嵌入式系统和自动化工程领域更是处于领军地位，但德国工业面临的挑战及其相对弱项也十分明显。一方面，机械设备领域的全球竞争正日趋激烈，不仅美国积极重振制造业，亚洲的机械设备制造商也正奋起直追，威胁德国制造商的地位。另一方面，软件与互联网技术是德国工业的相对弱项。为了保持作为全球领先的装备制造供应商以及在嵌入式系统领域的优势，面对新一轮技术革命的挑战，德国提出的“工业4.0”战略，目的就是充分发挥德国的传统优势，大力推动物联网和服务互联网技术在制造业领域的应用，在向工业化第四阶段迈进的过程中先发制人，与美日等国争夺新科技产业革命的话语权。

“工业4.0”强调通过信息网络与物理生产系统的融合来改变当前的工业生产与服务模式，将成为企业提高产品附加值、增强市场竞争力的重要手段。在“工业4.0”时代，产品与生产设备之间、不同的生产设备之间，通过数据交互连接到一起，让工厂内部纵向之间甚至工厂与工厂横向之间都能成为一个整体,从而形成生产的智能化。

2013年德国Zeiss集团在欧洲机床展上展示了一套名为PiWeb的系统。该系统能够实现跨国公司分布在不同地区工厂的机器测量数据的网络共享,实现全球不同工厂数据的同步监测。德国的博世、奔驰和大众等公司已经开始使用这套系统。此外,在2014年的汉诺威工业博览会上,德国展示了共有10家企业联合参与研发的全球第一个"工业4.0"演示系统,以证明该概念实现的可能性。这表明,德国不仅能够向全球提供利用智能制造系统生产的工业产品,也力图成为先进智能制造技术的创造者和供应者,由此促进德国制造业智能化、服务化。

3)"工业4.0"战略对中国的启示

把两化深度融合作为主要着力点,德国"工业4.0"战略与我国提出的两化深度融合有很多相通之处。在某种程度上,两化融合可称为我国工业的3.0,两化深度融合可以说是我国工业的4.0。在新的发展背景下,只有将信息化的时代特征与我国工业化历史进程紧密结合起来,把两化深度融合作为主线,才能为推动工业转型升级注入新的动力,也才能在向工业化迈进的过程中占得先机。

超前部署建设国家信息物理系统网络平台。信息物理系统将改变人类与物理世界的交互方式,物质生产力、信息生产力,能源、材料和信息三种资源高度融合,将使未来产业发生真正革命性的变革,对未来世界产生深远影响。中国要决胜未来的竞争,必须在构建信息物理系统网络平台上先行一步。一方面,在国家新的信息化发展战略中加强对CPS的总体布局,研究制定CPS建设的战略目标、重点任务、发展路径和政策举措。同时,在制造业发展、智慧城市建设、国家网络和信息安全等工作中加强前瞻部署和应用推广。另一方面,可借鉴美国组建"国家制造创新网络中心"的做法,组建一批国家信息物理系统网络平台,负责承担基础理论研究,组织力量研发突破CPS软件、传感器、移动终端设备等工具和装备,推动重点行业企业的开发应用。

启动国家智能制造重大专项工程。智能制造已成为全球制造业发展的新趋势,智能设备和生产手段在未来必将广泛替代传统的生产方式。当前,我国在智能测控、数控机床、机器人、新型传感器、3D打印等领域,初步形成完整的产业体系。但总体看,我国制造业发展仍然以简单地扩大再生产为主要途径,通过智能产品、技术、装备和理念改造提升传统制造业的任务艰巨而迫切。建议从国家层面启动实施智能制造专项工程,加强技术攻关,开展应用示范,推动制造业向智能化发展转型。一是重点突破智能机器人。开展智能机器人及智能装备系统集成、设计、制造、试验检测等核心技术研究,攻克精密减速器、伺服驱动器、传感器等关键零部件。二是开展数字工厂应用示范。在全国范围内分行业分区域选取试点示范企业,给予扶持,建设数字制造的示范工厂,发挥其"种子"作用。三是推动制造业大数据应用。以行业龙头企业为先导,鼓励其应用大数据技术提升生产制造、供应链管理、产品营销及服务等环节的智能决策水平和经营效率。

用标准引领信息网络技术与工业融合。"工业4.0"战略的关键是建立一个人、机器、资源互联互通的网络化社会,各种终端设备、应用软件之间的数据信息交换、识别、处理、维护等必须基于一套标准化的体系。德国把标准化排在八项行动中的第一位,可以说,标准先行是"工业4.0"战略的突出特点。为此,我们在推进信息网络技术与工业企业深度融合的具体实践中,也应高度重视发挥标准化工作在产业发展中的引领作用,及时制定出台"两化深度融合”标准化路线图，引导企业推进信息化建设。同时，还要着力实现标准的国际化，使得中国制定的标准得到国际上的广泛采用，以夺取未来产业竞争的制高点和话语权。

构建有利于工业转型升级的制度保障体系。德国“工业 4.0”战略十分重视产业创新、组织创新与现有制度相冲突的问题。我国在推动工业转型升级的问题上，也同样面临制度保障方面的相关问题。因此，非常有必要建立和完善有利于工业转型升级的长效机制，比如知识产权保护制度，节能环保、质量安全等重点领域的法律法规，人才培养和激励机制等，从而形成推动工业转型升级的制度保障。

产学研用联合推动制造业创新发展。德国“工业 4.0”是由德国工程院、弗劳恩霍夫协会、西门子公司等联合发起的，工作组成员也是由产学研用多方代表组成的。因此，“工业 4.0”战略一经提出，很快得到了学术界、产业界的积极响应。事实上，政府支持产学研合作的动机不单纯来自市场考量，通过产学研合作创新促进竞争往往成为发达国家重要的战略意图。我国应该充分吸收和借鉴发达国家产学研用联合模式，一方面，针对不同类型自发的产学研合作网络或产业研发联盟，政府要通过引导和支持的方式促进其发展；另一方面，选择几个重点行业和关键技术领域进行试点，以行业骨干企业为龙头，联合科研实力雄厚的大学和科研机构，组建多种形式的产学研研发联盟，充分调动各方资源和力量，共同推进技术研发和应用推广。

7.1.2.2　智能制造与装配的内涵

智能制造是一种高度网络连接、知识驱动的制造模式，它优化了企业全部业务和作业流程，可实现可持续生产力增长、能源可持续利用、高经济效益目标。智能制造结合信息技术、工程技术和人类智慧，从根本上改变产品研发、制造、运输和销售过程，通过零排放、零事故制造提高人身安全、保护环境。

2007 年，美国国家标准和技术研究院（NIST）主办的装配技术研讨会第一次提出了智能装配的概念。它侧重于如何开发和集成智能工具，如传感器、无线网络、机器人、智能控制等，以便解决今天产品种类变化的强烈需求和后续生产制造的复杂性。智能装配是一个生产工艺、人、设备和信息集成的概念，它使用虚拟和现实的方法来实现生产效率、交货时间和制造敏捷性的显著改善。智能装配远远超出传统的自动化和机械化范围，它在工程和操作上挖掘人与机器有效协同作业潜力，集成了高技术、多学科团队，具有自我集成和自适应装配处理的能力。

智能装配系统为工厂开创了一种分析、建议和应对生产环境的新模式。其中，传感器起着关键的作用。传感器将监控每一个重要的操作参数，所有参数设置了控制限制，系统时刻评估装配状态，关注任何偏差的发生。

智能装配环境以类似于人体的免疫系统方式运行，以一种非常有效的方式来应对没有明显症状的异常反应。智能装配系统可以调整和适应生产环境的变化，如投入零部件的变化，最大的好处就是系统健壮性，以确保系统质量和生产能力。智能装配基本单元虽然已经应用在一些生产制造系统之中，然而还需要进行更多的系统顶层研究，实现机器和子系统协同工作。在智能装配中，一是加强虚拟能力＋实时能力；二是整合集成产品流程、工艺流程、信息流程等三大流程，这些决定了智能装配的成败。

7.1.2.3　智能制造中的关键技术

要实现一个生产系统的智能制造，必须在信息实时自动化识别处理、无线传感器网络、信息物理融合系统、网络安全等方面得到突破，这其中涉及如下智能制造的关键技术。

1）射频识别技术

射频识别(radio frequency identification，RFID)技术又称为无线射频识别，是一种无线通信技术，可以通过无线电信号识别特定目标并读写相关数据，而无须识别系统与特定目标之间进行机械或光学接触。常用的无线射频有低频(125～134.2 kHz)、高频(13.56 MHz)和超高频三种，而 RFID 读写器分为移动和固定式两种。射频识别是一种自动识别技术，它将小型的无线设备贴在物件表面，并采用 RFID 阅读器进行自动的远距离读取，提供了一种精确、自动、快速地记录和收集目标的工具。

20 世纪 80—90 年代，RFID 技术实现了楼宇人员和车辆的进出控制、道路收费站的自动收费、动物跟踪，以及生产资料进库和出库的自动跟踪仓储等。目前，该技术还广泛应用于供应链管理、在制品制造、资产管理、安全访问控制、消费应用等方面。随着射频识别技术的进步，RFID 成了业务流程精益化的基本使能器，可以减少生产库存，提高生产效率和质量，从而提高制造企业的竞争力。RFID 技术成为简化业务流程、降低库存和提高经营活动效率与质量的强大武器，大大提高了企业竞争优势。

新一代 RFID 芯片除了天线端口外，还提供了一条 I2C 总线连接，因此可以直接连接到微控制器和 ASIC 上。这就意味着它为后续的用户化功能定制开辟了新的道路，可以向最终用户提供多样化的服务，如采用蓝牙通信协议的 RFID 可以使用普通手机作为 RFID 阅读器。此外，这种 I2C 总线还可以连接上各种传感器，构成简单的无线传感器网络。

2）实时定位系统

在实际生产制造现场，需要对多种材料、零件、工具、设备等资产进行实时跟踪管理；在制造的某个阶段，材料、零件、工具等需要及时到位和撤离；生产过程中，需要监视在制品的位置行踪，以及材料、零件、工具的存放位置等。这样在生产系统中需要建立一个实时定位网络系统，以完成生产全程中角色的实时位置跟踪。

实时定位系统(real time location system，RTLS)由无线信号接收传感器和标签无线信号发射器等组成。一般地，被跟踪目标贴上有源 RFID 标签，在室内布置三个以上阅读器天线，使用有源 RFID 标签来发现目标位置；三个阅读器天线接收到标签的广播信号，每个信号将接收时间传递到一个软件系统，使用三角测量来计算目标位置。

RTLS 通常建在一个建筑物内或室外识别和实时跟踪对象的位置。RTLS 通常不包括 GPS、手机跟踪或只使用被动 RFID 跟踪的系统。RTLS 的物理层技术通常是某种形式的射频(RF)通信，但一些系统使用了光学(通常是红外)或声(通常是超声波)学技术代替了无线射频。标签和固定参考点可以布置发射器和接收器，或两者兼而有之。

3）无线传感器网络

今天的工厂布置了越来越多的检测点，产生了大量的数据。这些数据容易被机器自动收集处理，但是人类可以不处理它们。因此，如果机器在某个生产区域可以彼此交流的话，那是相当有用的。通过创建网络化的检测环境，许多处理过程可以做得更加高效、柔性和低成本。非常小的、低成本的无线传感器分布在生产工厂里，允许对象注册它们的环境和无线通信；几种不同类型的传感器技术，如光电、压力、温度和红外传感器共同努力创建一个整体情况描述，感受目前环境发生变化的一切。

在未来的工厂里，产品和生产设施将成为活跃的系统组件，控制着工厂的生产和物流，它们将构成一个信息物理融合系统——连接互联网的网络空间与现实物理世界。然而，不同于当前机电一体化系统，它们具有与环境交互的能力，可以规划和调整自己的行为来适应环境，并且学习新的行为模式和策略，从而进行自我优化，进而实现最小批量的快速产品转化和多品种的高效率生产。嵌入式传感器/制动器组件、机器/机器通信交流和主动语义产品记忆催生了在工业环境中节约资源的优化方法，这将促进未来工厂以一个合理的成本实现环境保护和复杂生产。

无线传感网络(wireless sensor network，WSN)是由许多在空间分布的自动装置组成的一种无线通信计算机网络，这些装置使用传感器监控不同位置的物理或环境状况(如温度、声音、振动、压力、运动或污染物等)。无线传感网络的每个节点除配备一个或多个传感器之外，还装备了一个无线电收发器和一个很小的微控制器和一个能源(通常为电池)。单个传感器节点的尺寸可以大到像一架航天飞机，也可以小到如一粒尘埃。传感器节点的成本也是不一样的，从几百美元到几美分不等，这取决于传感器网络的规模及单个传感器节点所需的复杂度。传感器节点尺寸与复杂度的限制决定了能量、存储、计算速度与带宽的受限。无线传感网络主要包括三个方面：感应、通信、计算(硬件、软件、算法)。其中的关键技术主要是无线数据库技术，如用于无线传感器网络的查询和其他传感器通信的网络技术，特别是多次跳跃路由协议。

标准的 Zig BeeTM 或 802.15.4 对许多低功耗、低数据率无线通信服务而言，是一个不错的选择，然而高数据率通信则要选择 802.11 WLAN 无线局域网。需要大活动范围和更长电池供电的应用场合，ZigBee 协议能轻松满足代码空间(32～70 kB)，并有一个适度的范围(10～100 m)。对于工业和家庭网络来说，应优先选择 ZigBee，它的一大优点是“网”功能。网状网络允许从节点到节点来传递信息，如果任何节点失败，仍然可以通过选择其他节点将信息送达目的地。

在生产系统中，要合理利用无线网络，根据任务的实时性、数据吞吐量大小、数据传输速率、可靠性等特点实施不同的无线网络技术，如监督通信、分散过程控制、无线设备网络、故障信息报警、实时定位可分别采用 WLAN、RFID、ZigBee/Bluetooth、GPRS、UWB 等网络技术。

4) 信息物理融合系统

信息物理融合系统(cyber-physical system，CPS)也称为“虚拟网络-实体物理”生产系统，它将彻底改变传统制造业逻辑。在这样的系统中，一个工件就能算出自己需要哪些服务。通过数字化逐步升级现有生产设施，这样生产系统可以实现全新的体系结构。这意味着这一概念不仅可在全新的工厂得以实现，而且能在现有工厂一步步升级的过程中得到升华。

在当前的工业制造环境中，已经可以看到将要改变的迹象，从僵化的中央工业控制转变到分布式智能控制。大量的传感器以令人难以置信的精度记录着它们的环境，并作为一个独立于中心生产控制系统的嵌入式处理器系统做出自己的决策。现在唯一缺少的是综合无线网络组件，它能实现永久的交换信息，在复杂事件、临界状态和情景感知中综合不同传感器评估识别，并基于这些感知处理并制定进一步的行动计划。

CPS 是一个综合计算、网络和物理环境的多维复杂系统，通过 3C(computation，communication，control)技术的有机融合与深度协作，实现大型工程系统的实时感知、动态控制和信息服务。CPS实现计算、通信与物理系统的一体化设计，可使系统更加可靠、高效、实时协同，具有重要而广泛的应用前景。CPS系统把计算与通信深深地嵌入实物过程，使之与实物过程密切互动，从而给实物系统添加新的能力。

在美国，智能制造提得最多的核心技术称为"信息物理融合系统"，而在欧洲，德国提出了工业4.0的概念，并将物联网技术作为核心技术。它们的核心技术是同根同源的，都是基于互联网的大规模网络嵌入式系统（智能组件），其目标愿景也是坚持计算和"智能"不脱离实际生产环境，最终构建成一个大规模分布式计算系统。

5）网络安全技术

数字化推动了制造业的发展，在很大程度上得益于计算机网络技术的发展，与此同时也给工厂的网络安全构成了威胁。以前习惯于纸质的熟练工人，现在越来越依赖于计算机网络、自动化机器和无处不在的传感器，而技术人员的工作就是把数字数据转换成物理部件和组件。制造过程的数字化技术资料支撑了产品设计、制造和服务的全过程，这些信息在整个供应链得到了共享，但必须得以保护。工厂花费大量的精力以保护信息系统和网络中的技术信息，并面临一种前所未有的严峻挑战。这不仅需要从防范数据盗窃来保护技术资源，还必须防止网络入侵破坏生产系统的安全，以避免造成正常生产运行的瘫痪。

面对网络安全，生产系统采取了一系列IT安全保障技术和措施，如防火墙、入侵预防、病毒扫描器、访问控制、黑白名单、信息加密等。波音公司应用回程连接的安全边界技术来实施企业内部网络与外部IT网络的隔离，取得了很好的效果。如何创建一个明确的责任分工及一个能确保网络安全的解决方案是摆在企业面前亟待解决的问题。

7.2 海洋工程装备科技发展意义、需求和趋势

进入21世纪，党和国家高度重视海洋经济发展及其对中国可持续发展的战略意义。习近平总书记指出，海洋在国家经济发展格局和对外开放中的作用更加重要，在维护国家主权、安全、发展利益中的地位更加突出，在国家生态文明建设中的角色更加显著，在国际政治、经济、军事、科技竞争中的战略地位也明显上升。因此，海洋工程装备科技的发展受到广泛关注。

7.2.1 海洋工程装备科技发展意义

海洋工程装备科技成为推动我国海洋经济持续发展的重要因素。海洋探测、海洋运载、海洋能源、海洋生物资源、海洋环境和海陆关联等重要工程技术领域呈现快速发展的局面。

2012年，我国海洋生产总值突破5万亿元，是2001年的5倍多，占当年国内生产总值和沿海地区生产总值的比重分别为9.6%和15.9%，明显高于同期国民经济发展速度。另外，

涉海就业人员规模不断扩大，从 2001 年的 2 108 万人增加到 2012 年的 3 350.8 万人，占沿海地区就业人员的比重达到 10.1%。海洋经济已经成为国民经济重要的组成部分和新的增长点。

在海洋经济的快速发展过程中，产业结构发生了巨大变化，从构成单一的海洋渔业、海洋盐业等向多样化发展，产业规模迅速扩大，其中海运货物吞吐量连续九年世界第一，海洋渔业产量长期世界第一，造船完工量世界第一，船舶出口覆盖 168 个国家和地区，海洋油气产量超过 5 000 万 t 油当量，建成海上大庆。2012 年，我国海洋经济的主导产业是海洋渔业、海洋油气业、海洋船舶工业、海洋工程建筑业、海洋交通运输业和滨海旅游业，其增加值占主要海洋产业增加值的比重达 94.3%；其他产业，如海洋化工业、海洋盐业、海洋生物医药业、海洋电力业、海洋矿业、海水利用业等，虽占比较低，但以新兴产业为主有良好的发展前景。

除了国力增强、需求牵引等因素外，海洋工程与科技长足进步已成为推动我国海洋经济发展不可或缺的重要因素，特别是海洋探测、海洋运载、海洋能源、海洋生物资源、海洋环境和海陆关联等重要工程技术领域呈现快速发展的局面，科技竞争力明显提高，有力支撑海洋产业的发展，推动了海洋经济规模迅速扩大。

然而，分析表明，我国海洋工程装备与科技整体水平落后于发达国家 10 年左右，差距主要体现在关键技术的现代化水平和产业化程度上。

7.2.2　海洋工程装备科技发展需求

开发海洋资源，海洋工程装备与技术是必备手段。到 2020 年，我国天然气和石油的需求量对外依赖度将分别超过 50%和 70%，大部分金属资源对外依存度将超过 50%，食物来源及战略后备也捉襟见肘，这将成为我国国民经济发展的制约因素。而海洋蕴藏着丰富的生物资源、油气资源、矿产资源、动力资源和化学资源，正是我国未来赖以生存和发展的资源空间，海洋资源的经济和战略地位将更加突出。另外，随着海洋资源的开发从浅海走向深海，从近海走向国际海域，开发的深度和广度不断扩展，海洋工程装备科技已成为海洋资源开发、保障我国的资源和能源安全必不可少的工具和手段。

1) 壮大海洋经济产业

发展海洋产业，依赖于工程技术创新与成果转化。近年来，海洋成为我国新一轮经济和社会发展的目标区，优化海洋产业结构，沿海各地纷纷探讨新的发展模式，引发了新一轮沿海开发战略大调整，出台了一批新的发展规划，使我国海洋经济从产业结构、产出质量、空间布局、规划体系等方面进入了一个新的发展时期，对工程技术创新也有了更多的依赖。发展远洋渔业，推动海水淡化规模化应用，扶持海洋生物医药、海洋装备制造等产业发展，加快发展海洋服务业。未来我国海洋产业将在能源、健康食品、淡水、矿产、高端装备、陆海关联工程和现代服务等方面获得新的发展，形成新的产品结构和产业格局，带动海洋经济的迅速发展。发展海洋科学技术，重点在深水、绿色、安全的海洋高技术领域取得突破。推进智慧海洋工程建设。创新海域海岛资源市场化配置方式。为此，亟须大力发展海洋工程与科技，通过转化更多的创新成果来引领现代海洋产业从国民经济增长点向主导产业迈进，为促进国民经济发展做出新的贡献。

2）加强海洋资源环境保护

建设海洋生态文明，工程与科技依然是基本支撑。随着海洋在国民经济社会发展中的战略地位的提升，海洋在提供食物来源与保障食品安全、提供多种生态服务、防灾减灾和保障民生方面，将起到越来越重要的作用。因此，海洋生态文明已成为我国建设生态文明不可或缺的组成部分。深入实施以海洋生态系统为基础的综合管理，推进海洋主体功能区建设，优化近岸海域空间布局，科学控制开发强度。

在建设海洋生态文明的进程中，需要深刻认识海洋的自然规律，需要解决好海洋开发与海洋生态环境保护之间的关系，需要探索沿海地区工业化、城镇化过程中符合生态文明理念的新发展模式，需要推进海洋生态科技和海洋综合管理制度创新。实施海洋督察制度，开展常态化海洋督察。严格控制围填海规模，加强海岸带保护与修复，自然岸线保有率不低于35%。严格控制捕捞强度，实施休渔制度。实施陆源污染物达标排海和排污总量控制制度，建立海洋资源环境承载力预警机制。加强海洋气候变化研究，提高海洋灾害监测、风险评估和防灾减灾能力，加强海上救灾战略预置，提升海上突发环境事故应急能力。然而，这一切都离不开科技的支撑，并通过海洋工程技术的新发展，加快海洋生态文明建设。

3）维护我国海洋权益

有效维护领土主权和海洋权益，工程与科技是坚强后盾。海洋工程和科技的快速发展正在引发世界海洋竞争格局、国家财富获取方式和海洋经济发展方式的重大变革。加强海上执法机构能力建设，深化涉海问题历史和法理研究，统筹运用各种手段维护和拓展国家海洋权益，妥善应对海上侵权行为，维护好我管辖海域的海上航行自由和海洋通道安全。特别是以外大陆架划界申请、公海保护区设立和国际海底区域新资源申请为主要特征的第二轮“蓝色圈地”运动正在兴起，使得海洋空间竞争日趋激烈，海域划界、岛屿主权归属等矛盾更加复杂化。

中国在深海大洋有广泛的国家利益，海上通道畅通涉及国家战略安全。积极参与国际和地区海洋秩序的建立和维护，完善与周边国家涉海对话合作机制，推进海上务实合作。进一步完善涉海事务协调机制，加强海洋战略顶层设计，制定海洋基本法。为此，以海洋工程和科技为后盾，加强海洋资源开发活动，在争议区域、公海大洋和南北极进行调查和宣示存在，保障海上战略通道畅通，对支持我国领土诉求和维护我国海洋权益意义重大。

7.2.3 海洋工程装备科技发展趋势

我国海洋工程装备正实现浅海装备自主化、系列化和品牌化，深海装备自主设计和总包建造取得突破，专业化配套能力明显提升，基本形成健全的研发、设计、制造和标准体系，创新能力显著增强，国际竞争力进一步提升。深海半潜式钻井平台、钻井船等形成系列化，深海浮式生产储卸装置（FPSO）、半潜式生产平台等实现自主设计和总承包，水下生产系统初步具备设计制造能力；升降锁紧系统、深水锚泊系统、动力定位系统、大型平台电站等实现自主设计制造和应用；深海工程装备试验、检测平台初步建成。再经过十年到十五年，我国力争全面掌握主力海洋工程装备的研发设计和制造技术，具备新型海洋工程装备的设计与建造能力，形成较为完整的科研开发、总装建造、设备供应和技术服务的产业体系，海洋工程装备产业的国际竞争能力明显提升。海洋工程装备科技总体发展趋势如下：

1）海洋资源勘探装备

半潜式钻井平台、钻井船等主力钻井装备的科技发展趋势主要体现在以下几方面：

（1）作业能力向更大的工作水深发展。在未来20年间，将突破4 000 m乃至5 000 m。

（2）配备性能更先进、钻井深度能力更强的海洋石油钻机。钻机绞车功率将突破5 884 kW，海洋钻深能力将突破18 000 m。

（3）作业性能将更先进，可变载荷、主尺度、功率配备等均将更大，自持力、抗风浪能力将更强等。

（4）适应各种气候和水文条件。能在最恶劣的气候条件下，包括极区和赤道区环境下，进行快速有效的钻井作业。

（5）降低深水钻井作业成本。主要措施是采用双井架技术，可同时进行两口井的钻探。

（6）装备自动化、智能化。装备新一代钻井设备、动力定位设备和电力设备，监测报警、救生消防、通信联络等设备及辅助设施也在增强与改善，平台钻井作业的自动化、效率和安全性能等都有显著提高。

（7）平台多功能化和系列化。具有钻井、修井、采油、生产处理等多重功能。

2）海洋资源开采和生产装备

浮式生产储卸装置（FPSO）、半潜式生产平台（FPS）等海洋资源开采和生产装备的科技发展趋势主要体现在以下几方面：

（1）建造技术向模块化发展。采用模块化建造工艺，从而实现了船主体结构和上部设施同时建造施工，建造周期缩短2～3个月。

（2）定位与系泊技术有新发展。动力定位技术（DPS－3）的广泛应用，多点系泊采用锚链、聚酯缆和钢缆的组合。

（3）增加天然气的处理和液气转换能力。

（4）原油生产能力不断加强。各型装备均有大型化发展的趋势。

（5）新装备的加速研发。LNG－FPSO、ETLP、新型SPAR、LNG－FSRU、FDPSO、FPS等新型装备的不断涌现，且市场前景看好。

3）超大型浮式结构物

以沿海岛屿或岛屿群为依托，带有永久或半永久性，具有综合性、多用途功能的大型深远海浮式结构物（VLFS）的发展趋势如下：

（1）功能的专业化。逐渐细分为满足我国深远海岛礁生活和建设、岛礁和海洋旅游、海上维权执法、海洋油气及渔业资源开发、后勤保障等方面需要的不同型式和功能的结构物（或平台/基地）。

（2）型式的多样化。根据不同用途对浮式结构型式的需要，发展为小水线面半潜箱型、筒形桁架组合型、单船体型浮式结构及复合型浮式结构。

（3）模块化的结构。由于VLFS的巨大，注定它是一个模块化的结构。

（4）设计寿命长。与一般的海洋工程结构物不同，VLFS要求的寿命特别长，一般要在百年以上。

(5) 军民融合。在南海、东海等领海经济专属区水域建立合适的军事基地,以期对某地区的政治、军事格局产生战略性的影响。

4) 海工作业及支持船

海洋工程辅助船舶是为海洋油气开发提供配套服务的工程船舶的总称,其科技发展趋势如下:

(1) 大型化。主机功率向大型化发展,推进功率达 2 206 kW 级以上。

(2) 深水化。向 3 000 m 水深,及 3 800 m 超深水方向发展,能够服务于第七代超深水半潜式钻井平台和超深水钻井船。

(3) 多功能化。集深海抛锚、拖曳、定位及平台供应功能于一体的最高端船舶,具有对外进行消防、浮油回收功能等。

(4) 高舒适性。半潜式居住平台、自升式居住平台,其人员居住环境要求将得到较大的提高,特别是在噪声和居住面积方面。

(5) 环保性。对环境保护的要求将持续提高。

5) 水下生产系统

水下生产系统包括水下井口及采油树系统、管汇及连接系统、水下控制及脐带缆系统以及水下增压设备、水下分离设备、水下电力设备等水下生产工艺设备,这些核心装备的科技发展趋势如下:

(1) 水下长距离流动保障技术。通过水下增压、分离可以将流体进行长距离输送。新型"冷流"或"水合流"流动保障技术允许水合物部分生成,将生成的水合物作为固体进行输送。

(2) 水下电力输送和全电控制技术。边际油气田的水下电力必须要通过高压输送实现,水下电力输送包括水下变电站和水下直流输送。水下全电控制技术能够提高整个水下系统的可靠性,同时在开发成本和运行成本方面也具有一定的优势。

(3) 水下安装技术。当水深达 2 000~3 500 m 范围时,采取轻质的纤维绳吊装将成为深水水下安装的一种最佳解决方案,而与纤维绳配套的安装船舶、下放和回收系统、运动补偿系统、浮力块、连接和配重、定位和通信等相关技术需进行研究。

(4) 水下生产系统可靠性及完整性管理技术。对水下生产系统进行全生命周期的完整性管理已成为海洋工程行业的共识。水下生产系统的完整性管理包括风险评定、检测及监控策略、周期性审核等。

(5) 极地水下生产技术。极地水下生产技术需要开发满足寒冷气候的材料,同时可以通过挖沟和监控等措施避免冰山的影响。

6) 潜水器

随着新技术以及新材料的不断涌现,极大地促进了深潜器技术的发展。其科技发展趋势如下:

(1) 耐压材料新型化。陶瓷作为一种应用于水下耐压罐的新型耐压材料,其较高的强度与重量比,适合极限深度的特点。

(2) 浮力材料轻便化。陶瓷球浮力材料的比重更轻,全海深的密度只有 340 kg/m^3。

(3) 观察设备高清化。三维水下高清摄像机,不仅图像质量清晰,且其传输采用平行线传输方式,具有非常高的抗干扰能力,避免了定制昂贵的同轴电缆式的水密电缆,将是应用于水下观察系统的首选。

(4) 作业工具模块化。根据潜次(每一次下潜任务简称一个潜次)任务的不同,搭载不同的作业模块,即可精简搭载空间及接口。

(5) 水声通信可靠化。水声通信的可靠性及准确性对于深潜器安全航行与作业将起到至关重要的作用。

(6) 能源供给经济化。深潜器自带能源(一般为蓄电池),不从水面获得能源,因此蓄电池容量、放电能力等将成为制约深潜器航行作业时间的瓶颈。燃料电池以其比能量较高,操作简单,价格适中等一系列优点越来越受到人们重视。

7) 深海空间站工程

深海空间站及其操控的潜器,将为海底科学实验提供很大的便利。部分技术难度甚至大于太空站,其科技发展趋势包括:大潜深潜器结构设计技术,特种材料及建造工艺技术,水下设施承压密封技术,水下设施连接和监控技术,海底能源站技术,水下生命维持与综合保障技术,以及水面支持系统和对接技术。

8) 海洋可再生能源装置

我国海洋能资源丰富,具有很好的开发利用前景。重点开展发电装置产品化设计及制造,海洋可再生能源科技发展趋势如下:

(1) 波浪集聚与相位控制技术。以"陆侧"电力输入和输出控制系统与相关装备研发为重点,实现海洋能发电系统的低成本建造与长期可靠运行,着力攻克海洋能独立供电与并网连接关键技术,逐步推进其规模化、商业化及产业化运行。

(2) 海洋能发电测试场技术。海洋能发电测试场涵盖了海洋水文气象观测系统、测试数据监控系统、测试基础工程建设以及数据处理控制系统等,可完成工程样机一次性的实验-检测-认证过程。

(3) 离岸边远波浪能发电装置技术。波浪能发电技术的发展趋向于边远沿海和海岛独立供电,尤其是离岸模块化的、在大范围海域能够实现快速安装和有效利用的波浪能发电装置将成为主体。

(4) 潮流能高效率潮流叶轮及叶片技术。在发展各种类型潮流能转换装置的过程中,以水平轴和垂直轴水轮机技术为代表,各类翼型叶片的出现已成为不予公开的前沿核心技术。

(5) 潮流能(多机组)发电场建造技术。围绕着提高潮流能发电装置的效率和可靠性,降低造价及其对环境的影响开展研究。

(6) 水库式潮汐能发电技术。利用海湾或海潮河口建筑堤坝、闸门和厂房,将海湾或河口与外海隔开围成水库,并安装机组进行发电。

(7) 无水库式新型潮汐能发电技术。借鉴风能发电原理,同时考虑海流和风的密度等条件的不同进行设计开发。

9) 港口机械

从集装箱装卸机械、散货装卸机械、自动化集装箱码头三方面探讨未来港口机械技术的发展趋势:

(1) 采用新的集装箱装卸工艺,如双小车岸边集装箱起重机,两台起重小车接力式进行集装箱的装卸作业,使装卸效率提高约20%。

(2) 双起升岸桥，吊具可以同时起吊 2 个 40 ft 和 4 个 20 ft 集装箱，此种起重作业模式取得了很好的效果，提升效率达 60%以上。

(3) 提高小车的起升及运行速度，随着岸桥的大型化，其外伸距加大。提升空载时的起升速度具有重要的经济意义。

(4) 采用集装箱卡车定位系统或跨运车定位系统，使司机或跨运车司机能很快的对位集装箱进行装卸。

(5) 增加集装箱岸桥的作业台数，缩短船舶停留港口时间。

(6) 使用跨运车取代集卡进行水平运输，缩短后场疏通能力。

(7) 装卸机械自动化、系统化。

(8) 自动化无人控制，通过计算机自动控制集装箱装卸机械的无人自动作业，实现无人船及无人码头全方位控制模式。

7.3 海洋工程装备科技体系

7.3.1 海洋工程装备科技体系构建

国内造船界从 2000 年开始，针对船舶工业科技体系开展了相关研究工作。2001 年完成的“船舶制造技术创新”研究报告中，提出的船舶科学技术体系结构分为：原理性研究、设计技术、制造技术、管理技术等四大类技术；2003 年完成的“船舶工业科学技术体系”研究报告中，提出的船舶科学技术体系，按照船舶设计、船舶制造和船舶力学等三大类进行划分，如图 7－7 所示。其中，以 2003 年完成的“船舶工业科学技术体系”最具代表性，该体系由上海船舶工艺研究所牵头，联合国内八家厂所院校近百位专家研究和编撰，在 2013 年出版的《船舶工艺技术》一书予以直接引用，并得到肯定和积极评价。

借鉴船舶工业科技体系的构建方法，结合海洋工程装备产业特点(产品种类多、型式差异大、配套比例高、管理难度大等)以及我国现状，研究提出的海洋工程装备科技体系，如图 7－8 所示。体系结构分为研发设计技术、建造技术、项目管理技术和配套设备技术四大类。其中：

1) 研发设计技术

按照基础和共性技术、通用设计技术以及各海工领域产品的专用设计技术来划分。

2) 建造技术

按照建造模式、生产设计、焊接、精度控制、舾装、涂装、信息集成以及各类海工装备产品专有建造技术进行划分。

3) 项目管理技术

按照海工装备产业特有的项目管理体制进行划分，包括设计管理、计划管理、质量管理、HSE 管理等。

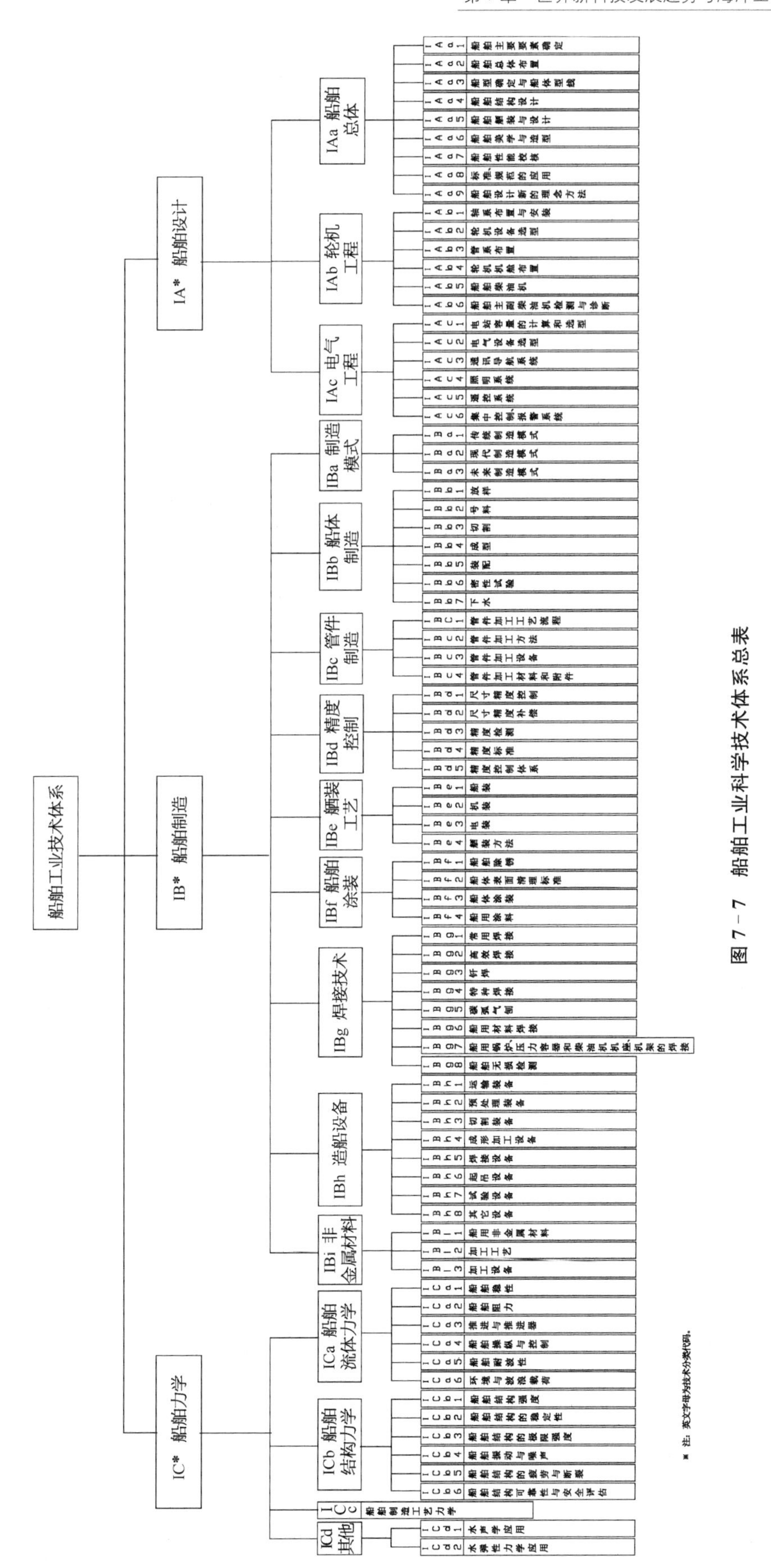

* 注：英文字母为技术分类代码。

图 7－7　船舶工业科学技术体系总表

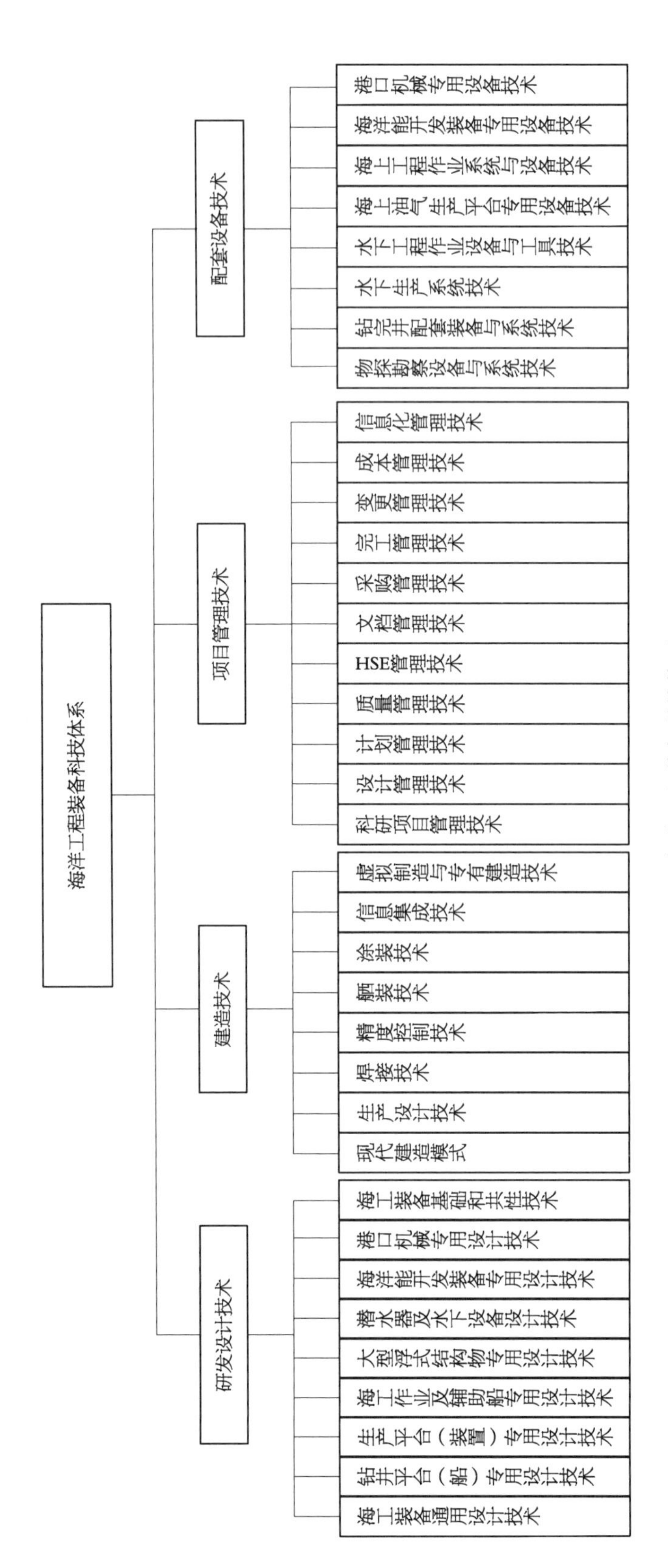

图7－8 海洋工程装备科技体系

4）配套设备技术

按照海洋工程开发阶段划分配套设备领域，包括物探勘察设备与系统技术、钻完井配套设备与系统技术、水下生产系统技术、水下工程作业设备与工具技术、海上油气生产平台专用设备技术等。

7.3.2　海洋工程装备科技体系特征

1）科学性

海洋工程装备科技体系及其构建应具有科学性，即应具有自然科学工程学科的科学属性。海洋工程装备科技体系是我国海工装备领域先进科学技术的集群，通过海洋工程装备科技体系的建立，将使全行业对海工装备科学技术的特点、结构、现状以及发展方向有一个全面的了解。此外，体系突出了我国海工装备产业船体建造为主，研发设计、配套设备两头在外的整体现状，具有较强的针对性和实用性。

2）系统性

海洋工程装备科技体系涵盖了海工装备制造业整个产业链条的研发设计、建造、管理与配套等技术领域。各类技术间都具有相互作用和相互依赖的关系，即所谓的“内在联系”，完整性、系统性强。

海洋工程装备科技体系在结构上是由若干个层级或分支体系或由多个技术集合而成。可以分解成若干个次级技术领域、次次级体系专业技术及其组成元素的专项工艺技术。海洋工程装备科技体系通常采用美国造船成组技术中的工作任务分解结构（PWBS）原理进行分解和构建，即将海洋工程装备科学技术这个大系统自顶向下，从顶层开始层层分解及至具体的单项技术，由此保证了海洋工程装备科技体系的系统性。

3）开放性

海洋工程装备制造业是全球产业，其产业和科技体系均具开放性。海洋工程装备科技体系的建立一方面要考虑到科学性、系统性，另一方面也要考虑到新技术对现有技术领域（次级）、专业技术（次次级）及其组成元素的单项工艺（专项技术）体系结构的影响。因此海洋工程装备科技体系应具有开放性、可接纳性和可融合性，力求使整个技术体系切合实际，与时俱进。同时，对于关键技术和前沿技术的提炼也应立足现在，放眼未来，并使其成为工艺规划编制和实施的重要依据和支撑。

4）时效性

海洋工程装备科技体系不同于用于某一产品的技术组合，它是由传统的、现行的、最新的以至前瞻性的技术集合起来形成的，并处于不断变化之中。

当代科技发展日新月异，技术升级换代的速度、频率越来越快。海工行业为了应对日益激烈的竞争，对研发设计、制造工艺和装备、配套设备等的更新速度也在不断加快，因而海洋工程装备科技体系的组成也在不断地更新和调整。

第 8 章

海洋工程装备重点领域与关键技术

8.1 海洋工程装备重点领域

航空、卫星应用、轨道交通、海洋工程和智能制造业等五个方面的装备已被国家列为战略性新兴产业里的高端装备制造将予以重点突破。其中，海洋工程装备规划已由中海油等组织专家联合编制，将重点面向国内外海洋资源开发，以海洋油气开发为主要突破口，大力发展用于海洋矿产资源开发的装备制造业，并重点围绕勘探、生产、加工、储运及服务等环节，发展大型的海洋服务和水下系统、作业装备等。对于整个产业链上所有涉及的装备，要掌握核心关键技术，包括设计、建造技术。此外，还要提高总承包能力。

据此，将按照“市场为牵引，创新为驱动、总装为龙头、配套为骨干”的发展思路，面向国内国外两个市场，充分发挥企业市场主体作用和政府引导作用，重点突破深远海油气勘探装备、钻井装备、生产装备、海洋工程船舶、其他辅助装备以及相关配套设备和系统的设计制造技术，加强创新能力建设和工程示范应用，促进第三方中介服务机构发展，全面提升我国海洋工程装备自主研发设计、专业化制造及系统配套能力，实现海洋工程装备产业链协同发展。

到 2020 年，全面掌握主力海洋工程装备的研发设计和制造技术，具备新型海洋工程装备的设计与建造能力，形成较为完整的科研开发、总装建造、设备供应和技术服务的产业体系，海洋工程装备产业的国际竞争能力明显提升。

根据规划，本章将继续介绍以下海洋工程装备重点领域：

8.1.1 海洋资源调查装备领域

海洋调查装备是专门用来在海上从事海洋调查研究的工具，涉及海洋气象学、水声学、海洋物理学、海洋化学、海洋生物学、海洋地质学、水文测量学等诸多学科。海洋调查船与海军作战活动和海军武器装备发展密切相关，可为反潜战、登陆战、水雷战、水面作战提供环境预报。为潜艇、水面舰艇的安全航行和两栖登陆作战提供各种海图资料，为海军武器装备的研制提供各种海洋环境参数等。

近年来，随着海洋科学和海洋战略的重要性日益凸显，各国将海洋调查船的建设视为海洋战略与科学发展的重要举措。我国对高性能海洋调查船的需求也持续增长。提高我国海洋调查船整体研发和装备配套实力，对合理利用海洋资源、维护海上安全、建设海洋强国有着重要的意义。

1）国外海洋调查船发展现状

海洋调查船发展至今已有 140 年历史。目前全球共有 40 多个国家拥有近千艘海洋调查船，其中美国最多，其次为日本、俄罗斯，其他拥有海洋调查船的主要国家还包括德国、英国、法国、挪威、西班牙和荷兰等欧洲国家。

（1）国外典型海洋调查船简介

① 英国科考船 RRS Jems cook 如图 8－1 所示。船名：RRS Jems cook；船厂：挪威

Flekkefjord Slipp&Maskinfabikk AS；总长：89.5 m；型宽：18.6 m；吃水：5.5～5.7 m；总排水量：5 800 t；巡航速度：12 节；自持力：50 天；定员：54 人。

图 8-1　英国科考船 RRS Jems cook 号

② 英国科考船 RRS Discovery 如图 8-2 所示。船名：RRS Discovery；船厂：西班牙 C. N. P. Freire Vigo shipyard；总长：99.7 m；型宽：18.0 m；吃水：6.5 m；总排水量：6 075 t；巡航速度：12 节；自持力：50 天；定员：52 人。

图 8-2　英国科考船 RRS Discovery 号

③ 日本极地海洋调查船"白濑(SHIRASE)"号如图 8-3 所示。船名：Shirase Glacier；船厂：日本 Hitachi Zosen Maizuru Works；总长：138 m；型宽：28 m；吃水：9.2 m；总排水量：20 000 t；巡航速度：19.5 节；破冰速度：3 节(1.5 m 破冰厚度)；自持力：175 天；定员：80 人。

图 8-3　“白濑(SHIRASE)”号

④ 日本海洋调查船“地球(CHIKYU)”号如图 8-4 所示。船名：CHIKYU；船厂：日本 Mitsui Engineering & Ship-building and Mitsubishi Heavy Industries；总长：210 m；型宽：38 m；吃水：9.2 m；总排水量：57 087 t；巡航速度：12 节；自持力：200 天；定员：100 人。

图 8-4　“地球(CHIKYU)”号

⑤ 美国海洋调查船 Sikuliaq 如图 8-5 所示。船名：Sikuliaq；船厂：美国 Marinette Marine Corporation，Wisconsin；总长：80 m；型宽：15.8 m；吃水：5.8 m；总排水量：4 065 t；巡航速度：11 节；自持力：45 天；定员：46 人。

⑥ 澳大利亚海洋调查船 Investigator 如图 8-6 所示。船名：Investigator；船厂：Teekey Shipping Australia&Sembawang Shipyard of Singapore；总长：93.9 m；型宽：18.5 m；吃水：5.7 m；总排水量：4 575 t；巡航速度：11 节；自持力：60 天；定员：60 人。

图 8-5 美国海洋调查船 Sikuliaq 号

图 8-6 澳大利亚海洋调查船 Investigator 号

⑦ 德国海洋调查船 Maria S. Merian 如图 8-7 所示。船名：Maria S. Merian；船厂：德国 Krger-Werft，Schacht-Audorf；总长：94.76 m；型宽：19.2 m；吃水：6.5 m；总排水量：5 573 t；巡航速度：15 节；自持力：60 天；定员：45 人。

(2) 国外海洋调查船发展思路

① 美国推行全球海洋发展战略，以控制全球海洋为目标，全面实施"海洋安全战略"和"海洋科技战略"。突出特点包括：一是实施全球海洋控制，强化海上霸权地位；二是争夺海上战略物资，重视海洋油气开发；三是加强海洋环境保护。实施这些目标需要有丰富准确的海洋数据作为支撑。为此，美国特别重视海洋调查船的发展，以掌握各大洋的气象、水文等情况，为海上军事和经济活动提供基础数据。

在全球各种调查船中，只有美国发展成系列的海洋调查船。美国海洋调查船分为"全球级"、"大洋级"、"区域级"和"近岸"级。只有发展这种成系列的船只，才能满足美国在全球范围活动的需要。其中"区域级"和"近岸级"主要用于近海区域的海底地形、资源等方面的探

图 8－7　德国海洋调查船 Maria S. Merian 号

测；“大洋级”主要用于美国本土毗邻的两个大洋，即大西洋和太平洋；“全球级”主要用于印度洋等跨洋区域。

在全球各国中，美国海洋调查船性能最强。美国海洋调查船配备了多种先进的海洋环境观测、海洋目标探测设备，另外美国的海洋调查船，还率先配备了无人潜航器。这是由于美国海洋调查船需要勘探的区域有相当大一部分属于别国的领海区域或争议海区，需要配备探测范围更远和精度高的系统设备。

② 日本推行“海洋立国”战略，注重发展中远海海洋调查船。向海洋要资源、要空间是日本发展的一贯主张。为此，日本重视发展海洋调查船，更主要的原因是为了更好地勘探海洋资源，目前现役 38 艘。由于中远海和极地蕴藏的资源更为丰富，近年来日本重点发展能在两个区域作业的海洋调查船，比如 2007 年，总吨位高达 57 087 t 的大型大洋钻探船 Chikyu 号服役，以及研制了新 Shirase 号南极科考船。

③ 苏联冷战时期实行与美国争霸的海上战略，发展远海型的海洋调查船。目前俄罗斯所拥有的海洋调查船绝大多数是苏联时期建造的，其中 20 世纪 60 年代服役的占 6.1%，70 年代服役的占 18.2%，80 年代服役的占 72.7%，90 年代服役的仅有 1 艘，只占 3%。

④ 欧洲海洋战略局限于某个区域，以发展近岸作业的小型调查船为主。欧洲主要国家，比如英国、法国、德国等，采取区域性的海洋战略，以发展近岸作业的小型调查船为主。欧洲 27 个国家拥有调查船 238 艘，船长小于 55 m 的近岸调查船 164 艘，近 70%。此外，这些海洋调查船主要集中在英、法、德、意、挪威、西班牙、荷兰等 7 个国家，共拥有调查船 152 艘，占到总数的近 64%。

2）我国海洋调查船发展现状

海洋调查船的整体水平直接体现了一个国家海上综合调查能力。目前，我国用于深海大洋科考的船只加起来不足 10 艘，且多数还是上了年纪的老船。“蛟龙”号母船“向阳红 09”船，就是一条船龄达 36 年的老船，现今已是超期服役，这一现状亟待改变。

结合我国东海、南海，以及极地等海洋环境条件，重点开展海洋地球物理调查船、海洋科学考察船、极地科学考察船、海底资源（可燃冰、页岩气、海底矿物等）调查船等领域的勘探和采样分析、操纵与慢速推进、防电磁波干扰等系统及关键设备设计、制造、测试与安装技术研究。如图 8－8 所示为我国典型的海洋资源调查船。

图 8-8 “大洋一号”和“雪龙”号科考船

8.1.2 海洋资源勘探装备领域

海洋资源包括海水、海洋生物、海洋能源、海底矿物资源，特别是海底油气资源的开发利用，潜力将是非常巨大的。

1) 世界海洋油气资源勘探开发现状

世界海洋油气资源勘探开发的历程比较曲折，主要经历了从浅水到深海，从简单到复杂的历程。全球海洋油气资源有将近三分之一蕴藏在海洋深处，目前世界海洋油气资源勘探最典型的特征是不均匀性。主要表现在以下几个方面：

(1) 大油气田分布不均匀。当前海洋油气勘探效益较好的地区主要位于大西洋两侧系列盆地群，如墨西哥湾北部、巴西东南部和西非三大深水区的金三角地区近 10 个盆地中，80%以上都分布在美国、巴西、尼日利亚、安哥拉、澳大利亚及挪威等六个国家，而其他国家则分布较少。

(2) 油和气分布不均匀。石油储量主要分布在墨西哥湾、巴西和西非深水海域，天然气则集中分布在东南亚、地中海、挪威海以及澳大利亚西北部等地区。

从勘探历史来说，从 1987 年美国打出第一口海上油井开始，海上油气资源的勘探得到了蓬勃发展，到 1936 年美国在墨西哥湾建成世界上最早的海洋油田，到 1950 年出现了移动海洋钻井装置，这大大提高了油气钻采的效率，20 世纪 60 年代以后，海洋油气勘探进入了快速发展阶段，到 20 世纪 80—90 年代，海洋油气资源的开发利用得到进一步的发展。

2) 我国海洋油气资源勘探发展现状

我国近海油气资源勘探始于 20 世纪 50 年代。从 50 年代开始，我国就组织人员对濒海海域进行过综合地质地球物理普查。1960 年 4 月，广东省石油局在一条租来的方驳船上架起一个 30 m 高的三条腿铁架，用冲击钻在莺歌海开钻了中国海上第一井：水深 15 m、井深 26 m 的“英冲一井”。1960 年 7 月，从该井中采出了 150 kg 低硫、低蜡的原油，这是中国人第一次在海上采出了原油。“英冲一井”成为我国海上油气的第一口发现井。

1966 年 12 月 15 日，我国自制的第一座桩基式钻井平台在渤海海 1 井开钻，井深 2 441 m。1967 年 6 月 14 日试油，日产原油 35.2 t，天然气 1 941 m^3。这是我国海上第一口油气探井。

20 世纪 70 年代，由原石油工业部和地质部系统在渤海、黄海、东海、南海北部等海域展开了油气勘探，基本完成了中国近海各海域的区域地质概查。这期间的油气勘探活动基本在浅水区域进行勘探，采用简易平台采油，初创了中国海洋石油工业，为下一阶段的发展奠定了基础。

20 世纪 70 年代末，海洋油气率先实行对外开放，开始引进外资和勘探技术，加快了海上石油勘探和开发进度。1982 年初，国务院颁布《中华人民共和国对外合作开采海洋石油资源条例》，我国海洋油气工业进入一个较快的发展时期。20 世纪 80 年代以来，中国海洋油气企业经历了从最初依赖于对外合作、逐渐过渡到自营与合作相结合、再到自营引领合作开发的发展阶段。

经过近 30 年的发展，我国已经建立起了完整的海洋石油工业体系，其技术水平、装备水平、作业能力和管理能力均处于亚洲前列。目前，中国海洋油气企业已经具备了走出国门、参与国际竞争的能力。就勘探、开采技术而言，我国在 500 m 以内浅海油气开发技术方面已经处于国际先进水平，进军深水将成为中国海洋石油的下一个战略目标。

1985 年我国海洋石油产量仅为 8.5 万 t，1997 年已达 1 629 万 t。2009 年，海洋原油产量已达到 3 908 万 t，海洋天然气产量达到 74.9 亿 m^3。2010 年，油气年产量首次突破具有标杆意义的 5 000 万 t 油当量，达到 5 180 万 t，等于为国家建成了一个“海上大庆油田”。而 2010 年我国的原油总产量为 2.03 亿 t，即当年海洋原油产量占全国原油总产量比重约为 25%。近 10 年来，我国新增石油产量的 53%来自海洋，2010 年更是达到 85%，海上油气的勘探和开发已经成为近年来我国原油产量增长的主要因素。

根据 2008 年第三次全国石油资源评价结果，我国海洋石油资源量为 246 亿 t，占全国石油资源总量的 23%；海洋天然气资源量为 16 万亿 m^3，占全国总量的 30%。我国海洋油气整体处于勘探的早中期阶段，资源基础雄厚，产业潜力较大，是未来我国能源产业发展的战略重点。从探明地质储量的分布来看，我国呈现“北油、南气、中贫乏”的局面。渤海海洋原油探明地质储量占全海域的比重接近 70%；南海海洋天然气探明地质储量占全海域的比重超过 60%；目前，东海和黄海海洋油、气所占比重都较小。

尽管目前中国是世界上第四大石油产出国，但同时也是世界上第二大石油消费国和第二大石油进口国。2011 年，中国原油消费量为 4.49 亿 t，而原油进口量为 2.54 亿 t，对外依存度达到了 56.5%。中国能源保障压力在今后一段时间内将会很大，加大海洋油气资源开发的力度将是保障中国能源安全的一个重要出路。

3) 勘探方法

海洋地球物理勘探主要使用重力、磁力、地震和热流测量 4 种方法。电法和放射性测量在海洋地区现仍处于理论探讨和方法试验阶段，没有投入实际应用。

(1) 海洋重力测量：将重力仪安放在船上(动态)或经过密封后放置于海底(静态)进行观测，以确定海底地壳各种岩层质量分布的不均匀性。由于海底存在着具有不同密度的地层分界面，这种界面的起伏都会导致海面重力的变化。通过对各种重力异常的解释，其中包括对某些重力异常的分析与延拓，可以取得地球形状、地壳结构以及沉积岩层中某些界面的资料，进而解决大地构造、区域地质方面的任务，为寻找有用矿产提供依据。

(2) 海洋磁力测量：利用拖曳于工作船后的质子旋进式磁力仪或磁力梯度仪，对海洋地区的地磁场强度作数据采集，进行海洋磁力观测。将观测值减去正常磁场值并作地磁日变校正后，即得磁异常。对磁异常的分析，有助于阐明区域地质特征，如断裂带的展布、火山岩体的位置等。详细磁力调查的结果，可用于海底地质填图和寻找铁磁性矿物。世界各大洋地区内的磁异常，都呈条带状分布于大洋中脊的两侧，这种条带状磁异常被看成是大洋地壳具有的特征，由此可以研究大洋盆地的形成和演化历史。

(3) 海底热流测量：利用海底不同深度上沉积物的温度差，测量海底的地温梯度值，并测量沉积物的热传导率，可以求得海底的地热流值。热流量的数值变化及其分布特征，直接反映出地球内部的热状态，为认识区域构造及其形成机制提供依据。地热流资料对于研究石油成熟度具有重要意义，直接关系到盆地含油气的评价。

(4) 海洋地震测量：根据震源产生的形式分为天然地震和人工地震两大类。

海洋地区的天然地震测量，是通过布设在岛屿上或海底的地震台站，观测天然地震所产生的体波、面波和微震，来研究海洋底部的构造活动、地壳厚度和低速层的展布等。

海洋地区的人工地震测量，是利用炸药或非炸药震源激发地震波，观测在不同波阻抗界面上反射，或在不同速度界面上折射的地震波。折射波法主要用来研究地壳深部界面和上地幔的结构，也称为深地震测深。它要求有强大的低频震源(例如使用大炸药量爆炸或使用大容积的空气枪激发)，在运动中依次产生地震波，而在相当的距离之外观测地壳深部界面上的折射波和广角反射波(动爆炸点法)。至于浅层折射，除利用声呐浮标获取沉积层中速度资料之外，现已很少使用。反射波法在近海油气勘探中获得广泛的应用。

现代海洋地震勘探广泛采用组合空气枪作震源，用等浮组合电缆装置在水下接收地震波，通过数字地震仪将地震波记录于磁带上。这样不仅能够在观测船行进中实现快速和高效率的共深点反射的连续观测，而且能够使用电子计算机充分利用所获取的地震信息，精确地查明沉积岩不同层位的形状、构造及其岩性，以阐明沉积盆地及其中的局部构造和沉积环境，甚至给出烃类显示，为直接寻找油气提供依据。而根据反射地震波传播方案，采用高频频段观测的回声测深仪、地层剖面仪和侧扫声呐等，则是现代调查海底地形、地貌、浅层沉积物结构及其工程地质性质的重要手段。

4) 海洋勘探定位

海洋地球物理测量都必须有船只和导航定位的保证。海洋物探船的发展趋向是专业化和综合化，尽可能在一次航行中同时作多种地球物理观测。任何海洋地球物理资料都必须有精确的位置数据。测量的比例尺愈大，测网或采样间距相应愈密，对导航定位的要求也相应愈高。目前在近岸海域内多使用无线电定位系统：工作船接收陆地岸台发射的定位信号，用圆法或双曲线法确定船位。在任何海域内，都可普遍使用卫星定位系统，即通过卫星接收机记录导航卫星经过工作船上空所发射的信号来确定船位，在两个卫星定位点之间，依靠多普勒声呐测定航行中船只对海底的速度变化，由陀螺罗经测定船只的航向，以及岸边无线电定位台站发射的定位信号，来内插船位数据。这些工作都是用电子计算机控制和运算的。

5) 海洋资源勘探装备

我国南海深水区域地质特征复杂，给海洋油气和矿产资源的勘探提出了巨大的挑战，同时也为海洋地质调查船、海洋地质取芯船、地球物理勘探船、海洋地震作业船等带来了发展机遇和空间，重点应开展取芯、物探等系统及关键设备设计、制造、测试与安装技术研究。典型的海洋资源勘探船如图 8 - 9 所示。

图 8-9　“海洋石油 720”和“海洋石油 708”勘探船

8.1.3　海洋油气钻探采油平台领域

经过海洋地质调查、地球物理勘查后，选择油气集聚最有利的钻孔位置，用钻探技术钻穿油气层，以达到检验物探资料、了解井下油气地质勘查资料，求算油气储量，提供开发远景情况为目的的钻探工程，简称油气钻探。油气钻探与地质岩心钻探的原理基本相同。只是油气井比较深(一般 1 000～8 000 m)，口径大(一般开孔 915 mm)，终孔 216 mm，采用大型钻机，一般根据岩屑记录地层、取芯比较少。海上采油平台又称“生产平台”，是指从事海上油、气等生产性开采、处理、储藏、监控、测量等的平台。有的是单个平台，具有多种功能；也有由若干不同用途的平台连以引桥组成平台群，成为海上集合式石油生产基地。可分为固定式和浮动式两大类。

1) 钻探工艺

油气井的钻探工艺主要包括：

(1) 钻进。破岩成屑，由钻井液携至地面。

(2) 取岩芯。仅在油气层位及换层部位，为了解含油气情况及岩石物理性质与化学成分，要取少量岩芯。在钻探过程中，要观察、研究岩屑与岩芯，做出钻井的地质剖面图，称录井。

(3) 测井。用电、声、放射性探测等手段，识别岩性与油气水层。

(4) 注水泥固井。下入一层或多层套管，在管外与井壁之间灌注水泥，使其固结，以强化井筒的承压能力，并为在套管顶部装防喷器、控制井喷、进行压井等作业创造条件。

(5) 中测。钻遇油气层时，立即用钻杆测试器在油气层未遭到污染、损害之前，测出油气的原始生产能力及地层参数。如在完钻后测试，还可根据生产能力的大小，决定是否下入油层套管。

(6) 射孔完井。下入油层的生产套管用射孔弹射穿，然后下入油管、装地面采油树，代替清水诱喷。

(7) 试井与生产，也叫完井测试。自下而上分层测试其地层压力、地层温度、不同回压下的油气产量。计算油气的最大产量，确定安全可采产量。为了计算储量及相互对比，还要取油气流体样品在常温常压或高温高压下进行实验分析。试井作业完了，即可投产。

2）钻探装备

在海洋勘查和开发油气，是海洋地质勘查工作的发展。它需要用大型钻探船或平台装载钻探设备在滨海或近海进行钻探。钻探船有单体、双体之分(适应水深为 30～200 m)。平台有坐底式(适应水深小于 30 m)及插桩式(适应水深约 90 m)固定式平台，以及半潜式浮动平台(适应水深大于 200 m)，可根据实际需要选用。固定平台航行到位并抛锚固定后，其钻探工艺与陆地钻探基本相同。但钻探船与半潜式平台，因允许在水深 5%的范围内随风浪漂移颠簸，随潮汐上下起伏，所以通常采用伸缩钻杆或大钩补偿器以补偿钻柱的升沉(因长钻杆柱的柔性较好，故不必补偿其摇摆)，用伸缩隔水管和挠性接头以补偿隔水管的升沉与摇摆。但仍须根据船位仪的显示，调节锚链的松紧，以校正船位。

以一艘大型半潜式平台钻一口油气探井为例，具体工艺为：

(1) 用岸上电台无线电系统或卫星定位系统，精确测定井位及锚位，并抛下指示锚标。抛锚就位，调准船位。

(2) 用钻杆送井口盘至海底，作为海底井口。

(3) 用导向臂沿导向绳下入钻头开始钻进，钻至下导管深度。

(4) 用钻杆将导向架及导管一同下入。导管入井，导向架坐于井口盘上。注水泥固井后;取出送入的工具。

(5) 下入钻头，钻至表层套管的深度后，将井内海水换为泥浆以保护井壁。

(6) 下入套管、坐于导管头上注入水泥固井，使水泥返至海底井口。

(7) 下入连接器防喷器组及隔水管系统等全套水下器具。至此，便可与陆地一样正常钻探和完井。

3）石油开采技术测井/钻井/采油/集输

测井工程是指在井筒中应用地球物理方法，把钻过的岩层和油气藏中的原始状况和发生变化的信息，特别是油、气、水在油藏中分布情况及其变化的信息，通过电缆传到地面，据以综合判断，确定应采取的技术措施。

钻井工程在油气田开发中，有着十分重要的地位，在建设一个油气田中，钻井工程往往要占总投资的 50%以上。一个油气田的开发，往往要打几百口甚至几千口或更多的井。对用于开采、观察和控制等不同目的的井(如生产井、注入井、观察井以及专为检查水洗油效果的检查井等)有不同的技术要求。应保证钻出的井对油气层的污染最少，固井质量高，能经受开采几十年中的各种井下作业的影响。改进钻井技术和管理，提高钻井速度，是降低钻井成本的关键。

采油工程是把油、气在油井中从井底举升到井口的整个过程的工艺技术。油气的上升可以依靠地层的能量自喷，也可以依靠抽油泵、气举等人工增补能量举出。各种有效的修井措施，能排除油井经常出现的结蜡、出水、出砂等故障，保证油井正常生产。水力压裂或酸化等增产措施，能提高因油层渗透率太低，或因钻井技术措施不当污染、损害油气层而降低产能。对注入井来说，则是提高注入能力。

油气集输工程是指在油田上建设完整的油气收集、分离、处理、计量和储存、输送的工艺系统。使井中采出的油、气、水等混合流体，在矿场进行分离和初步处理，获得尽可能多的油、气产品。水可回注或加以利用，以防止污染环境。减少无效损耗。

海上油气开发与陆地上的没有很大的不同，只是建造采油平台的工程耗资要大得多，因而对油气田范围的评价工作要更加慎重。要进行风险分析,准确选定平台位置和建设规模。避免由于对地下油藏认识不清或推断错误,造成损失。20世纪60年代开始,前瞻中国油田服务行业发展前景与投资战略规划海上石油开发有了极大的发展。海上油田的采油量已达到世界总采油量的20%左右。形成了整套的海上开采和集输的专用设备和技术。

当今世界上还有不少地区尚未勘探或充分勘探,深部地层及海洋深水部分的油气勘探刚刚开始不久,还会发现更多的油气藏,已开发的油气藏中应用提高石油采收率技术可以开采出的原油数量也是相当大的;这些都预示着油、气开采的科学技术将会有更大的发展。

4) 海洋油气开采(生产)平台

石油是深埋在地下的流体矿物。最初人们把自然界产生的油状液体矿物称石油,把可燃气体称天然气,把固态可燃油质矿物称沥青。随着对这些矿物研究的深入,认识到它们在组成上均属烃类化合物,在成因上互有联系,因此把它们统称为石油。1983年9月第11次世界石油大会提出,石油是包括自然界中存在的气态、液态和固态烃类化合物以及少量杂质组成的复杂混合物,所以石油开采也包括了天然气开采。

油气集聚和驱动方式油气在地壳中生成后,呈分散状态存在于生油气层中,经过运移进入储集层,在具有良好保存条件的地质圈闭内集聚,形成油气藏。在一个地质构造内可以有若干个油气藏,组合成油气田。

储层是指贮存油气并能允许油气流在其中通过的有储集空间的岩层。储层中的空间,有岩石碎屑间的孔隙,岩石裂缝中的裂隙,溶蚀作用形成的洞隙。孔隙一般与沉积作用有关,裂隙多半与构造形变有关,洞隙往往与古岩溶有关。空隙的大小、分布和连通情况,影响油气的流动,决定着油气开采的特征。

油气驱动方式在开采石油的过程中,油气从储层流入井底,又从井底上升到井口的驱动方式。主要包括:

(1) 水驱油藏,周围水体有地表水流补给而形成的静水压头。

(2) 弹性水驱,周围封闭性水体和储层岩石的弹性膨胀作用。

(3) 溶解气驱,压力降低使溶解在油中的气体逸出时所起的膨胀作用。

(4) 气顶驱,存在气顶时,气顶气随压力降低而发生的膨胀作用。

(5) 重力驱,重力排油作用。当以上天然能量充足时,油气可以喷出井口;能量不足时,则需采取人工举升措施,把油流驱出地面。

石油开采的特点与一般的固体矿藏相比,有三个显著特点:

(1) 开采的对象在整个开采的过程中不断地流动,油藏情况不断地变化,一切措施必须针对这种情况来进行,因此,油气田开采的整个过程是一个不断了解、不断改进的过程。

(2) 开采者在一般情况下不与矿体直接接触。油气的开采,对油气藏中情况的了解以及对油气藏施加影响采取的各种措施,都要通过专门的测井来进行。

(3) 油气藏的某些特点必须在生产过程中,甚至必须在井数较多后才能认识到,因此,在一段时间内勘探和开采阶段常常互相交织在一起。

要开发好油气藏,必须对它进行全面了解,要钻一定数量的探边井,配合地球物理勘探资料来确定油气藏的各种边界(油水边界、油气边界、分割断层、尖灭线等);要钻一定数量的评价井来了解油气层的性质(一般都要取岩心),包括油气层厚度变化,储层物理性质,油藏流体及其性质,油藏的温度、压力的分布等特点,进行综合研究,以得出对于油气藏的比较全面的认识。在油气藏研究中不能只研究油气藏本身,而要同时研究与之相邻的含水层及两者的连通关系。

在开采过程中还需要通过生产井、注入井和观察井对油气藏进行开采、观察和控制。油、气的流动有三个互相连接的过程:油、气从油层中流入井底;从井底上升到井口;从井口流入集油站,经过分离脱水处理后,流入输油气总站,转输出采油区。

海洋油气主要的钻探装备有固定式钻井平台(F-P)、自升式钻井平台(Jack-UP)、半潜式钻井平台(semi)、钻井船(drillship)、浮式钻井生产储卸装置(FDPSO),典型的钻探装备如图 8-10、图 8-11 所示。要的采油生产平台有导管架、半潜式生产平台(FPS)、张力腿平台(TLP)、柱状式平台(SPAR)、顺应式平台(CPT)等,如图 8-12、图 8-13 所示。深水采矿船等矿产资源开采装备,如图 8-14 所示。

图 8-10 "半潜式钻井"平台和自升式钻井平台

图 8-11 钻井船和浮式钻井生产装置

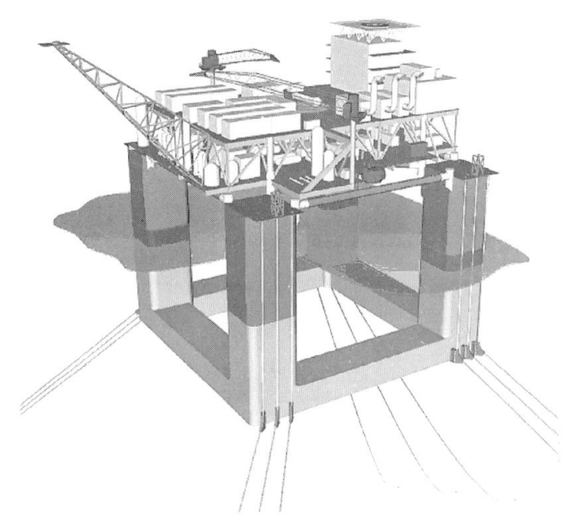

图 8-12　半潜式生产平台和立柱式生产平台

图 8-13　张力腿生产平台和导管架平台

图 8-14　深海采矿船及其采矿装备

8.1.4 海洋油气集输装置领域

把分散的油井所生产的石油、伴生天然气和其他产品收集起来，经过必要的处理、初加工，合格的油和天然气分别外输到炼油厂和天然气用户的工艺全过程称为油气集输。主要包括油气分离、油气计量、原油脱水、天然气净化、原油稳定、轻烃回收等工艺。

在油气集输过程中要进行“三脱”“三回收”：“三脱”是指油气收集和输送过程中的原油脱水、原油脱天然气和天然气脱轻质油；“三回收”是指污水回收、天然气回收和轻质油回收。

1）油气收集

包括集输管网设置、油井产物计量、气液分离、接转增压和油罐烃蒸气回收等，全过程密闭进行。

集输管网系统的布局须根据油田面积和形状，油田地面的地形和地物，油井的产品和产能等条件。一般面积大的油田，可分片建立若干个既独立而又有联系的系统；面积小的油田，建立一个系统。系统内从各油井井口到计量站为出油管线；从若干座计量站到接转站为集油管线。在这两种管线中，油、气、水三相介质在同一管线内混相输送。在接转站，气、液经分离后，油水混合物密闭地泵送到原油脱水站，或集中处理站。脱水原油继续输送到矿场油库或外输站。从接转站经原油脱水站（或集中处理站）到矿场油库（或外输站）的原油输送管线为输油管线。利用接转站上分离缓冲罐的压力，把油田气输送到集中处理站或压气站，经处理后外输。从接转站到集中处理站或压气站的油田气输送管线为集气管线。从抽油井回收的套管气，和从油罐回收的烃蒸气，可纳入集气管线。集气管线要采取防冻措施。

集输管线热力条件的选择根据中国多数油田生产“三高”原油（含蜡量高、凝固点高、黏度高）的具体情况，为使集输过程中油、气、水不凝，做到低黏度，安全输送，从油井井口至计量站或接转站间，一般采用加热集输。主要方法有：井口设置水套加热炉，并在管线上配置加热炉，加热油气；井口和出油管线用蒸汽或热水伴热；从井口掺入热水或热油等。不加热集输是近几年发展起来的一项技术，能获得很好的技术经济效益。除油井产物有足够的温度或含水率，已具备不需加热的有利条件外，还应根据情况，选用以下技术措施：周期性地从井口向出油管线、集油管线投橡胶球或化学剂球清蜡，同时管线须深埋或进行保温；选择一部分含水油井从井口加入化学剂，以便在管线内破乳、减摩阻、降粘；连续地从井口掺入常温水（可含少量化学剂）集输。在接转站以后，一般均须加热输送。

集输管线的路径选择要求：根据井、站位置确定；线路尽可能短而直，设置必要的穿跨越工程；综合考虑沿线地形、地物以及同其他管线的关系；满足工艺需要，并设置相应的清扫管线和处理事故的设施。

集输管线的管径和壁厚，以及保温措施等，要通过水力计算、热力计算和强度计算确定。

2）原油脱水

从井中采出的原油一般都含有水，而原油含水多了会给储运造成浪费，增加设备，多耗能；原油中的水多数含有盐类，加速了设备、容器和管线的腐蚀；在石油炼制过程中，水和原油一起被加热时，水会急速汽化膨胀，压力上升，影响炼厂正常操作和产品质量，甚至会发生爆炸。因此，外输原油前需要进行脱水工序。

3）原油脱气

通过油气分离器和原油稳定装置把原油中的气态轻烃组分脱离出去的工艺过程叫原油

脱气。

合格原油主要标准：国家规定在净化后的原油中含水不能超过0.5%，每吨原油含气不超过1 m^3。

气液分离：地层中石油到达油气井口并继而沿出油管或采气管流动时，随压力和温度条件的变化，常形成气液两相。为满足油气井产品计量、矿厂加工、储存和输送需要，必须将已形成的气液两相分开，用不同的管线输送，这称为物理或机械分离。

油气分离器：油气分离器是把油井生产出的原油和伴生天然气分离开来的一种装置。有时候分离器也作为油气水以及泥沙等多相的分离、缓冲、计量之用。从外形分大体有三种形式：立式、卧式、球形。

原油稳定：使净化原油内溶解的天然气组分气化，与原油分离，较彻底地脱出原油中蒸气压高的溶解天然气组分，降低常温常压下原油蒸气压的过程称为原油稳定。原油稳定通常是原油矿厂加工的最后工序，经稳定后的原油成为合格的商品原油。

我国原油稳定的重点是从原油中分出碳1～碳4，稳定后最高储存温度下规定的原油蒸气压“不宜大于当地大气压的0.7倍”，约为0.071 MPa。管输原油的典型要求是：酸性原油的雷特蒸气压＜0.055 2～0.069 MPa，非酸性原油＜0.062 7 MPa。

4）油气计量

油气计量是指对石油和天然气流量的测定。主要分为油井产量计量和外输流量计量两种。油井产量计量是指对单井所生产的油量和生产气量的测定，它是进行油井管理、掌握油层动态的关键资料数据。外输计量是对石油和天然气输送流量的测定，它是输出方和接收方进行油气交接经营管理的基本依据。

油气计量站：它主要由集油阀组（俗称总机关）和单井油气计量分离气器组成，在这里把数口油井生产的油气产品集中在一起，轮流对各单井的产油气量分别进行计量。

计量接转站：有的油气计量站因油压较低，增加了缓冲罐和输油泵等外输设备，这种油气小站叫计量接转站，既进行油气计量，还承担原油接转任务。

5）转油站

转油站：是把数座计量（接转）站来油集中在一起，进行油气分离、油气计量、加热沉降和油气转输等作业的中型油站，又叫集油站。有的转油站还包括原油脱水作业，这种站叫脱水转油站。

联合站：它是油气集中处理联合作业站的简称。主要包括油气集中处理（原油脱水、天然气净化、原油稳定、轻烃回收等）、油田注水、污水处理、供变电和辅助生产设施等部分。

水套加热炉：水套加热炉主要由水套、火筒、火嘴、沸腾管和走油盘管五部分组成，用在油井井场给油井产出的油气加温降粘。采用走油盘管浸没在水套中的间接加热方法是为了防止原油结焦。

原油损耗：原油从油井产出时是油气混合状态。在其集输、分离、计量、脱水、储存等过程中，由于污水排放和伴生天然气的携带，油罐在进出油和温度变化时的大小呼吸蒸发，以及工艺设备的跑、冒、滴、漏等，造成原油的损失称原油损耗。一般原油损耗约占原油总产量的2%左右。

油气密闭集输：在油气集输过程中，原油所经过的整个系统（从井口经管线到油罐等）都是密闭的，即不与大气接触。这种集输工艺称为油气密闭集输。

6）油气储运

石油和天然气的储存和运输简称油气储运。主要包括：合格的原油、天然气及其他产品，从油气田的油库、转运码头或外输首站，通过长距离油气输送管线、油罐列车或油轮等输送到炼油厂、石油化工厂等用户的过程。

管道输油的特点包括：运输量大；能耗小、运费低；便于管理，易实现全面自动化，劳动生产率高；管线大部埋于地下，受地形地物限制小，能缩短运输距离；安全密闭，基本上不受恶劣气候的影响，能长期稳定、安全运行；但运输方式不灵活，钢材耗量大，辅助设备多，适于定点、量大的单向输送。

7）原油热处理

原油热处理是将原油加热到一定温度后，再按一定的方式和速度将其冷却到某一温度的过程。经过热处理，可使原油中的石蜡、沥青及胶质的存在形式改变，使原油的凝固点和黏度改变，在最佳的热处理条件下可以改善原油的低温流动特性。

8）管道阴极保护

强制电流保护：将被保护金属与外加电源负极相连，由外部电源提供保护电流，以降低腐蚀速率的方法，称为强制电流保护。

地下式油罐和半地下油罐：罐内油品的最高油位，比邻近地面的标高低 0.2 m 的油罐称为地下式油罐；罐底埋深大于油罐本身高度的二分之一，而且油品的最高油位比邻近地面高出 0.2 m 以下的油罐称为半地地下式油罐。

进油管不能从油罐的上部接入：若将进油管从油罐的上部接入，当流速较大的油品管线由高向低呈雾状喷出，与空气摩擦增大了摩擦面积，落下的油滴撞击液面和罐壁，致使静电荷急剧增加，其电压有时可高达几千伏或上万伏，加之油品中液面漂浮的杂质，极易产生尖端放电，引起油罐爆炸起火。因此，进油管不能从油罐上部接入。

9）深水立管

作为深海油气田开发系统结构的重要组成部分，深水立管以其全新的形式、动态的特性及高技术含量变得格外引人注目。以往浅水立管形式根本不能应用到深水中，这使得立管技术更加具有挑战性。

目前深水立管并没有统一的分类，但根据其结构形式及用途，可以大致主要分类如下：顶部预张力立管（top tension riser），钢悬链立管（steel catenary riser），柔性立管（flexible riser）和塔式立管（hybrid tower riser）。

10）海洋油气集输装置

海洋油气集输装置领域包括海底输油管线、海上油气终端站、浮式生产储油装置（FPSO）、液化甲烷运输船（LMG）、液化石油气运输船（LPG）、液化天然气运输船（LNG、LNG－RV）、海上天然气储运站（LNG－FSRU）、水下基盘/管汇、水下采油树等，如图 8－15～图 8－17 所示。

8.1.5 海洋资源综合开发装备领域

1）海水淡化装置

海水淡化即利用海水脱盐生产淡水。是实现水资源利用的开源增量技术，可以增加淡水总量，且不受时空和气候影响，可以保障沿海岛屿居民饮用水和工业锅炉补水等稳定供水。如图 8－18 所示。

图8-15　浮式生产储油装置和浮式液化天然气装置

图8-16　液化天然气运输船及其海上再气化装置

图8-17　水下管汇

图 8-18　海水淡化及其综合利用

从海水中取得淡水的过程谓海水淡化。现在所用的海水淡化方法有海水冻结法、电渗析法、蒸馏法、反渗透法，以及可实现盈利的碳酸铵离子交换法，目前应用反渗透膜的反渗透法以其设备简单、易于维护和设备模块化的优点迅速占领市场，逐步取代蒸馏法成为应用最广泛的方法。

世界上有 10 多个国家的 100 多个科研机构在进行着海水淡化的研究，有数百种不同结构和不同容量的海水淡化设施在工作。一座现代化的大型海水淡化厂，每天可以生产几千、几万甚至近百万吨淡水。淡化水的成本在不断地降低，有些国家已经降低到和自来水的价格差不多。某些地区的淡化水量达到了国家和城市的供水规模。

2）波浪能发电装备

波浪发电是将波浪能转换为电能的技术。波浪能的转换一般有三级：第一级为波浪能的收集，通常采用聚波和共振的方法把分散的波浪能集聚起来；第二级为中间转换，即能量的传递过程，包括机械传动、低压水力传动、高压液压传动、气动传动，使波浪能转换为有用的机械能；第三级为最终转换，即由机械能通过发电机转换为电能。

波浪发电要求输入的能量稳定，必须有一系列稳速、稳压和蓄能等技术来确保，它同常规发电相比有着特殊的要求。利用波浪发电，必须在海上建造浮体，并解决海底输电问题；在海岸处需要建造特殊的水工建筑物，以利收集海浪和安装发电设备。波浪电站与海水相关，各种装置均应考虑海水腐蚀、海生物附着和抗御海上风暴等工程问题，以适应海洋环境。波浪发电始于 20 世纪 70 年代，以日、美、英、挪威等国为代表，研制了各式集波装置，进行规模不同的波浪发电，其中有点头鸭式、波面筏式、环礁式、整流器式、海蚌式、软袋式、振荡水柱式、收缩水道式等。1978 年日本开始试验“海明号”消波发电船。1985 年挪威在奥伊加登岛建成 500 kW 的岸式振荡水柱波浪发电站和 350 kW 收缩水道水库式波浪电站向海岛供电。中国于 1990 年在珠江口大万山岛安装的 3 kW 岸式波浪发电机试发电成功。

波浪能是最清洁的可再生资源，它的开发利用，将大大缓解由于矿物能源逐渐枯竭的危机，改善由于燃烧矿物能源对环境造成的破坏。

波浪能发电装备数以千计，按能量中间转换环节主要分为机械式、气动式和液压式三大类。

（1）机械式：是指通过某种传动机构实现波浪能从往复运动到单向旋转运动的传递来驱动发电机发电的方式。采用齿条、齿轮和棘轮机构的机械式装置。随着波浪的起伏，齿条跟浮子一起升降，驱动与之啮合的左右两只齿轮作往复旋转。齿轮各自以棘轮机构与轴相连。齿条上升，左齿轮驱动其轴逆时针旋转，右齿轮则顺时针空转。通过后面一级齿轮的传动，驱动发电机顺时针旋转发电。机械式装置多是早期的设计，往往结构笨重，可靠性差，未获实用。

(2) 气动式：是指通过气室、气袋等泵气装置将波浪能转换成空气能，再由汽轮机驱动发电机发电的方式。由于波浪运动的表面性和较长的中心管的阻隔，管内水面可看作静止不动的水面。内水面和汽轮机之间是气室。当浮体带中心管随波浪上升时，气室容积增大，经阀门吸入空气。当浮体带中心管随波浪下降时，气室容积减小，受压空气将阀门关闭经汽轮机排出，驱动冲动式汽轮发电机组发电。这是单作用的装置，只在排气过程有气流功率输出。双作用的装置有两组吸气阀和两组排气阀，固定气室的内水位在波浪激励下升降，形成排气、吸气过程。四组吸、排气阀相应开启和关闭，使交变气流整流成单向气流通过冲动式汽轮机，驱动发电机发电。在吸、排气过程都有功率输出。气动式装置使缓慢的波浪运动转换为汽轮机的高速旋转运动，机组缩小，且主要部件不和海水接触，提高了可靠性。气动式装置在日本益田善雄发明的导航灯浮标用波浪能发电装置上获得成功的应用。1976 年，英国的威尔斯发明了能在正反向交变气流作用下单向旋转做功的对称翼汽轮机，省去了整流阀门系统，使气动式装置大为简化。该型汽轮机已在英国、中国新一代导航灯浮标波浪能发电装置和挪威奥依加登岛 500 kW 波浪能发电站获得成功的应用。采用对称翼汽轮机的气动式装置是迄今最成功的波浪能发电装置之一。

(3) 液压式：是指通过某种泵液装置将波浪能转换为液体(油或海水)的压能或位能，再由油压马达或水轮机驱动发电机发电的方式。波浪运动产生的流体动压力和静压力使靠近鸭嘴的浮动前体升沉并绕相对固定的回转轴往复旋转，驱动油压泵工作，将波浪能转换为油的压能，经油压系统输送，再驱动油压发电机组发电。点头鸭装置有较高的波浪能转换效率，但结构复杂，海上工作安全性差，未获实用。聚焦波道装置破事波浪进入宽度逐渐变窄、底部逐渐抬高的收缩波道后，波高增大，海水翻过导波壁进入海水库，波浪能转换为海水位能，然后用低水头水轮发电机组发电。聚焦波道装置已在挪威奥依加登岛 250 kW 波浪能发电站成功应用。这种装置由海水库储能，可实现较稳定和便于调控的电能输出，是迄今最成功的波浪能发电装置之一。但对地形条件依赖性强，应用受到局限。

虽然波浪能开发的技术复杂、成本高、投资回收期长，但是近 200 年来，世界各国还投入了很大的力量进行了不懈的探索和研究。除了实验室研究外，挪威、日本、英国、美国、法国、西班牙和中国等国家已建成多个数十瓦至数百千瓦的试验波浪发电装置。主要的形式包括：活动点头鸭、波面筏、海蚌型；浮体式振荡水拄型；固定式(岸式)振荡水拄型；水流型；压力柔性袋型等装置。

据有关资料估算，全世界沿海岸线连续耗散的波浪能功率达 27×10^5 MW，技术上可利用的波浪能潜力为 10×10^5 MW，中国陆地海岸线长达 18 000 多 km、大小岛屿 6 960 多个。根据海洋观测资料统计，沿海海域年平均波高在 2.0 m 左右，波浪周期平均 6 m 左右。台湾及福建、浙江、广东等沿海沿岸波浪能的密度可达 5～8 kW/m。波浪能资源十分丰富，总量约有 5 亿 kW，可开发利用的约 1 亿 kW。波浪能和温差能发电装置如图 8－19 所示。

3) *潮汐能发电装备*

在海湾或感潮河口，可见到海水或江水每天有两次的涨落现象，早上的称为潮，晚上的

图 8-19　波浪能和温差能发电装置

称为汐。潮汐作为一种自然现象，为人类的航海、捕捞和晒盐提供了方便。这种现象主要是由月球、太阳的引潮力以及地球自转效应所造成的。涨潮时，大量海水汹涌而来，具有很大的动能；同时，水位逐渐升高，动能转化为势能。落潮时，海水奔腾而归，水位陆续下降，势能又转化为动能。海水在运动时所具有的动能和势能统称为潮汐能。潮汐能是一种蕴藏量极大、取之不尽、用之不竭、不需开采和运输、洁净无污染的可再生能源。建设潮汐电站，不需要移民，不淹没土地，没有环境污染问题，还可以结合潮汐发电发展围垦、水生养殖和海洋化工等综合利用项目。潮流和潮汐能发电装置如图 8-20 所示。

图 8-20　潮流和潮汐能发电装置

简单地说，潮汐能发电就是在海湾或有潮汐的河口建筑一座拦水堤坝，形成水库，并在坝中或坝旁放置水轮发电机组，利用潮汐涨落时海水水位的升降，使海水通过水轮机时推动水轮发电机组发电。从能量的角度说，就是利用海水的势能和动能，通过水轮发电机转化为电能。

20 世纪初，欧、美一些国家开始研究潮汐发电。1913 年德国在北海海岸建立了第一座潮汐发电站。第一座具有商业实用价值的潮汐电站是 1967 年建成的法国郎斯电站。该电站位于法国圣马洛湾郎斯河口。郎斯河口最大潮差 13.4 m，平均潮差 8 m。一道 750 m 长的大坝横跨郎斯河。坝上是通行车辆的公路桥，坝下设置船闸、泄水闸和发电机房。郎斯潮汐电站机房中安装有 24 台双向涡轮发电机，涨潮、落潮都能发电。总装机容量 24 万 kW，年发电量 5 亿多 kW・h，输入国家电网。

1968 年，苏联在其北方摩尔曼斯克附近的基斯拉雅湾建成了一座 800 kW 的试验潮汐发电站。1980 年，加拿大在芬地湾兴建了一座 2 万 kW 的中间试验潮汐发电站。试验电站、中试电站，那是为了兴建更大的实用电站做论证和准备用的。

由于常规电站廉价电费的竞争，建成投产的商业用潮汐发电站不多。然而，由于潮汐能蕴藏量的巨大和潮汐发电的许多优点，人们还是非常重视对潮汐发电的研究和试验。

1957 年我国在山东建成了第一座潮汐发电站。1978 年 8 月 1 日山东乳山县白沙口潮汐电站开始发电，年发电量 230 万 kW・h。1980 年 8 月 4 日我国第一座"单库双向"式潮汐电站——江厦潮汐试验发电站正式发电，装机容量为 3 000 kW，年平均发电 1 070 万 kW・h，其规模仅次于法国朗斯潮汐发电站，是当时世界第二大潮汐发电站。

在全球范围内潮汐能发电是海洋能中技术最成熟和利用规模最大的一种方式，潮汐能发电在国外发展很快。欧洲各国拥有浩瀚的海洋和漫长海岸线，因而有大量、稳定、廉价的潮汐能资源，在开发利用潮汐能方面一直走在世界前列。法国、加拿大、英国等国在潮汐能发电的研究与开发领域保持领先优势。

我国海岸线曲折漫长，主要集中在福建、浙江、江苏等省的沿海地区。中国潮汐能的开发始于 20 世纪 50 年代，经过多年来对潮汐电站建设的研究和试点，我国潮汐发电行业不仅在技术上日趋成熟，而且在降低成本，提高经济效益方面也取得了较大进展，已经建成一批性能良好、效益显著的潮汐电站。

电力供应不足作为制约我国国民经济发展的重要因素，尤其是在东部沿海地区。而潮汐能具有可再生性、清洁性、可预报性等优点，在我国优化电力结构，促进能源结构升级的大背景下，发展潮汐发电顺应社会趋势，有利于缓解东部沿海地区的能源短缺。潮汐电站建设可创造良好的经济效益、社会效益和环境效益，投资潜力巨大。

(1) 潮汐规律：潮汐的发生是有规律的。潮汐的发生和太阳，月球都有关系，也和我国传统农历对应。在农历每月的初一即朔点时刻太阳和月球在地球的一侧，所以就有了最大的引潮力，所以会引起"大潮"，在农历每月的十五或十六号附近，太阳和月亮在地球的两侧，太阳和月球的引潮力你推我拉也会引起"大潮"；在月相为上弦和下弦时，即农历的初八和二十三时，太阳引潮力和月球引潮力互相抵消了一部分所以就发生了"小潮"，故农谚中有"初一十五涨大潮，初八二十三到处见海滩"之说。另外在一天内也有涨潮发生，由于月球每天在天体上东移 13°多，合计为 50 min 左右，即每天月亮上中天时刻(为 1 太阴日＝24 h 50 min) 约推迟 50 min 左右，(下中天也会发生潮水每天一般都有两次潮水)故每天涨潮的时刻也推迟 50 分钟左右。

我国劳动人民在千百年来总结经验出来许多的算潮方法(推潮汐时刻)如八分算潮法就是其中的一例：简明公式为：

$$高潮时=0.8\ h\times[农历日期-1(或16)]+高潮间隙$$

上式可算得一天中的一个高潮时，对于正规半日潮海区，将其数值加或减 12 h 25 min (或为了计算的方便可加或减 12 h 24 min)即可得出另一个高潮时。若将其数值加或减 6 h

12 min 即可得低潮出现的时刻——低潮时。但由于,月球和太阳的运动的复杂性,大潮可能有时推迟一天或几天,一太阴日间的高潮也往往落后于月球上中天或下中天时刻一小时或几小时,有的地方一太阴日就发生一次潮汐。故每天的涨潮退潮时间都不一样,间隔也不同。

(2) 发电条件:利用潮汐发电必须具备两个物理条件:潮汐的幅度必须大,至少要有几米;海岸地形必须能储蓄大量海水,并可进行土建工程。即区域蕴有足够大的潮汐能是十分重要的,潮汐能普查计算的方法是:首先选定适于建潮汐电站的站址,再计算这些地点可开发的发电装机容量,叠加起来即为估算的资源量。

潮汐发电的工作原理与一般水力发电的原理是相近的,即在河口或海湾筑一条大坝,以形成天然水库,水轮发电机组就装在拦海大坝里。由于海水潮汐的水位差远低于一般水电站的水位差,所以潮汐电站应采用低水头、大流量的水轮发电机组。全贯流式水轮发电机组由于其外形小、重量轻、管道短、效率高,已为各潮汐电站广泛采用。

(3) 发电类型:潮汐电站可以是单水库或双水库。单水库潮汐电站只筑一道堤坝和一个水库,双水库潮汐电站建有两个相邻的水库。

① 单库单向电站:只用一个水库,仅在涨潮(或落潮)时发电,因此又称为单水库单程式潮汐电站。我国浙江省温岭市沙山潮汐电站就是这种类型。

② 单库双向电站:用一个水库,但是涨潮与落潮时均可发电,只是在水库内外水位相同的平潮时不能发电,这种电站称之为单水库双程式潮汐电站,它大大提高了潮汐能的利用率。广东省东莞市的镇口潮汐电站及浙江省温岭市江厦潮汐电站,就是这种型式。

③ 双库双向电站:为了使潮汐电站能够全日连续发电就必须采用双水库的潮汐电站。它是用两个相邻的水库,使一个水库在涨潮时进水,另一个水库在落潮时放水,这样前一个水库的水位总比后一个水库的水位高,故前者称为上水库(高水位库),后者称为下水库(低水位库)。水轮发电机组放在两水库之间的隔坝内,两水库始终保持着水位差,故可以全天发电。

我国潮汐能资源丰富,长达 18 000 多 km 的大陆海岸线,北起鸭绿江口,南到北仑河口,加上 5 000 多个岛屿的 14 000 多 km 海岸线,共约 32 000 多 km 的海岸线中蕴藏着丰富的潮汐能资源。据不完全统计,全国潮汐能蕴藏量为 1.9 亿 kW,其中可供开发的约 3 850 万 kW,年发电量 870 亿 kW·h,大约相当于 40 多个新安江水电站。目前,我国潮汐电站总装机容量已有 1 万多 kW。根据中国海洋能资源区划结果,我国沿海潮汐能可开发的潮汐电站坝址为 424 个,以浙江和福建沿海数量最多。

4) 海水温差发电装备

海水温差发电是指利用海水表层(热源)和深层(冷源)之间的温度差发电的电站,叫海水温差发电站。

海洋温差发电是利用热带及亚热带海洋表层和深层海水间存在的温差进行发电。海洋温差发电的优点是几乎不会排放二氧化碳,可以获得淡水,因而有可能成为解决全球变暖和缺水这些 21 世纪最大环境问题的有效手段。

早在 1881 年 9 月,巴黎生物物理学家德·阿松瓦尔就提出利用海水温差发电的设想。

1926 年 11 月,法国科学院建立了一个实验温差发电站,证实了阿松瓦尔的设想。1930 年,阿松瓦尔的学生克洛德在古巴附近的海中建造了一座海水温差发电站。

1961 年法国在西非海岸建成两座 3 500 kW 的海水温差发电站。美国和瑞典于 1979 年在夏威夷群岛上共同建成装机容量为 1 000 kW 的海水温差发电站，美国还计划在 21 世纪初建成一座 100 万 kW 的海水温差发电装置，以及利用墨西哥湾暖流的热能在东部沿海建立 500 座海洋热能发电站，发电能力达 2 亿 kW。

把热能转变成机械能必须具备三个基本条件：热源、冷源和工质。普通热机用水作工质，热源加热工质，产生蒸汽，驱动汽轮发电机发电，排出废气被冷凝器冷却，凝结水送回锅炉，继续被加热，循环使用。海洋热能主要来自太阳能。世界大洋的面积浩瀚无边，热带洋面也相当宽广。海洋热能用过后即可得到补充，很值得开发利用。海水温差发电技术，是以海洋受太阳能加热的表层海水（25～28℃）作高温热源，而以 500～1 000 m 深处的海水（4～7℃）作低温热源，用热机组成的热力循环系统进行发电的技术。从高温热源到低温热源，可能获得总温差 15～20℃左右的有效能量。最终可获得具有工程意义的 11℃温差的能量。

（1）热力循环：海洋温差发电采用兰金循环，其实际热效率约为 2.5%。兰金循环是一种可逆循环的理想热力循环，也是余热动力回收装置、地热和太阳能动力等装置的基本循环，根据所用工质及流程的安排，分为闭式、开式和混合式循环。海洋温差发电还有可能采用其他热力循环，如雾滴（或泡沫）提升循环或全流循环。还可采用热电效应发电。

（2）闭式循环（中间介质法）：使用低沸点物质，如氨、氟利昂等作工质，在一封闭回路中完成兰金循环。其特点是，系统处于正压下，工质蒸汽密度大，体积流量小，通流部分尺寸不致过大。但其蒸发器和凝汽器须用表面式换热器，体积巨大，消耗大量金属，维护困难。

（3）开式循环（闪蒸法或扩容法）：以水为工质，凝结水不返回循环中。其闪蒸器和凝汽器可使用混合式换热器，结构简单，维护方便。若用表面式凝汽器，则可副产淡水。但低温水蒸气饱和压力极低，比容巨大，通流部分尺寸过大。

（4）混合循环：基本与闭式循环相同，但用温海水闪蒸出来的低压蒸汽来加热低沸点工质。

（5）海洋温差电站：海洋温差电站可分为陆基电站和漂浮电站。离岸 5 km 内水深达千米、温差达 18℃的海岸，可建立陆基电站。深海冷水取水管是其关键工程问题。漂浮电站分为向陆上送电型和就地生产能量密集产品型。受电缆送电经济距离限制，供电型电站一般认为负荷中心离岸不得超过 100 km。离岸 30 km 以上时，最好采用直流输电。

海洋温差电站预计对环境无不良影响，大规模开发时则需考虑对气候可能产生的影响。由于它可将深海富营养盐类的海水抽到上层来，将有利于海洋生物的生长繁殖。

海洋温差电站的经济性还不能与燃油电站相竞争，但它是可再生能源发电中最有潜力的方式之一。若将发电、海水养殖及供应淡水结合起来综合开发，则可取得更好的经济效果。对边远的海岛，开发海洋温差能，当前在经济上就可能是有利的。

5）海上风电装备

风力发电是世界上发展最快的绿色能源技术，在陆地风电场建设快速发展的同时，人们已经注意到陆地风能利用所受到的一些限制，如占地面积大、噪声污染等问题。由于海上丰富的风能资源和当今技术的可行性，海洋将成为一个迅速发展的风电场。欧美海上风电场已处于大规模开发的前夕。我国东部沿海水深 50 m 以内的海域面积辽阔，而且距离电力负荷中心（沿海经济发达电力紧缺区）很近，随着海上风电场技术的发展成熟，风电必将会成为我国东部沿海地区可持续发展的重要能源来源。

风电行业的真正发展始于1973年石油危机，20世纪80年代开始建立示范风电场，成为电网新电源，此后20年里，风电一直保持着世界增长最快的能源地位。21世纪最初十年来全球风电累计装机容量的年均增长率接近30%，风电技术日臻成熟。2007年全球累计风电装机容量为94 112 MW，增长26.8%，其中中国2007年累计的风电装机容量已达6 050 MW，成为世界第五位的风力发电国。

世界上已经有海上风电场和正在开发中的国家包括英国、德国、瑞典和法国等。在海上风电场的建设方面，德国的规划可谓气势宏伟，累计安装容量排名第一，称得上是欧洲地区的主阵地。丹麦在风力发电领域占有领导地位，丹麦有世界上最大的海上风电场。

在世界海上风电开始进入大规模开发阶段的背景下，中国海上风电场建设也拉开了序幕。在海上风电方面，中国东部沿海的海上可开发风能资源约达7.5亿kW，不仅资源潜力巨大且开发利用市场条件良好，但是由于中国沿海经常受到台风影响，建设条件较国外更为复杂。

2004年，广东南澳的海上2万kW风电场项目已经获得批准立项，这是中国首个海上风电场建设项目。2005年中，河北省沧州市黄骅港开发区管委会与国华能源投资有限公司签署协议，合作建设总装机容量约100万kW的国内第一个大型海上风力发电厂。2007年底，上海市东海大桥10万kW风电场投资业主的招标评标工作在上海圆满闭幕。同年11月，地处渤海辽东湾的中国首座海上风力发电站正式投入运营，这为今后中国海上风电发展积累了技术和经验，标志着中国风电发展取得新突破。

2012年，国家能源局对《河北省海上风电场工程规划》做出批复，河北省海上风电场按照总装机容量560万kW进行规划建设，其中唐山区域430万kW，沧州区域130万kW。

(1) 海上风机支撑方式主要有底部固定式支撑和悬浮式支撑两类：

① 底部固定式支撑：有重力沉箱基础、单桩基础、三脚架基础三种方式。

A. 重力沉箱基础：重力沉箱主要依靠沉箱自身质量使风机矗立在海面上。Vindeby和Tunoe Knob海上风电场基础就采用了这种传统技术。在风场附近的码头用钢筋混凝土将沉箱基础建起来，然后使其漂到安装位置，并用沙砾装满以获得必要的质量，继而将其沉入海底。海面上基础呈圆锥形，可以起到减少海上浮冰碰撞的作用。Vindeby和Tunoe Knob风电场的水深变化范围在2.5～7.5 m，每个混凝土基础的平均质量为1 050 t。该技术进一步发展，用圆柱钢管取代了钢筋混凝土，将其嵌入到海床的扁钢箱里。该技术适用于水深小于10 m的浅海地区。

B. 单桩基础：单桩基础由一个直径在3～4.5 m的钢桩构成。钢桩安装在海床下18～25 m的地方，其深度由海床地面的类型决定。单桩基础有力地将风塔伸到水下及海床内。这种基础的一大优点是不需整理海床。但是，它需要防止海流对海床的冲刷，而且不适用于海床内有巨石的位置。该技术应用范围水深小于25 m。

C. 三脚架基础：三脚架基础吸取了海上油气工业中的一些经验，采用了质量轻、价格低的三脚钢套管。风塔下面的钢桩分布着一些钢架，这些钢架承担和传递来自塔身的载荷，这三个钢桩被埋置于海床下10～20 m处。

② 悬浮式支撑：以悬浮式支撑有浮筒式和半浸入式两种方式，主要应用于水深75～500 m的范围。

A. 浮筒式支撑：浮筒式基础由8根与海床系留锚相连的缆索固定在海面上，风机塔杆通过螺栓与浮筒相连。

B. 半浸入式支撑：主体支撑结构浸于水中，通过缆索与海底的锚锭连接，该形式受波浪干扰较小，可以支撑 3～6 MW、旋翼直径 80 m 的大型风机。

(2) 海上风电安装船：在海上无论是风机还是基础的安装都需要有相应能力的运输工具将其运送到风电场址，并配备适合各种安装方法的起重设备和定位设备。

海上风机安装基本都是由自升式起重平台和浮式起重船完成的。单独或联合采用何种方式安装取决于水深、起重能力和船舶的可用性。其中联合安装比较典型的方式是由平甲板驳船装载风机部件或者单基桩拖到现场，再由自升式平台或起重船从平板驳船上吊起部件完成安装或打桩。早期的安装船都是借用或由其他海洋工程船舶改造的，但随着风机的大型化，小型船舶无法满足起重高度和起重能力的要求。近年来欧洲多家海洋工程公司相继建造和改造了多条专门用于海上风机安装的工程船舶。安装船舶的大型化也是一个趋势，专门的风机安装船一次最多可以装载 10 台风机。以下按照船型和适用的工作海域将海上风机安装船舶作分类比较。

① 起重船：起重船通常具备自航能力，船上配备起重机，可以运输和安装风机和基础。起重船除在过浅区域需考虑吃水外其余区域不受水深限制，且多为自航，在不同风机位置间的转移速度快，操纵性好，使用费率很低，船源充足，不存在船期安排问题。但起重船极其依赖天气和波浪条件，对控制工期非常不利，现已较少使用。但在深海(大于 35 m)条件下由于无法使用自升式平台进行安装，故仍须使用起重船。与近海小型起重船相比，双体船船型具有稳性好、运载量大、承受风浪能力强的优点，目前也开始应用在海上风机安装中。在荷兰 Egmond aan Zee 风电场的建设中，主要由应用于海上桥梁架设的双体起重船 Svanen 完成了单基桩的打桩工作。该船尺度为 102.75 m×71.8 m×6 m，起重高度高于甲板 76 m，起重能力 870 t。

② 自升式起重平台：自升式平台配备了起重吊机和 4～8 个桩腿，在到达现场之后桩腿插入海底支撑并固定平台，通过液压升降装置可以调整平台完全或部分露出水面，形成不受波浪影响的稳定平台。在平台上起重吊机完成对风机的吊装。平台面积决定一次性可以运输风机的数量，自升平台没有自航设备，甲板宽大而开阔、易于装载风机。对于单桩式基础的安装，只需在平台上配备打桩机即可。由于不具备自航能力，自升平台需由拖船拖行，导致其在现场不同风机点之间转场时间较长，操纵不便，且需要平静海况。但自升式起重平台依然是目前海上风电安装的主力。A2SEA 公司的 Sea Jack 号是一艘专门为海上风机安装而建造的自升式起重平台，尺度为 91.2 m×33 m×7 m，有 4 个桩腿分别位于四角，全回转起重机位于中央靠近右舷处，工作水深 3.8～25 m，最大的起重能力在 18 m 半径时为 1 300 t，在 32 m 半径时为 500 t。

③ 自航自升式风机安装船：随着风机的不断大型化以及离岸化，起重能力和起重高度的限制以及海况的复杂化使得传统的起重安装船舶无法满足需求。在这种情况下，出现了兼具自升式平台和浮式船舶的优点，专门为风机安装而设计与建造的自航自升式安装船。与之前的安装船舶相比，自航自升式安装船具备了一定的航速和操纵性，可以一次性运载更多的风机，减少了对本地港口的依赖。船舶配备专门用于风机安装的大型吊车和打桩设备，具有可以提供稳定工作平台的自升装置，可以在相对恶劣的天气海况下工作，且安装速度较快。英国 MPI 公司的五月花号(Mayflower Resolution)是世界上第一艘专门为海上风力发

电机的安装而建造的特种船舶。船舶尺度 130.5 m×38 m×8 m，可以一次性运载 10 台 3.5 MW的风机，允许的风机塔架最大高度和叶片最大直径均为 100 m，航速 10.5 节，配备艏侧推动力定位装置，有 6 个桩腿，可在 3～35 m 水深作业，作业时船体提升高于水面一定高度，其最高起吊高度为 85 m，最大起重能力在 25.5 m 半径时为 300 t，在 78 m 半径时为 50 t。在英国 North Hoyle、Kenith Flats 等诸多风电场五月花号均实施了安装作业。

④ 桩腿固定型风机安装船：桩腿固定型风机安装船是自航自升式风车安装船与起重船之间的一种折中方案。其通常由常规船舶改建而成，尺度小于专门建造的安装船，桩腿为改建中安装。在作业工程中船体依然依靠自身浮力漂浮在水中，桩腿只起到稳定船体的作用。目前 A2SEA 公司运营的 Sea Energy、Sea Power 号均是由集装箱货船为风机安装专门改建。Sea Energy 号尺度为 91.76 m×21.6 m×4.25 m，航速 8.5 节，最大作业水深 27 m，最大起重高度 83 m，起重能力为 22 m 半径时 100 t。

⑤ 离岸动力定位及半潜式安装船：目前主要用于海上石油开发。动力定位安装船可以在除浅水区域外的任何水深条件下作业，安装效率高，但易受天气因素制约。半潜式动力定位安装船在理论上是性能最优的，但其建造和使用成本过高，尚未在风机安装中采用。

⑥ 起重和打桩设备：海上风机的起重设备主要是起重机，起重能力和起重高度决定可以吊装风机的量级。通常布置在船中，也可以布置在船艉或船舶侧舷。另外新安装方法的提出，也需要相应的各种新型起重设备，例如升降机等。海上风机的打桩设备主要有蒸汽打桩锤和液压打桩锤两类，根据需要选择安装在船上。

6）海洋资源综合开发装备实例

海洋资源综合开发装备领域包括海水淡化和综合利用成套装备，海上波浪/潮汐/海水温差发电装备，海上风电设备及其安装船如图 8－21 所示，重点开展主要系统及关键设备设计、制造、测试与安装技术研究。

图 8－21　海上风电及其安装船

8.1.6　海上油田保障设施领域

海工油田保障设施按图 8－22 所示，包括海洋工程作业船、海洋工程辅助船、超大型浮动结构物及海洋油气处理基地四大类，本节着重叙述量大而广的海军工程作业船和海洋工程辅助船。超大型浮动基地另在 8.2.12 节中专门叙述。

1) 海洋工程辅助船和海洋工程作业船

海洋工程辅助船主要有：三用工作船、多用途工作船、平台供应船、油田守护船、海洋工程拖船、破冰工作船、油田消防船、浮油回收船、多功能营救船、油田交通船等。海洋工程作业船主要有：海洋工程起重船、海洋工程打桩船、导管架下水驳、大型半潜运载船、深潜水作业支持船、海洋工程铺管/缆船、海底开沟埋管船、海洋工程综合勘察船、水下工程作业船、海上工程安装船、海洋工程综合检测船、海上油田运行维护支持船等，如图 8-22、图 8-23 所示。重点开展主要系统及关键设备设计、制造、测试与安装技术研究。

图 8-22　油田保障工作船和海洋工程起重船

图 8-23　铺管船和水下工程作业船

2) 三用工作船和平台供应船

三用工作船和平台供应船是海洋工程辅助船中的主要船种，是海上钻井作业的常备辅助船，也是建造量最大的两种海洋工程船，据统计，三用工作船的全球总量在 2015 年将达到 3 000 艘左右，平台供应船的总量也将达到 2 600 艘左右。

平台供应船(platform supply vessel，PSV)主要任务是为海上平台运送人员和物资，随着深水开发的推进，PSV 的尺度和载重量越来越大，主流船型达到 3 000 载重吨以上，最大的接近 5 000 载重吨，所能运载的物资不仅包括传统的燃油、钻井水、淡水等，还包括干散货系统、钻井泥浆和盐水、基础油、甲醇和乙二醇等特殊货物。

三用工作船(anchor handling tug supply，AHTS)又称操锚供应拖轮，不仅能对钻井平台等大型结构物进行远洋拖航、起抛锚作业、供应物资，而且在特定情况下还能用做紧急救援船。这类船舶的后部甲板通常是开敞式的，与 PSV 最大的不同之处是：AHTS 自带拖缆机、鲨鱼钳，用来完成对海上设备拖带和锚泊，船舶后部的开敞式甲板既可以装载专用锚具，还能进行高难度的拖缆和系缆作业，而 PSV 后部的开敞式甲板通常是用于装载供应物资或钻井钢管的。

上述两种船舶的共同之处，在于通常设有一定数量的气动力散料输送系统(dry bulk handing system)和泥浆处理系统(liquid mud handling system)，散料输送系统的主要工作是把石油钻井材料(如水泥、重晶石粉、土粉等)通过气动力传输装置输送到平台；泥浆处理系统的工作则是根据平台的需求，将特定数量和种类的泥浆输送给平台，或者将平台多余的泥浆回收，送陆地做无污染处理。此外，为进行深海作业而建造的一大批新船，还装备有运载水合物抑制剂的甲醇/乙二醇输送系统，它是以液压驱动的高效泵送系统，符合 IBC 和 MARPOL 等公约规定。

8.1.7 深海空间站和深潜器领域

本领域包括深海空间站、深渊科学实验室、载人潜水器、无人探测潜水器、拖曳式深渊潜水器、无人遥控潜水器和水下滑翔机等。

1) 深海空间站

近期，深海空间站已被国家列为重大工程项目。目前，正在研制的深海空间站，外形类似一艘小型潜艇，250 t 级，长度在 22 m 左右，宽度接近 7 m，高度在 8 m 左右。未来的深海空间站，就好比把地面的房间搬到了水下，在狭小的空间尽可能把各种功能都考虑到。根据中国深海空间站的“三步走”计划，目前第一步小型深海空间站试验艇的研制已经完成；第二步小型深海移动工作站的研制正在进行中，计划“十二五”末完成；第三步可以水下逗留时间 60 天的未来型深海空间站，则还在研究阶段，如图 8 - 24 所示。2012 年 5 月 23 日“深海空间站”——小型深海移动工作站模型在北京科博会上首次亮相。主要用于海洋科学探索，被喻为海洋里的“天宫一号”。2013 年 11 月 3 日，中国首个实验型深海移动工作站已完成总装，正在进行调试，并将于近期开展水池试验。

该工作站研制成功后，可为中国深水油气田开发、海洋观测网络建设与运行维护、海洋科学研究提供深海作业装备。它将与水面平台(6 000t 级母船，可拖带工作站，支持其长期水下作业)、穿梭式多功能载人潜水器(往返于工作站与母船之间，具备输送、维修、通信、救生等功能)构成“一主两辅”的三元深海作业体系。正在研制的小型深海移动工作站是中国深海空间站系统的第二步，整个工作站分为相对独立的模块。工作站自身搭载有多种作业潜水器和作业工具，这些作业潜水器和作业工具可以互相配合，协同作业，提升作业能力，达到深海长周期作业更加好的效果。

2) 深渊科学技术流动实验室

“蛟龙号”载人潜水器的研制成功使我国挤进了国际载人深潜技术发达国家俱乐部，但我国的真实技术水平与国际最领先水平相比仍有差距。为了加快我国海洋高技术发展

图 8－24　深海空间站

的步伐，尽快研制出全海深载人潜水器并填补我国深渊科学的空白，上海海洋大学在国内成立了首个深渊科学技术研究中心。上海海洋大学深渊中心研发一个完整的深渊科学技术流动实验室，它包括是重型、中型和轻型的三个 11 000 m 的着陆器，一个 11 000 m 的自主/遥控式复合型无人潜水器，一个 11 000 m 可载 3 人下潜的作业型载人潜水器，以及一艘 4 800 t 级的专用科考母船，其作业效果图如图 8－25 所示。这样配置能发挥母船的最佳经济性能，无论白天和黑夜，科研人员都能开展深渊调查研究。每到一个新海区，无人潜水器将首先充当“探路者”的角色，完成大面积搜索，确定研究海域，并掌握该处海洋环境的基本参数；然后布放三个带诱饵的着陆器，拍摄和抓捕鱼类等浮游动物；最后，再派载人潜水器下去完成“手术刀式”的精细定点作业。白天，着陆器、无人潜水器和载人潜水器可以协同作业。夜晚，仍可使用着陆器和无人潜水器进行海底作业。从技术发展角度来说，从着陆器到无人潜水器再到载人潜水器的技术发展途径，可以大大降低全海深载人潜水器的海试风险，全海深无人潜水器还可以作为载人潜水器海试时的“守护天使”。

该项目在 2013 年上半年正式启动，在上海海洋大学、上海市科委及浦东新区、临港新区管委会和临港海洋高新园区等相关部门、江苏省海门市委和海门中学及其他社会各界人士的大力支持下，目前已经取得了大好的进展。上海海洋大学深渊中心研制的首台万米级无人潜水器(图 8－26)和着陆器(图 8－27)在 2015 年 10 月份完成了 4 000 m 级海上试验。命名为“张謇”号的 4 800 t 级专用科考母船于 2016 年 3 月 24 日正式下水(图 8－28)，并计划前往巴布亚新几内亚的新不列颠海沟开启海上丝绸之路的首航之旅。全海深的载人潜水器计划于 2018 年底前完成总装联调和水池试验，2019 年开始进行海上试验，力争在 2020 年底前把中国的海洋科学家送到马里亚纳海沟的海底。

图 8-25　深渊科学技术流动实验室的作业效果示意图

图 8-26　“彩虹鱼”号 11 000 m 无人潜水器

图 8－27　“彩虹鱼”号 11 000 m 中型着陆器

图 8－28　“张謇”号专用科考母船

“蛟龙号”7 000 m 级载人潜水器属于第二代载人深潜器，如图 8－29 所示。正在研制的“彩虹鱼”号 11 000 m 级载人潜水器属于第三代载人深潜器，其中最明显的区别是在海洋中上浮、下潜的速度。正在研制的 11 000 m 载人深潜器，目标是将上浮和下潜时间都控制在 2 h，这将对潜水器的线型设计提出挑战。11 000 m 载人深潜器对于相关配套设备的技术要求更高，尤其是三人型的载人舱的研制将挑战现有的材料和制造能力的极限。因此，“彩虹鱼”号全海深载人潜水器是世界深海技术的集成，能够真正体现国际领先水平。

3）深潜器

深潜技术是进行海洋开发的必要手段，它是由深潜器、工作母船（水面支援船）和陆上基地所组成的一个完整的系统，深潜器是其关键部分。此外，为了对深海失事潜艇实施营救，对深海沉船进行打捞以及深海考察，深潜侦察等都需要具备深潜器。深潜器的建造难度较大，其电气化、自动化的程度较高。每年都有数千名水手搭乘各型军用潜艇在海面下穿行；

图 8-29 “蛟龙号”7 000 m 级载人深潜器

数千名商业潜水员在建设或维修海底输油管道、通信电缆和石油钻塔;数千名潜水爱好者以探寻海底奥秘为乐;数百名科研人员潜入深海进行科学研究。另外,还有许多海底机器人在人类无法承受的深度进行探险活动。美国政府每一年在太空研究方面的投入高达数十亿美元,而在深海研究方面则要少得多。其实深海探险和太空探险之间既存在着许多相同点,同时也有一些明显的不同。人类探寻深海至少比探寻太空早一倍的时间,而且发展思路也大不相同。但是这些差别正逐渐变小,深海研究者和太空研究者彼此越来越相像。更加重要的,深海探险现在能够对太空探险产生巨大影响。

(1) 性能特点:深潜器是一种能在深海进行水下作业的潜水设备,分民用和军用两类,具有军民通用性质。一般不携带武器,吨位在 20～80 t 左右,个别达 300～400 t,潜水深度一般为 2 000～5 000 m 左右,个别达 11 000 m。现在正在设计和使用的遥控机器人/深潜器绝大部分是依靠与舰船连接的缆线操纵行动。使用电缆遥控操纵深潜器的优点是:能长时间提供动力;有高速率数据传送能力;与辅助舰船之间的联系可靠,不会受到无线电或其他信号的干扰。缺点是限制了深潜器的机动能力,电缆像风筝线一样地拴住了它,而且电缆还需经常维修更换。

(2) 用途任务:深潜器分为有人深潜器、无人深潜器和遥控深潜器等多种类型。其主要任务有三类:

① 用于海洋调查,采集水下标本,进行水下摄影,开展潜水医学和生理学研究,进行水声学研究。

② 协助进行深海石油资源的勘探与开发,检查及维修海底线缆管路,运送潜水员在水下执行任务,进行水下救生与打捞。

③ 执行军事侦察、扫雷、布雷等任务,试验和回收鱼雷、水雷、深弹等水中兵器,营救失事潜艇的艇员,观察武器的水下发射情况,进行水下噪声测量等。

(3) 主要分类

① 无人有缆深潜器(水下机器人,ROV):1987 年,日本海事科学技术中心(JMST)研究成功可下潜 3 300 m 的深海无人有缆遥控潜水器“海鲀 3K”号。该装备可在载人潜水之前对

预定潜水点进行调查，也可用于海底救护，在设计上有前后、上下、左右三个方向各配置两套动力装置，基本能满足深海采集样品的需要。20 世纪 90 年代初，该技术中心配合“深海6500”号载人潜水器进行深海调查作业的需要，又成功建造了万米级无人遥控潜水器。该潜水器可较长时间进行深海调查，潜水深度达到 11 000 m，是目前世界最高纪录。目前，日本正在实施一项包括开发先进无人遥控潜水器的大型规划。这种无人有缆潜水器系统在遥控作业、声学影像、水下遥测全向推力器、海水传动系统、陶瓷应用技术、水下航行定位和控制等方面都将有新的开拓与突破。西欧国家在无人有缆潜水技术方面，也保持了明显的超前发展优势。根据欧洲尤里卡计划，英国、意大利联合研制了能在 6 000 m 水深持续工作 250 h 的无人遥控潜水器。按照尤里卡 EU－191 计划还建造了两艘无人遥控潜水器，一艘为有缆式潜水器，主要用于水下检查维修；另一艘为无人无缆潜水器，主要用于水下测量。这项潜水工程计划是由英国、意大利、丹麦等国家的 17 个机构参加完成的。英国科学家研制的“小贾森”有缆潜水器的独特技术特点是，它采用计算机控制，并通过光纤沟通潜水器与母船之间的联系。母船上装有 4 台专用计算机，分别用于处理海底照相机获得的资料，处理监控海洋环境变化的资料，处理海面环境变化的资料，处理由潜水器传输回来的其他有关技术信息等。母船将所有获得的资料经过整理通过微波发送到加利福尼亚太平洋格罗夫研究所的实验室，并贮存在资料库里。

② 无人无缆深潜器（水下智能机器人，AUV）：除各种有人深潜器之外，20 世纪 60 年代以后无人深潜器的发展也引人瞩目。无人深潜器是一种能模仿人进行某些活动的自动机械，能够在人难以适应的深水环境中代替人进行工作。20 世纪 60 年代美国就研制出了第一代水下机器人 CURV 号，它具有电动推进装置、水下电视摄像机、声纳和打捞机械手等设备，工作深度为 2 100 m。目前，无人深潜器有系缆式（TAUV）和无系缆式（AUV）两种，前者需要水面母船提供拖曳动力并进行遥控，后者可以自行机动，具有一定的自主功能。当前，无人深潜器的最大下潜深度已达 7 600 m。

1980 年法国国家海洋开发中心建造的“逆戟鲸”号无人无缆潜水器投入使用，最大潜深为 6 000 m，主要用于深海海床和深海矿物资源勘探、平台设置所需要的环境调查、管道铺设的监测工作以及在海底布设固定声纳阵、进行海底观察、监护打捞人员的安全等。“逆戟鲸”号潜水器先后进行过 130 多次深潜作业，完成了太平洋海底锰结核调查、海底峡谷调查、太平洋和地中海海底电缆事故调查、洋中脊调查等重大课题任务。1987 年，法国国家海洋开发中心又与一家公司合作，共同建造了“埃里特”声学遥控潜水器，用于水下钻井机检查、海底油井设备安装、油管铺设、锚缆加固等复杂作业。这种声学遥控潜水器的智能程度比“逆戟鲸”号高了许多。1988 年，美国国防部的国防高级研究计划局与一家研究机构合作，投资 2 360 万美元研制两艘无人无缆潜水器。1990 年，无人无缆潜水器研制成功，定名为“UUV”号。这种潜水器重量为 6.8 t，性能极好，最大航速 10 节，能在 44 s 内由 0 加速到 10 节，当航速大于 3 节时，航行深度控制在±1 m，导航精度约 0.2 节/h，潜水器动力采用银锌电池。这些技术条件有助于高水平的深海研究。另外，美国和加拿大合作于 20 世纪 90 年代初研制出了能穿过北极冰层的无人无缆潜水器。日本于 1998 年初研制成功对北冰洋冰层下进行观测的无缆无人深潜器，最大潜深 3 000 m。

③ 使用现状：目前全世界有各种载人深潜器 200 多艘，有的最大作业深度达 6 000 m，主要用于海洋油气开发。6 000 m 以上的深度，显现了国际深潜器向大深度发展

的技术能力。如1989年日本制造的“深海-6500”深潜器，长9.5 m，重25 t，可乘员3人，作业水深6 500 m，水下连续作业时间在6 h以上。该深潜器上装备有最新的声成像声纳系统、摄影机、录像机、电视系统、机械手以及各种自动测量仪器等。目前，深潜器是向更深、无人或混合式的方向发展。由于无人遥控潜水器的出现，代替了不少潜水员的工作，潜水员水下出入型潜水器开发已趋减少。目前只有美国、日本、法国和俄罗斯拥有深海载人潜水器。

20世纪70年代以来，为适应海上油气工业潜水作业的需要，无人遥控潜水器得到飞速发展，无人遥控潜水器包括有缆和无缆两种。20世纪80年代初全世界无人遥控潜水器有400余艘，其中90%以上用于海洋石油工业，到20世纪80年代末其数量猛增到958艘，其中800艘以上为有缆遥控潜水器，并且有一半以上是直接用于海上油气开采用的。目前无人遥控潜水器全世界约有1 000多艘，其中6 000 m级10多艘，现已发展到第三代智能深潜器。

另外，载人和无人混合潜水器也得到发展，已经研制出32艘，其中28艘用于工业服务。此外，20世纪90年代以来，随着微电子、高速数字计算机、人工智能技术、小型导航技术、指挥与控制硬件等技术的发展，无人自主式潜水器得到快速发展，据不完全统计，各国研制与使用的无人自主式潜水器有30多艘，其中供工业实用的有10多艘，其他的均用于军事和科学研究。

④ 发展趋势：当前，民用大深度无缆潜水器尚处于研究、试用阶段，还有一些关键技术问题有待解决。如，要使其活动范围在250～5 000 km的半径内，就要解决能保证长时间工作的动力源，国外正在探索使用燃料电池、小核反应堆等；关于控制和信息处理系统，需采用图像识别、人工智能技术、大容量的知识库系统，以及提高信息处理能力和精密的导航定位的随感能力等，力图在大深度声音图像传输技术等高技术上有突破。但长远看它是发展方向，趋势是向远程化、智能化发展。

作为国家载人航天工程姊妹篇的“蛟龙号”7 000 m载人潜水器在青岛市开展下水深潜试验。目前，世界上只有美国、日本、法国、俄罗斯拥有深海载人潜水器，最大工作深度未超过6 500 m。中国研制的7 000 m载人潜水器，将成为世界上下潜最深的载人潜水器，可到达世界99.8%的海洋底部。这种潜水器从海面下潜至7 000 m深度约需5 h，整个作业时可长达12 h。

8.1.8 港口机械领域

港口机械是在港口从事船舶和车辆的货物装卸，库场的货物堆码、拆垛和转运，以及船舱内、车厢内、仓库内货物搬运等作业的起重运输机械，如图8-30所示。重点为超大型岸边集装箱起重机、轮胎龙门起重机、堆高机械、智能平面运输机械、正面吊运机、环保高效散货装卸机械等，及其辅助设备、通信设备和其他设备等，重点开展全自动化码头装卸系统及关键设备设计、制造、测试与安装技术研究。

航运联盟化和船舶大型化加速了港口机械升级的步伐，为争取成为国际干线航班的挂靠港与枢纽港，各港口努力在生产效率和服务质量上下功夫。随着集装箱船船型规模大型化成为趋势，集装箱船变得更长、更高、更深，但其宽度、深度和高度的增加明显大于长度的增加。艾玛*马士基的3E级集装箱船每米TEU数比5 500 TEU的巴拿马型船高出80%，

图 8-30　港口机械

这意味着集装箱泊位平均每一米岸线需要处理的集装箱比原先多出 80%，这就要求起重机在操作过程中有更强大的起重能力。一艘常规 5 500 TEU 巴拿马型船可能只需要 4 台起重机作业就足够，艾玛 * 马士基型船平均需要 10.5 台起重机，并在同一时间完成的交换装卸平均往返次数大约为原先的 2.6 倍。而马士基 3E 型集装箱船长 399 m(24 货仓)，船宽 59 m(23 列)，舱内及甲板上均能装载 10 层集装箱。这就要求岸边集装箱起重机规格升级，外伸距达 23 排标准箱(自岸侧船舷至海侧集装箱中点位置 57.8 m)，起升高度需满足 11 m 吃水状态下甲板以上 10 层高标准集装箱以及 16 m 吃水状态下舱内底层集装箱(受实际潮水高度及泊位高度影响)起吊的要求，同时需要 13 台岸桥同时作业。

随着船舶大型化，各港口也陆续推动港口设备的升级或改造计划。2014 年，振华重工(ZPMC)建造的世界上最轻的 3E 级岸桥在荷兰鹿特丹 ECT 码头正式交付投产。该类岸桥前伸距 72.5 m，起升高度 50 m，每台机的实际重量为 1 500 t，与同规格岸桥相比减重约 20%，预计每台机每年可降低能耗约 14%。

1) *岸边集装箱起重机*

随着集装箱运输船舶的大型化，特别是 Tripple - E 集装箱货柜轮的投入使用，对岸桥提出了更新更高的要求。双小车岸桥和双起升岸桥就是为满足这一要求而设计开发的高效新型的集装箱装卸设备。

(1) 双小车岸桥：双小车岸桥其设计生产率可达 55～60 循环/h。这种双小车岸桥在 20 世纪 90 年代开始流行，但由于受当时的自动化控制技术和计算机控制技术发展水平的限制，其装卸效率不理想，且成本高，因而未能得到推广。近年来，由于自动控制技术的发展使双小车岸桥实现了完全装卸作业自动化，通过先进的自动控制技术使其与地面运输的 AGV 系统或跨运车自动配合，形成新的高效作业系统，大大提高了其生产效率，因而再次受到港口的青睐。

2000 年 ZPMC 为德国汉堡 HHLA - CTA 码头配备的双小车岸桥配备了两台载重式小车，主小车设有司机室，有手动和自动两种作业模式，主小车主要负责在船上箱位作业时的对箱，门架小车无司机室，为全自动作业模式，但工作人员也可以对其进行遥控操作，在门框联系梁处还设有一中控室，监控两小车及地面 AGV 的工作情况。在海侧下横梁设有中转平台，在卸船时，通过两台小车的接力完成集装箱的装卸作业，门架小车起升和小车行程较短，门架小车离地矮，防摇效果好，易自动化和对准AGV，因而大大提高作业效率。各小车装卸位置固定，节省对位时间，且自动化，大大提高了生产效率。虽然CTA项目取得了非常大的成功，但仍有较大改进空间，在ZPMC最近设计开发的美国洛杉矶及荷兰鹿特丹RWG双小车岸桥项目上都进行了改进。CTA载重式小车自重约100 t，启动时惯性大，不利提高小车的运行速度和加速度，这种小车不仅会使整机结构加大而且也加大了码头轮压、增加了码头造价。同时受结构所限，小车机房空间小，不利于维修。将载重式小车改为牵引式小车以后，自重轻，从而提高了小车速度及加速度。主小车起升高度高，受限于载重小车结构形式，无法采用好的钢丝绳缠绕方式，防摇效果差。门架小车应采用八绳双向防摇系统和双向平移系统。双小车岸桥非常适用于自动化码头和半自动化码头，与AGV及跨运车配合作业，如图8－31所示。随着岸桥起升高度越来越高，常规岸桥吊具与地面运输车辆的对位越来越难，而对位困难严重影响到岸桥和码头水平运输效率。双小车岸桥主小车进行船舶集装箱的高位作业，门架小车对地面车辆的低位装卸作业，实现快速对位。同等条件下，双小车岸桥的作业生产率相比常规岸桥可提高20%。随着集装箱码头自动化程度不断发展，随着人们对双小车岸桥认识的不断加深，双小车岸桥会在未来集装箱码头装卸中发挥巨大作用。

图8－31　双小车岸桥

（2）双起升岸桥：双起升岸桥能够同时装卸2个40 ft集装箱和4个20 ft集装箱，打破了现有常规集装箱岸桥的作业理念，给世界各港产生了深远影响。双40 ft集装箱岸桥由ZPMC推出后，立即搏击国内和世界各港，成为各用户购买设备时首选产品。两套独立的起升机构可以通过电气控制来实现两套或单套起升机构的工作，结构布置简洁。而双起升岸桥相对常规岸桥的装卸效率却能提高60%左右，显而易见将成为未来大型集装箱船舶装卸的首选。双起升岸桥如图8－32所示。

2）*挖入式港池集装箱码头*

荷兰阿姆斯特丹港挖入式港池集装箱码头是现代集装箱码头的一次新尝试。挖入式港池集装箱码头如图8－33所示。挖入式港池能实现多台岸桥在港池两侧同时对港池中的集装箱船进行装卸作业，当船长达到300 m以上时，可以同时容纳10台左右岸桥同时作业，每台岸桥设计生产率为35～40箱，10台岸桥每小时装卸350～400 TEU，可以实现300～

图 8-32　双起升岸桥

330 TEU/h 的目标。但这种码头还有一些问题需要解决，大船进出港池，用港作拖轮或岸上专用绞车推进移动大船不太方便，其港池泥沙易沉淀，需要经常清淤，一旦一台岸桥发生故障需维修，需将岸桥转移至维修区域的叉轨上，否则将影响作业。因存在问题较多，而影响其采用。

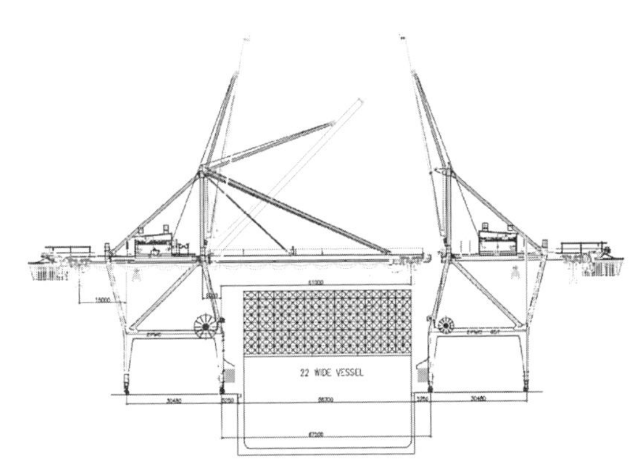

图 8-33　挖入式港池集装箱码头

3）浮坞集装箱起重机

为了解决挖入式港池船舶进出港池困难，港池清淤困难等问题，浮坞式集装箱起重机提上日程。浮坞集装箱起重机如图 8-34 所示。此种设计缓解了码头日益拥堵的交通问题及污染问题，提高了集装箱船舶的装卸效率，减少船舶滞留港口时间。虽然现在浮坞式起重机造价高，在经济上不可行，但随着传统成本的上升，进出入港口较困难等问题日益严峻，浮坞式集装箱起重机必将会由概念阶段向开发阶段迈进。

4）Fastnet 集装箱装卸系统

当今常规集装箱码头系统每个泊位的平均效率为 150～180 吊/小时，其中岸边集装箱起重机由于总宽的限制而不能进行“相邻舱”作业，平均每个泊位只能投入 5～6 台起重机作

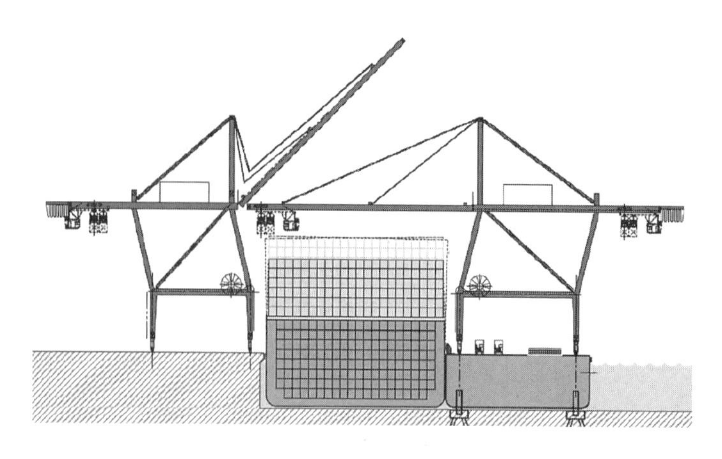

图 8-34　浮坞集装箱起重机

业，成为制约装卸效率的瓶颈。由 Liftech、Maersk、ZPMC 联合参与研发和讨论论证的 Fastnet 装卸系统每个泊位可以投入 10 台甚至更多岸桥进行作业，如图 8-35 所示，将大大提升集装箱船的装卸效率，每个集装箱泊位的生产率预计能达到 250～400 吊/h。Fastnet 项目将“相邻舱”作业的新理念付诸实施，将多个岸桥作业单元系统化，将现有集装箱装卸效率翻倍跨越增长，推动集装箱机械装卸技术革命，同时更加彰显装卸工艺在装卸作业过程中的重要性，使得集装箱装卸系统能快速适应船舶大型化的发展。Fastnet 集装箱装卸系统不仅节省大量码头建造费用，避免了挖入式港池的一些弊端，同时将多组岸桥作业单元系统化，使得码头装卸作业计划安排具有更大的灵活性，各装卸单元的联合作业具有较大的机动性，翻倍提高集装箱装卸效率。Fastnet 项目将颠覆原有装卸工艺单元化的概念，将多个岸桥作业单元及码头设备高效衔接，联合作业，通过不断优化装卸工艺来提高装卸效率，系统化地管理整个装卸过程。从码头前沿装卸系统化的高度去考虑集装箱装卸的“智能化、自动化、高效化、人性化”的理念，并将此理念融入产品中，实现它的高效可靠、使用方便、节省人力、经济环保，势必有广阔的市场前景。但因其设计研发难度大，投入资金大，码头基建费用高，不适于地震区使用，一旦发生撞船事故就会导致系统性坍塌，

图 8-35　Fastnet 集装箱装卸系统

若一台岸桥发生故障,将引发不宜转移等问题,此理念一直停留在纸面。但其大胆的想象力却是集装箱机械设计理念方向上的一个突破——集成化、系统化。Fastnet 集装箱装卸系统如图 8-35 所示。

5) 双大梁岸桥

目前常规的集装箱岸桥都只有一个起重小车在一个大梁上运动,但下部的大车宽度通常为 27 m,大于船上的一个舱位,使得一条船在多台岸桥同时作业时,只能隔舱作业,等作业完一个舱位时,移动起重机到相邻舱位作业,这就不能充分利用起重机,使得整条船的装卸时间延长。对于 3E 级的大船此问题尤其突出。为解决此问题,ZPMC 提出了双大梁岸桥的概念,如图 8-36 所示,在两个舱位的宽度(约 27 m)内,布置两个大梁,这样每个舱位上都有起重小车,可同时作业,如果整条船有足够的起重机同时作业,就能极大提高整条船的装卸效率,但吊装宽的舱盖板时有与门框干涉的问题需要解决。

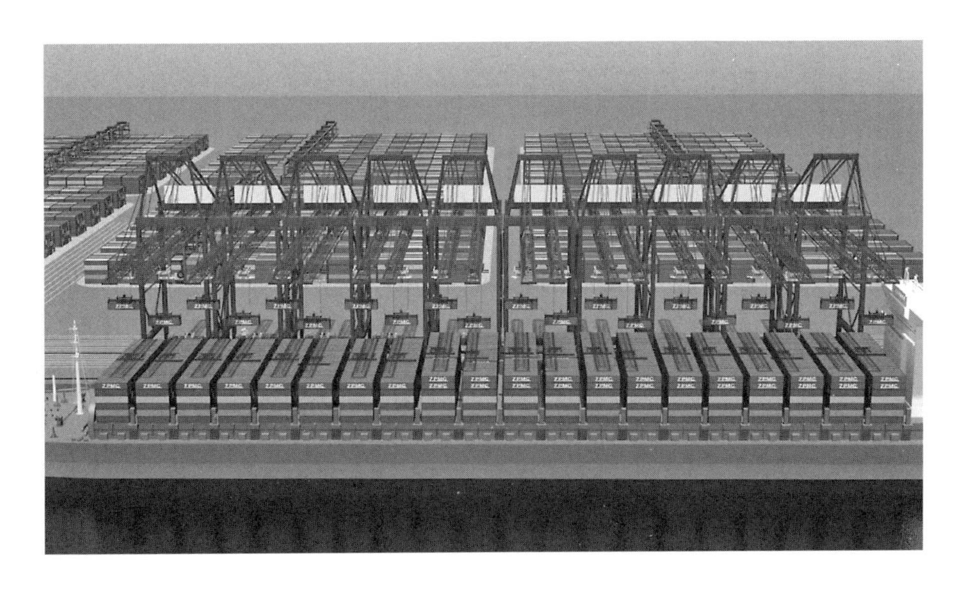

图 8-36 双大梁岸桥

8.2 海洋工程装备专项技术

根据《国家船舶工业中长期发展规划(2006—2015 年)》中的定义,海洋工程装备是指用于海洋资源勘探、开采、加工、储运、管理及后勤服务等方面的大型工程装备和辅助性装备,包括各类钻井平台、生产平台、浮式生产储油船、卸油船、起重船、铺管船、海底挖沟埋管船、海洋监管船、潜水作业船及浮标体等。表 8-1 列出了海洋油气开发所需要的主要装备。

表 8-1 海洋油气开发所需要的主要装备

流程	主　要　装　备
勘探	地震勘探船、仪器作用船、可燃冰调查船、地球物理勘探船
钻井	钻井船舶：钻井船 钻井平台：导管架、坐底式、自升式、半潜式、张力腿、立柱式 辅助船舶：平台供应船(PSV)、三用工作船(AHTS)、多用途海洋工作船(MSV)、起重船
生产	生产平台：导管架、坐底式、自升式、半潜式、张力腿、立柱式、FPSO、FSO 水下系统：采油树、管汇等 辅助船舶：PSV、AHTS、MSV、起重船
集输	船舶：铺管船、穿梭油轮 管线：海底输油管线

除以上介绍的海洋石油气开发、生产的主要装备外，辅助供应装备(海洋工程辅助船)也是海洋工程装备中的重要组成部分，见表 8-2。海上油气田的开发，无论浅海、近海还是深海，都要经过普查勘探、钻探平台建设和油气生产等阶段，其中除了普查勘探阶段外，油气开采、生产过程都需要各型海洋供应船的支援，因而海洋供应船在当前以及未来较长时间内，其重要性不可代替。

表 8-2 海上石油钻井平台和相应的海洋工程辅助船类型

海上作业区	海上石油钻井平台类型	相应的海洋工程辅助船类型
近海区域	自升式钻井平台	锚作拖船、平台供应船
浅海区域	半潜式钻井平台	三用工作船
深海区域	更大、更重的半潜式钻井平台；张力腿式钻井平台	多用途海洋服务船

8.2.1 自升式钻井平台

自升式钻井平台(jackup)属于海上移动式平台，由于其定位能力强和作业稳定性好，在大陆架海域的油气勘探开发中居重要地位。

自升式钻井平台主要由平台主体、桩腿、升降机构、钻井装置(包括动力设备和起重设备)以及生活楼(包括直升机平台)等组成，如图 8-37 所示。平台拖航到达井位后，先将桩腿下降至海底，再提升主体离开海面 0.5～1 m 的距离，进行预压。预压后进一步提升主体到离开海面一定的高度，以避开波浪对平台主体底部的冲击。作业完成平台离开井位时，先将主体下降到水面，利用水的浮力对主体的支持把桩腿从海底拔出、升起，然后托航移位到新的井位。这种类型平台的优点主要是：所需的钢材少，造价低；水上完井；作业状态抵抗恶劣海况的能力强，作业稳定，效率高。缺点是：拖航移位时桩腿升得很高，因而重心高，稳性差，耐风、浪能力不强而将受限制。

1）桩腿

自升式平台的主体依靠桩腿的支撑才能升离水面，使平台处于钻井作业状态。桩腿的作用除了支撑平台的全部重量外，还要经受住各种环境外力的作用。桩腿的型式可分为壳体式和桁架式两种。壳体式是钢板焊制的封闭式结构，其截面形状有圆形和方形。为了与升降装置相配合，在桩腿上沿轴线方向附设有几根长齿条或设有几列销孔。桁架式桩腿的截面形状多为三角形或四边形。三角形的桁架桩腿由三根弦杆及把弦杆连接起来的水平杆和斜杆、水平撑等组成。四方形的则由四根弦杆以及水平杆、斜杆和撑杆等组成。桁架式桩腿如图 8-38 所示。一般来说，壳体式桩腿的制造比较简单，结构也坚固。而桁架式桩腿由于杆件节点多，故制造比较复杂，但因其结构特点，可减少作用在桩腿上的波浪力。壳体式桩腿的适用水深一般不超过 60 m，更大的水深则应采用桁架式。壳体式桩腿具有占用甲板面积少的优势，同时壳体式桩腿的结构材料不需要进口，制造工艺简单，因此费用低、制造周期短，国内多家船厂都可以制造。

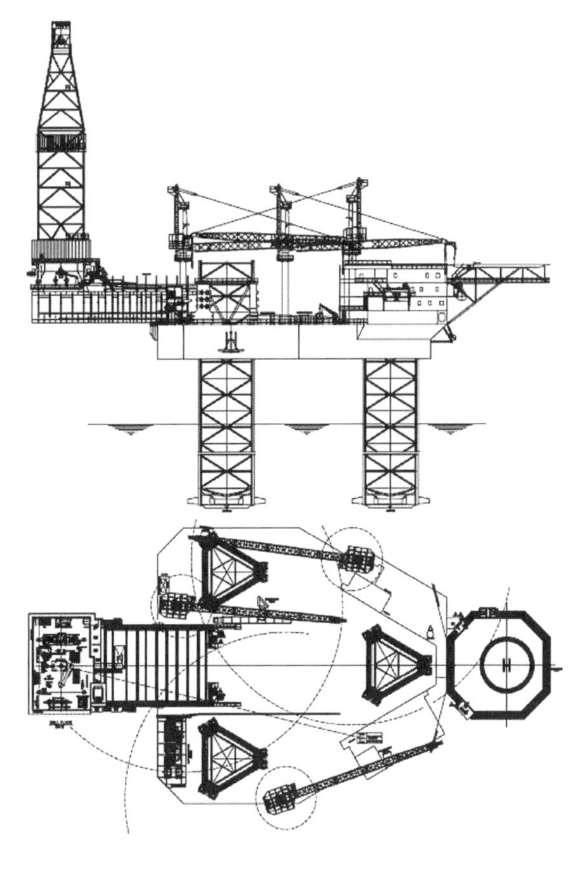

图 8-37　自升式钻井平台总体布置图

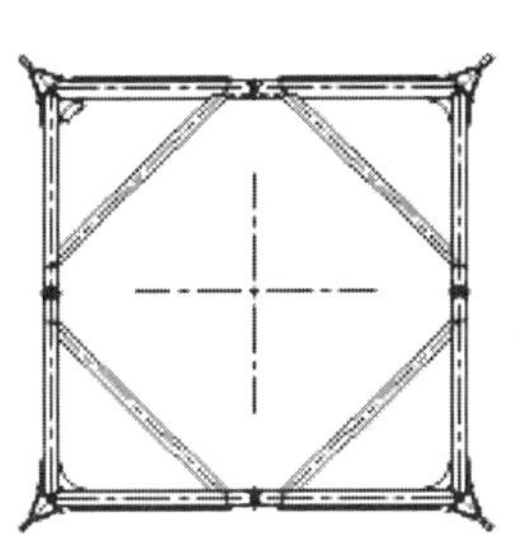

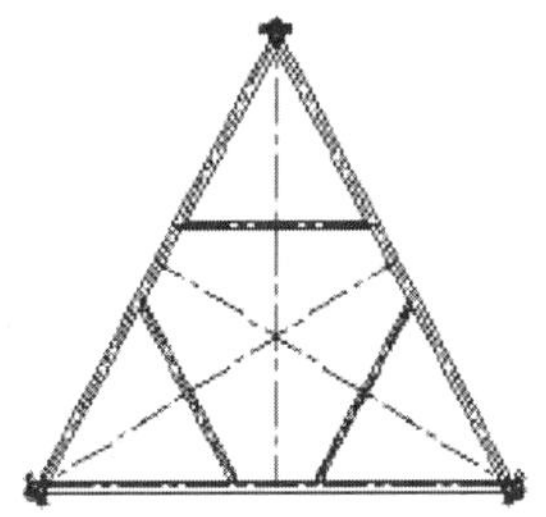

图 8-38　桁架式桩腿(左为四弦杆式、右为三弦杆式)

桁架式桩腿形式有很多种，主要差别在于撑杆型式不同。常见的撑杆型式主要有三种：第一种是 K 型，这种型式比较传统，应用广泛，F&G 公司设计的 Super M2 系列自升式平台即采用此种型式；第二种是 X 型，这种型式结构简单，只设 X 型斜撑杆和水平内撑，而没有水平撑杆，GustoMSC 公司设计的 CJ 系列平台即采用 X 型撑杆；第三种是逆 K 型，它采用 2 个 K 型对接的型式，减少了水平撑杆的设置，F&G 公司设计、上海外高桥造船有限公司承建的 JU2000E 新型平台即采用此种型式。桁架式桩腿的结构型式如图 8-39 所示。

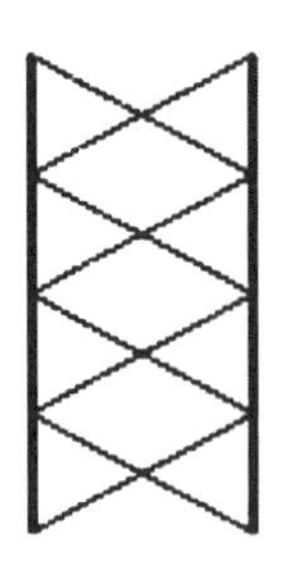 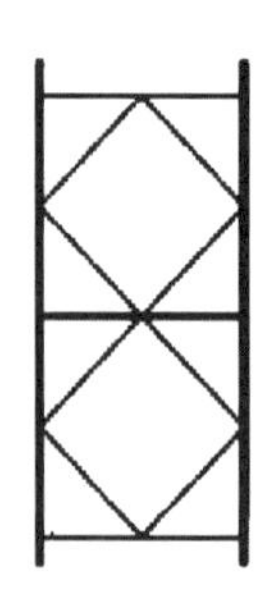 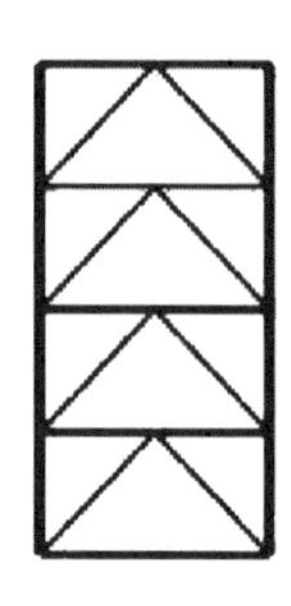

图 8-39 桁架式桩腿的结构型式

就桩腿数量而言,目前主要是 3 条或 4 条,3 条桩腿是自升式平台取得稳定支撑最少的数量。当作业水深较大时,考虑到桩腿的尺寸和质量,宜采用 3 条桩腿,同时可以减少升降机构的数量;缺点是一条腿失效,平台就无法工作,甚至发生险情。3 条桩腿在预压时不能像 4 条桩腿那样采用对角线交叉方式,而需要用压载水,比较麻烦。中小型的自升式钻井平台,作业水深较小,多采用 4 条柱体式桩腿,平台主体平面呈矩形;大中型平台,作业水深较大,多采用 3 条桁架式桩腿,平台主体平面呈三角形。

2) 桩靴

桩腿下端的结构型式具有重要的作用。其作用是增加海底对桩腿的支承面积,防止由于海底局部冲刷而造成平台倾斜。这部分结构直接和海底接触,是支承面和基础。按海底地貌和土质的不同,可采用插桩型、沉垫型、桩靴型。在每一根桩腿的下端附装一个桩靴,这样可以增大海底支撑面积,从而减小桩腿插入海底的深度。减小插入深度的意义不仅在于减小桩腿长度,更重要的是提高插桩和拔桩作业的安全性,尤其在软性地基土上作业。

插桩型的桩腿下端具有较小的支承面,甚至略带锥型,以适应较硬的海底。这种形式不适宜于软土地区。

沉垫型是将几根桩腿的下端固定到一个大沉垫上,适用于软地基区域,但海底必须是平坦的,在风暴状态下容易产生掏空和滑移,一般认为海底的极限坡度应不超过 1.5°。沉垫型的桩腿还不需要预压载,但地基未经预压载也带来了缺点,平台在波浪力等交变载荷作用下,地基土将发生变形和强度减小等情况,致使这类平台在大风浪中容易产生水平滑移。这种水平滑移的距离少为几米,多则成百上千米,危害极大。根据实践经验,如无特殊措施,这类平台不适宜在淤泥地区使用。

桩靴型是桩腿下端的结构型式中用的最多的,它在每一根桩腿的下端附装一桩脚箱,亦称为箱型桩靴,这样可以增大海底支承面积,从而减小桩腿插入海底的深度。桩靴的几何形状和尺寸随着建造而变化,包括圆柱形、圆锥形或旋转双曲面形等,如图 8-40 所示。目前新平台都有一个圆锥形的并与水平面成 120°～150°的桩靴。很多桩靴都有一个坚硬且突出的锥点,这个锥点特别用于降低在浅桩靴插入情况下(在沙土或非常硬的黏土中)平台结构滑移的风险。

3) 升降锁紧装置

海上自升式钻井平台主要是通过桩腿与升降机构来实现工作平台与桩腿的升降,从而满足钻井或拖航的作业要求。桩腿的升降方式可以分为气动、液压和齿轮齿条传动三种,其

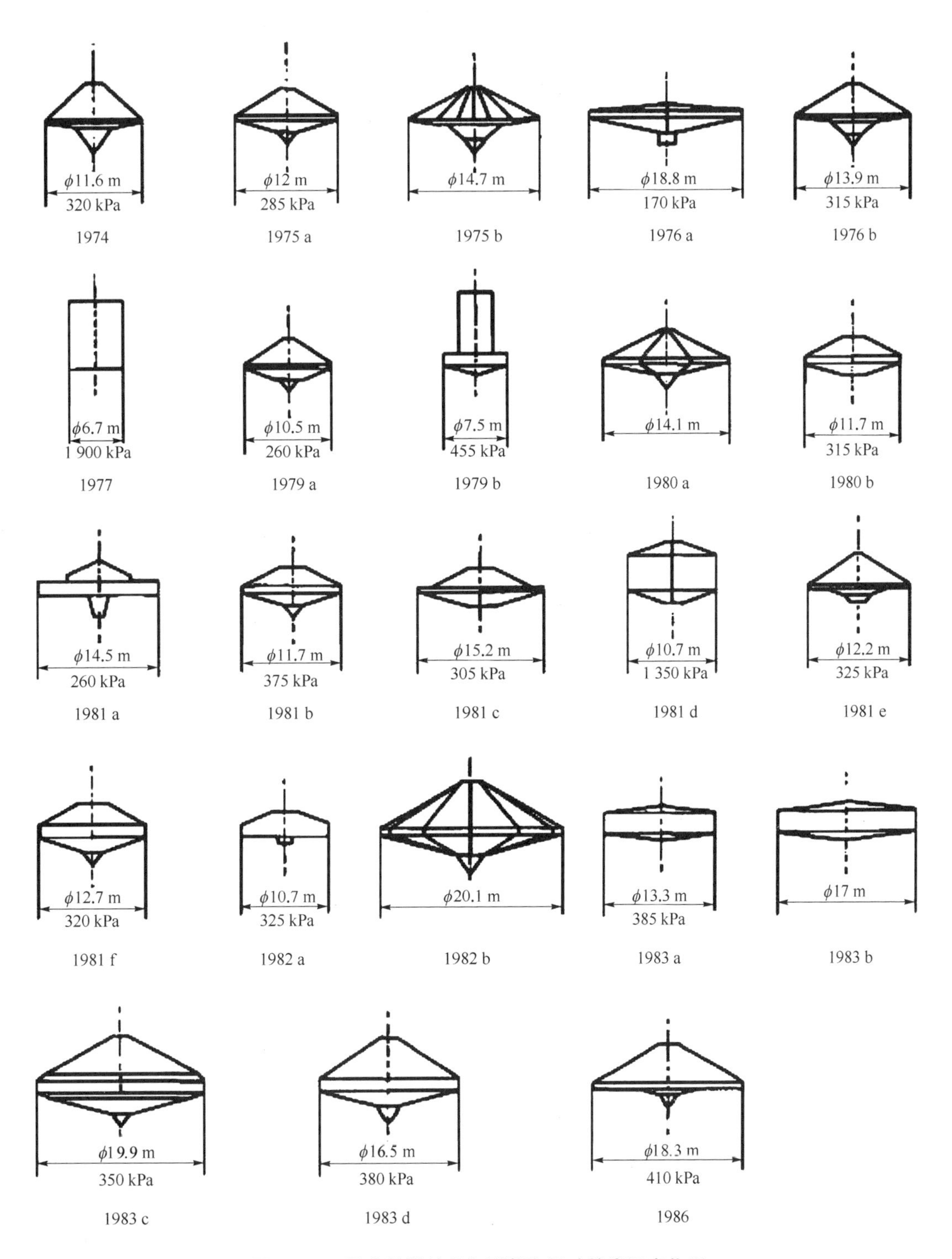

图 8 - 40　平台桩靴的几何形状和尺寸的发展变化图

中圆柱形桩腿一般采用气动或液压传动，也有部分圆柱形桩腿采用齿轮齿条传动；桁架型桩腿通常都采用齿轮、齿条传动。齿轮齿条式升降装置如图 8-41 所示。齿轮齿条式升降装置的齿条沿桩腿筒体或弦杆铺设，而与齿条相啮合的小齿轮安装在齿轮箱上，并由电动机或液压马达经减速齿轮驱动。当主体漂浮于水面时，驱动齿轮可以使桩腿下降，而当桩腿支承于海底时，驱动齿轮则可使主体上升。

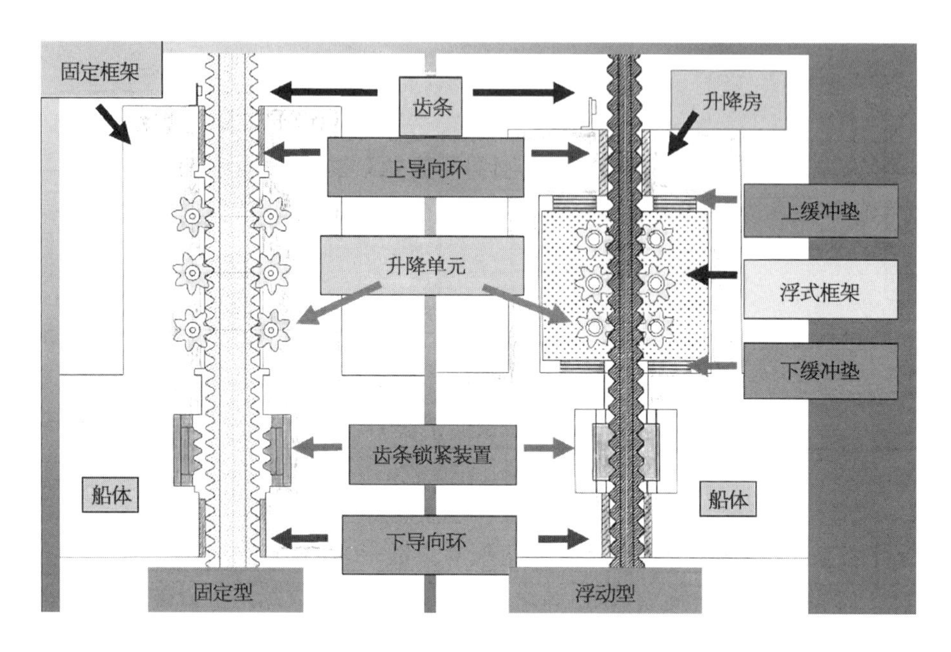

图 8-41 齿轮齿条式升降装置

为了减少齿轮架承受的水平力，齿条一般是成对设置的，即附设于同一根弦杆的两侧，使齿轮动作时由于压力角和摩擦力引起的水平分力可以相互抵消。齿条两侧设有导向板，以防止齿轮与齿条相脱离。每一个小齿轮由一台独立的电动机驱动。几台电动机的载荷的均匀性是能够自动调整的，小齿轮与齿条的啮合相位也可调节，以确保桩腿的垂直升降。升降电动机均配置有电磁制动器，当电动机收到的功率足够大时制动器自动松开，一旦供电停止便立即进入制动状态，把平台主体固定在桩腿的某一位置上"刹车"。由于与齿条相啮合的每一个小齿轮有自己独立的传动系统，因此，各小齿轮之间的载荷分配问题成为突出的问题。如果载荷分配不均，则小齿轮的强度难以保证。事实证明，小齿轮的强度是齿轮齿条式升降装置的薄弱环节。在升降作业中举升平台主体，特别是预压作业中主体压载舱中有压载水的情况下强行将主体调平的时候(预压过程中往往需要紧急调平，此时已来不及将压载水排出，故属"强行"举升)，小齿轮的载荷是很大的，而且是动力性质的。对这类动态工作状况，必须校核小齿轮的动态强度。好在动载荷分配问题可通过控制系统来解决，电动机和液压马达在传动中的弹性对载荷分配也是有利的。还有一种严重的情况发生在抗风暴时，升降装置虽然处于"刹车"状态，但风、浪、流在水平方向的作用力所形成的倾覆力矩将使下风舷的桩腿上附加一个垂直载荷，同时在所有桩腿上产生弯曲力矩。此时，小齿轮的载荷分配问题也变得十分复杂，与刹车、升降装置的刚性等许多因素有关。实践经验表明，底部的小齿轮载荷最大。在平台的使用过程中、刹车状态，升降电动机的扭矩须随时进行手动调节。不管平台处于何种工况和进行何种作业，都必须严格控制可变载荷的数量，否则将会危及升降装置和相邻部位的结构。

对齿轮齿条升降装置进行设计时，应考虑如下重要因素：

(1) 升降状态时平台主体的升降速度。

(2) 举升主体的举升力大小。

(3) 站立状态升降装置的支撑能力。

(4) 任何部件发生故障时不会引起灾难性事故。

设计方法首先应根据平台的拖航排水量计算举升力和支持力，根据举升力和支持力就可确定小齿轮的数目和承载力。

拖航排水量＝空船重量＋可变载荷
举升力＝空船重量－桩腿(含桩靴)重量＋可变载荷
支持力＝空船重量－桩腿(含桩靴)重量＋可变载荷＋
预压载荷(应大于正常作业或风暴自存的最大载荷)

4) 悬臂梁

悬臂梁式自升式钻井平台在甲板上设有两道相互平行的钢梁，钻台及井架安装在钢梁上，钢梁可在滑轨上移动并连同钻台及井架一起伸向平台尾端舷外，成为悬臂式结构。自升式钻井平台的悬臂梁设计已得到不断的改进和发展，主要表现在悬臂梁的移动形式上。根据移动形式的不同，悬臂梁可分为常规型悬臂梁、XY 悬臂梁和旋转式悬臂梁。

(1) 传统型悬臂梁：传统型悬臂梁的悬臂梁部分与钻台底座部分是分开的，钻台的移动方式为：悬臂梁外伸开始打纵向丛式井，然后悬臂梁固定，钻台底座在悬臂梁上作左右的水平移动，打水平丛式井，即悬臂梁只是做纵向的移动。目前在国际上使用这种类型悬臂梁比较典型的是 SuperM2 系列以及 JU2000E 型自升式钻井平台，这两个系列的自升式钻井平台都是由美国 F&G 公司设计的。传统型悬臂梁是由两个纵向的“悬臂梁”和两个横向梁组成，在承载能力方面，在极限井位，这种悬臂梁的钻台重量和组合悬臂梁载荷几乎会是由一根梁来承担。

(2) XY 型悬臂梁：常规悬臂梁的纵向移动是相对于平台主体的纵向伸缩，横向移动只是钻台在悬臂梁上作相对于平台中心的左右移动；而 XY 悬臂梁能实现纵横双向自由移动。常规悬臂梁与 XY 悬臂梁在钻井覆盖区域、平台结构承载分布等多方面也都存在差异。XY 型悬臂梁把钻台和悬臂梁结构连接成一个整体包，悬臂梁可以相对于平台主体纵向移动，也可以横向移动。目前在国际上使用这种形式悬臂梁比较典型的是 CJ 系列自升式钻井平台，该系列平台是由荷兰 GustoMSC 公司设计的。

在结构方面，XY 悬臂梁是一个箱体结构，后端集成了钻台和钻台面下甲板，前方布置排管和设备。这种形式的悬臂梁的井架支撑点直接与悬臂梁的侧板对齐，纵向有三道壁，垂直有三层甲板：下设备甲板、中间设备甲板和顶部排管甲板。整个 XY 悬臂梁由平台主甲板的一对横向滑轨支撑，后滑轨布置在船体尾端横舱壁上，前滑轨位于稍前些的横舱壁上。

在极限井位，钻台重量和组合悬臂梁载荷均匀分布在两个纵向梁之间。同时 XY 悬臂梁的宽度稍小些，因为这个宽度取决于横移距离和 BOP 尺寸。在重量方面 XY 型悬臂梁重量要轻于传统悬臂梁。图 8－42 所示为两种悬臂梁全载移动范围及井位布置对比图。比较表明，XY 悬臂梁横向位移大一倍，所以覆盖的钻井区域面积比常规悬臂梁大一倍以上。由此可知，如果以 3 m 为两井之间的井距，那么 XY 悬臂梁纵横移动 24 m×18 m，可覆盖 56 口井；而常规悬臂梁纵横移动 23 m×9 m，只能覆盖 28 口井以下。

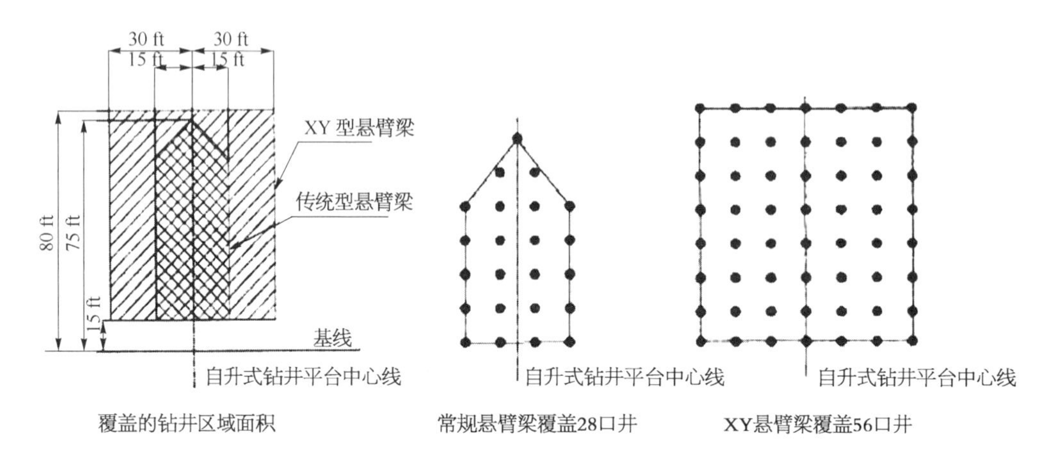

图 8－42　两种悬臂梁全载移动范围及井位布置对比图

（3）旋转式悬臂梁：这种悬臂梁的设计观念类似于 XY 悬臂梁，也是将悬臂梁、钻台连成一个整体包。只是这种悬臂梁是围绕一个固定的点旋转，以达到钻丛式井。这种悬臂梁的特点是：纵向和旋转横向钻井范围大；与船体交界简单；集钻台与悬臂梁于一体；门吊在悬臂梁甲板上，多功能、可靠和安全操作；钻台和悬臂梁之间无连接接头；重量和性能得到优化。旋转型悬臂梁如图 8－43 所示。

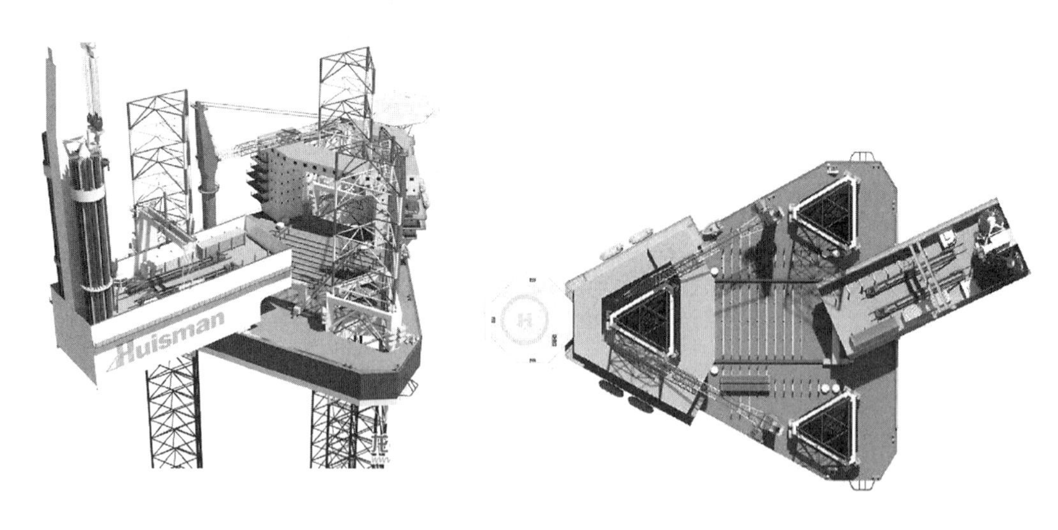

图 8－43　旋转型悬臂梁示意图

8.2.2　半潜式钻井平台

半潜式钻井平台(submersible drilling platform,Semi)作为一种可重复使用的移动式钻井装置,以其性能优良、抗风浪能力强、甲板面积和装载量大、适应水深范围大等优点成为国外研究建造的热点之一,是海上石油勘探钻井最具有发展前途的装备。随着水深越大,离岸越远,该型平台更能充分显示其优越性。因此,半潜式钻井平台被称誉为 21 世纪海洋油气开发最关键装备,其在浮式海洋石油钻井装备中所占的比率也越来越高。

半潜式钻井平台基本包括上部和下部结构:平台上部结构主要指甲板箱体和甲板上面区域部分。如图 8-44 所示。甲板又分为钻井区、立管排放区和生活区。钻井区指钻井作业区域,主要含有井架和自动化钻井设备;立管排放区指露天甲板放置立管及隔水管的区域,主要含有立管排放区和立管操作起重机:生活区指工作人员生活的区域生活楼的最下层嵌入甲板箱体架构中,而最上面设有直升机平台。平台下部结构主要包括浮筒、横撑、立柱。立柱用于连接甲板箱体和浮筒,立柱外侧挂锚。横撑用于加强平台结构:浮筒、浮体、浮箱为平台提供浮力和可变载荷,主要包括推进器舱室和泵舱,推进器舱室下面的螺旋桨用于动力定位。

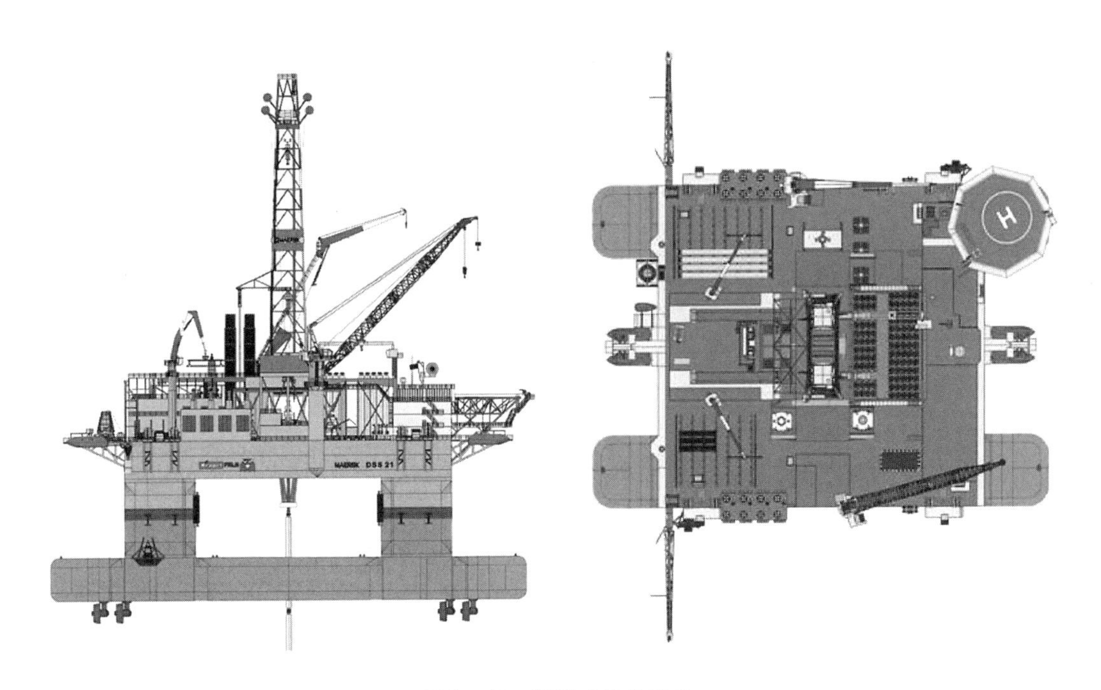

图 8-44　半潜式钻井平台

半潜式平台上设有钻井机械设备,器材和生活舱室等,供钻井工作用。平台本体高出水面一定高度,以免波浪的冲击;下体或浮箱提供主要浮力,沉没于水下以减少波浪的扰动力;平台本体与下体之间连接的立柱,具有小水线面的剖面,立柱与立柱之间相隔适当距离,以保证平台的稳性。半潜式平台在深水区域作业,需依靠动力定位设备,深水锚泊系统,需要大量锚链,靠供应船运载。半潜式平台由于浮体都浸没在水中,其横摇与纵摇的幅值都很小，有较大影响的是垂荡运动。由于半潜式平台在波浪上的运动响应较小，在海洋工程中，不仅可用于钻井，其他如生产平台、铺管船、供应船和海上起重船等都可采用，这也是它优于FPSO的主要方面。同时，能应用于多井口海底井和较大范围内卫星井的采油是它的另一优点。另外，半潜式平台作为生产平台使用时，可使开发者于钻探出石油之后即可迅速转入采油，特别适用于深水下储量较小的石油储层。随着海洋开发逐渐由浅水向深水发展，它的应用将会日渐增多，诸如建立离岸较远的海上工厂、海上电站等，这对防止内陆和沿海的环境污染将有很大的好处。

1）锚泊定位系统

半潜式钻井平台的锚泊系统一般由锚机、锚泊线、导缆器、起链机和海底锚五部分组成。锚泊线上端连接到半潜式钻井平台主体上的导缆器，锚泊线的另一端与埋于海底的锚相连，用起链机来控制锚泊线的预张力。半潜式钻井平台的锚泊系统必须具有足够的回复力，才可使半潜式钻井平台定位于井位上方，其活动半径不得超过某一限度。

锚泊定位系统结构简单、可靠、经济性好，在水深不大的情况下，一般采用锚泊系统定位。但随着水深的增加，锚泊系统布置安装变得困难，造价和安装费用猛增。如图 8－45 所示为半潜式钻井平台锚泊系统。

图 8－45　半潜式钻井平台锚泊系统

2）动力定位系统

动力定位系统主要由三部分组成：位置测量系统，测量出船舶或平台相对于某一参考点的位置；控制系统，首先根据外部环境条件（风、浪、流）计算出船舶或平台所受的扰动力，然后由此外力与测量所得位置，计算得到保持船位所需的作用力，即推力系统应产生的合力；推力系统，一般由数个推力器组成。动力定位系统组成如图 8－46 所示。

与锚泊定位系统不同，动力定位的定位成本不会随着水深增加而增加，可以在锚泊有极大困难的海域进行定位作业，如极深海域、海底土质不利抛锚的区域等。动力定位机动性能

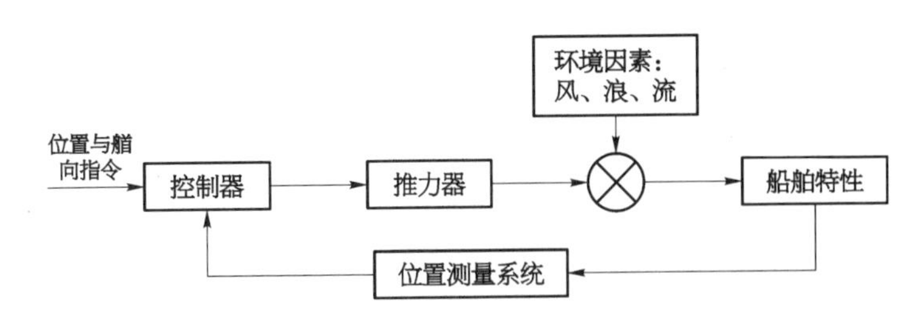

图 8-46　动力定位系统组成

好，一旦到达作业海域，立即可以开始工作，遇有恶劣环境突袭时，又能迅速撤离躲避。但是全动力定位系统初始投资和运营成本都比较高。

3）振动噪声控制

随着经济的发展和人们生活水平的不断提高，作为海上运输工具和海洋工程作业的海洋工程装备而言，在追求其安全性和快速性的同时，还需要考虑其舒适性，因而对舱室的振动噪声级别提出了更严格的要求。噪声轻则影响居住舱室环境的舒适性，重则对船员身体健康具有一定的危害。如果长期暴露在噪声中，轻则影响到人们的睡眠和休息、工作注意力以及语言交流等，重则可能造成船员无法恢复的永久性听力损伤。此外，振动还会引起船体局部结构的声振疲劳破坏和船上各种仪器、设备作用的正常发挥。而且，噪声对海洋生物的生态环境会造成破坏，因此也日益受到国内外海洋学者的特别关注。

随着国际贸易和船舶海洋工程结构科学技术水平的快速发展，船舶及动力装置越来越大型化，船舶结构以及动力机械装备的振动噪声控制问题越来越成为船海工程设计和制造者关注的问题，尤其是在 21 世纪人类环保意识不断提高的前提下，实现低噪声指标日益成为高质量高性能的标志。

深水半潜式钻井平台长期处于恶劣的海洋环境中，规范和业主对平台上层建筑舱室和环境振动噪声提出了更高的要求。对于这样超大型海洋工程结构，采用常规的减振降噪设计措施和相应声学计算技术既耗时费力，又有较大技术难度。

目前，国内在噪声控制方面主要还是处于被动降噪防噪阶段。在设计初期，设计者很少关注舱室的噪声问题，当船舶或平台建成后，根据船东对噪声要求的与否来决定是否进一步关注舱室的噪声问题。此时，就主要采用大量的隔声吸声材料来降低超标的舱室噪声，从而导致人力和财力的大量浪费，而且效果还不明显，往往是事倍功半。此外，国内的噪声设计水平也是参差不齐的，具有噪声防护设计能力的只有一些研究机构和大型船舶企业，而一些中小型船厂则因为结构设计、设备选取和建造质量处于较低的水平，使得其没有能力去应对船舶噪声问题。

从噪声的产生、传播到接收，整个过程中都可以采用噪声防护措施以降低噪声水平。如果在设计初期就根据声学设计原理考虑噪声问题，将噪声防护理念贯穿于整个设计和建造过程中，对超过规范要求的舱室采取合理高效的噪声防护措施。这样就可以获得事半功倍的降噪效果，以最经济的设计和建造成本最大限度地提高了舱室的舒适性。

舱室噪声设计包括结构形式设计、噪声源设备选取、传播途径控制、接受者噪声防护设备的配用。噪声源的选取，应尽可能满足其他性能要求的前提下兼顾低噪声的要求，对于高噪声的设备,可以采取必要的降噪减振措施,如在烟囱顶部安装消声器,在螺旋桨上方的船底板上开设减振穴。结构的设计,应尽可能避免居住区和工作区与噪声源隔离,或者适当加大舱壁厚度,例如烟囱与居住建筑群隔离。在传播途径上,主要采取隔声吸声的措施尽可能增大噪声在传播过程中的声能消耗,如采用隔声罩隔离主机或者泵。对于接受者而言,在高噪声区域,可佩带耳塞或护耳具以保证人员的安全。当然,减噪措施应该与船上消防、绝缘、隔热等措施结合考虑,此外还须注意满足各有关规范及国际公约的相应要求和其他环保要求。

所以,只要将噪声控制理念充分贯穿于船舶的整个设计过程中,就可以降低降噪成本,提高降噪效率,实现主动降噪,将我国的噪声设计提到一个新的水平。

8.2.3 钻井船

钻井船(drillship)是具有船形结构的海上钻井平台,经过特殊的设计携带钻井装置到深海作业。典型的钻井船除了具有一艘大型海船所具备的结构设施外,甲板中部布置钻井平台及井架,钻井平台下面有贯通的月池结构,可由此安装钻杆进行钻井。大型深水钻井船如图 8-47 所示。因为船形的结构对波浪的运动比较敏感,易受所遭遇海况影响,而钻井作业时船体与钻孔之间有立管和钻杆连接,所以利用定位系统控制船体运动和保持船体姿态是非常重要的。定位系统一般分为锚泊定位和动力定位两种。船上装备定位系统,可保持船体与海底钻孔的方位。

钻井船按船形钻井船分两种:常规的钻井船和超大型钻井船。常规钻井船比超大型钻井船更易受风浪影响。500 ft 或 600 ft 的钻井船,其长度一般不足以跨过 4~6 个平均海浪波长,新一代的超大型钻井船尺度与大型油轮相似,能达到 1 000 ft 或更长,跨过约 12 个平均海浪波长,因而其运动性能更稳定。超大型钻井船的市场价值在于它可以减少 30%的钻井时间,兼有早期油田开发和多井并行钻探的特点,还具备更强的钻井功能。这些功能需要配置更多的设备或设备升级来处理超重或长期承载情况。如果它要同时钻两口井,那么相应地就必须有两套钻井系统,即绞车、压井管汇、立管和钻具舱、三缸泵组、泥浆池等都是原来的两倍,同时双井架对月池尺寸的要求也是与井架相对应的。

图 8-47 大型深水钻井船

8.2.4　浮式生产装置

世界范围内用于深水油气开发的浮式生产装置(FPS)类型主要包括浮式生产储卸油系统(FPSO)、半潜式生产平台(semisubmersible)、张力腿平台(TLP)以及 Spar 平台。其中 TLP 和 Spar 平台可采用湿式或干式采油树,而 FPSO 和半潜式生产平台只能采用湿式采油树。与湿式采油树相比,干式采油树安装在平台上,更加便于生产控制和维修,当产油率过低甚至不出油时,可利用自身设备进行修井作业,而无须租用移动钻井装置。

半潜式生产平台的主体结构如前所述由上部结构、立柱、下浮体以及立柱之间或下浮体之间的横撑结构组成。传统的半潜式生产平台垂荡运动幅值较大,无法支持干式采油树。国外一些设计公司从不同角度出发,尝试改善半潜式平台的水动力性能,尤其是降低平台的垂荡运动,提出了一系列采用干式采油树的新型半潜式生产平台概念,并进行了大量的数值分析和试验研究,已取得了一定的进展。主要通过增加系统的阻尼,增加垂荡自然周期,使之离开波能量的范围,减小垂荡激励力三种方法改善垂荡性能。

8.2.5　立柱式生产平台

立柱式平台(Spar)是一种新型的深海采油装备,担负着钻探、生产、海上原油处理、石油储藏和装卸等各种工作,成为当今世界深海石油开采的有力工具。可参阅 4－5。

与现有的其他海洋采油平台相比较,Spar 平台主要具有三大优势:

(1) 适宜于深水作业,在深水环境中运动稳定、安全性良好。在系泊系统和主体浮力控制的作用下,Spar 平台相应的六个自由度上的运动固有周期都远离常见的海洋能量集中频带,显示了良好的运动性能。以传统型 Spar 平台(Classic Spar)为例,其典型的固有周期纵横荡为 300～350 s,纵横摇为 50～100 s,垂荡为 30 s。

(2) 灵活性好。由于采用了缆索系泊系统固定,使得 Spar 平台十分便于拖航和安装,在原油田开发完后,可以拆除系泊系统,直接转移到下一个工作地点继续使用,特别适宜于在分布面广、出油点较为分散的海洋区域进行石油探采工作。另外,Spar 平台动态定位比较方便,即使是处于下桩状态,也可以通过调节系泊索的长度来使平台在水平面上的一定范围内移动,保证在设计位置上。

(3) 经济性好。与固定式平台相比,Spar 平台由于采用了系泊索固定,其造价不会随着水深的增加而急剧提高。而与张力腿平台(TLP)相比较,Spar 平台的造价又要远低于现有的张力腿平台,以目前在役的 Hom Mountain Truss Spar 和 Mad Dog Truss Spar 为例,工作水深前者为 1 646 m、后者为 1 372 m,总体预算(包括平台及海底管线的建造和安装、钻探和完井等费用)前者大约在 6 亿美元,后者则大约为 3.35 亿美元。再看壳牌石油公司在 1994 年于 872 m 水深中建成的 Auger TLP 项目和 2001 年在 910 m 水深中建成的 Brutus TLP 项目,前者耗资达到了 11 亿美元,后者也有 7.5 亿美元,与之相比,Spar 平台的价格优势明显。

Spar 平台凭借这些技术优势,成为世界各国研究者和业主眼中的新宠,并迅速完成了从设计构思向实际生产转变的过程。当第一座 Spar 深海采油平台 Neptune 平台在 1996 年建成投产并取得良好的经济效益之后,1998 年,Spar 的发展开始进入黄金时期,各大公司争相建造新的 Spar 平台。

现代Spar平台的主体是单圆柱结构，垂直悬浮于水中，特别适宜于深水作业，在深水环境中运动稳定、安全性良好。Spar平台主体可分为几个部分，有的部分为全封闭式结构，有的部分为开放式结构，但各部分的横截面都具有相同的直径。由于主体吃水很深，平台的垂荡和纵荡运动幅度很小，使得Spar平台能够安装刚性的垂直立管系统，承担钻探、生产和油气输出工作。

Spar平台的中心处开有中央井，中央井内装有独立的立管浮筒，具有良好的灵活性。生产立管上与平台上体的控井和生产处理设施相连，向下则一直延伸到海底油井。Spar平台的油气产品有两种输出方式，它既可以通过柔性输油管、SCR立管或顶紧张式立管将油气产品直接输送到海底管道系统，也可以将石油储藏在Spar平台的主体中，然后用油轮将石油向岸上运输。

最近20年，世界大型海洋工程研发机构对SPAR平台进行了大量的设计和研发工作。当前，世界上在役和在建的Spar，按技术发展分为三代，依次是传统Spar平台(Classic Spar)、构架式Spar平台(Truss Spar)和多柱式Spar平台(Cell Spar)，如图8-48所示。

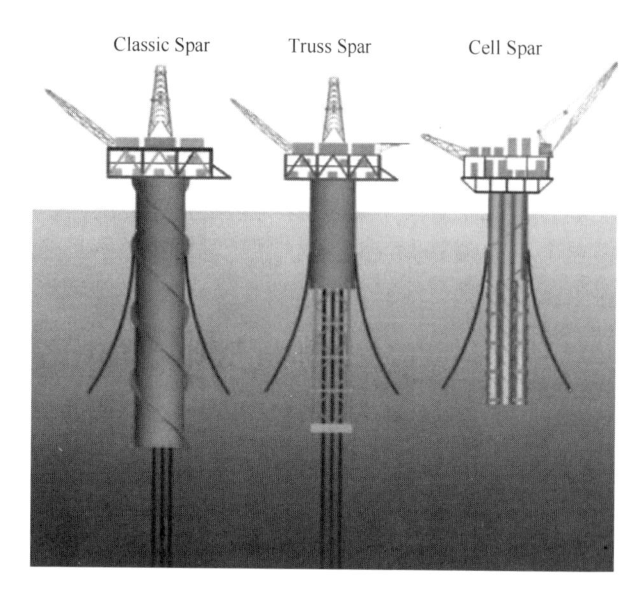

图8-48　不同类型的Spar平台示意图

1) 第一代Spar：传统式Spar平台

传统式Spar(Classic Spar)，又称为箱式Spar(Caisson Spar)，是最早出现的Spar深海采油平台，该型Spar平台最主要的特征就是主体为封闭式单柱圆筒结构，体形比较巨大，主体长度一般都大于200 m，直径都在23 m以上。传统式Spar的主体是一个大直径、大吃水的具有规则外形的浮式柱状结构。水线以下部分为密封空心体，以提供浮力，称为浮力舱，舱底部一般装压载水或用以储油(柱内可储油也成为Spar的显著优点)，中部由锚链呈悬链线状锚泊于海底。

由于Spar的垂荡运动很小，因此它可以支持顶端张紧立管(top tentioned riser，TTR)和干式集油树(dry trees)。由于每个立管通过自带的浮力罐提供张力支持，因此立管的轴向载荷与壳体运动解耦，同时使得平台对水深也不敏感。Spar底部接头(keel joint)的设计，使得Spar和立管之间可以有相对运动。浮力罐从接近水表面一直延伸到水下一定深度。在一些情况下，浮力罐超出硬舱底部。在中心井内部，由弹簧导向承座提供这些浮罐的横向支持。柔性海底管线(包括柔性输出立管)可以附着在Spar的硬舱和软舱的外部，也可以通过导向管拉进桁架内部，继而进入到硬舱的中心井中。

2) 第二代Spar：构架式Spar平台

第二代构架式Spar(Truss Spar)的概念是Deep Oil Technology(DOT)公司和Spar International公司从1996年起经过大量的研究工作，历时5年后提出的，并于2000年2月第一次应用于 Nansen Boomvang 油田。Truss Spar 是目前发展最为活跃的 Spar 海上采油平台，其存役平台数目为 9 座，其中 2003 年至 2004 年间，有 6 座 Truss Spar 建成下水。其中包括 2004 年初安装下水的世界上最大的 Spar 平台——BP 石油公司的 Holstein Spar、打破干树型采油平台工作水深世界纪录的 Dominion 石油公司的 Devils TowerSpar，以及世界上第一座采用尼龙塑料系泊索系统的 Spar——BP 石油公司的 Mad Dog Spar。由于各种最新技术的采用，到 2004 年底，新建成的构架式 Truss Spar 已在多个方面取得创新性的突破。

与传统 Spar 相比，构架式 Spar 的最大优势在于其对钢材用量的大大降低，从而能有效地控制建造费用，因此得到广泛的应用。构架式 Spar 的设计概念是应用构架结构代替传统 Spar 柱体的中部结构(midsection)。作为连接顶部硬舱和底部软舱的结构，这个构架部分是一个类似于导管架结构的空间钢架，同传统 Spar 的金属圆柱中部结构相比，可以节省 50%的钢材。构架式 Spar 通常由无内倾立腿，水平撑杆，斜杆和垂荡板(heave plate)组成。桁架中的管状部件在整个 Spar 的使用过程中均产生浮力。垂荡板通常由带支架(girders)的刚性金属结构组成，通过水平撑杆支撑，它的设计已成为桁架设计的一部分，通过增加垂直和正交的撑杆来减小垂荡板之间的跨距。垂荡板的主要作用是增加 Spar 平台垂直运动的附加质量和阻尼，同时也为顶端张紧立管和刚性立管(steel catenary risers，SCRs)提供侧向支撑。通过将构架腿柱构件伸长至顶部硬舱壳体结构中，来连接构架和硬舱。硬舱和构架结构通常是分开建造的。通过焊接交叉部分的腿柱连接在一起。在作业时，构架结构、垂荡板和结点均受到波浪和 Spar 运动的连续动力载荷。因此。在结构分析和设计的过程中，必须充分考虑桁架和结点的结构强度和疲劳。构架式 Spar 平台其特点包括：

(1) 中部结构和软舱部分使用较少的钢材，造价较为便宜；

(2) 总体吃水减小，使得模块的建造和运输变得可行(降低了建造和运输的难度)；

(3) 通过阻尼板减小了垂荡运动，在长周期中都具有较好的响应；

(4) 由于中部结构为开放式(open)的撑杆，降低了环流造成的拖曳载荷；

(5) 壳体的涡激振荡(vortex induced vibration，VIV)响应减小了；

(6) 刚性立管可以从开放式的桁架中间穿过而无须穿过硬的壳体，例如平 Nansen/Boomvang 双子 Truss Spar 系统。

3) 第三代 Spar：多柱式 Spar 平台

多年来，Spar 采油平台以其结构上的优势在世界深海采油领域获得了极大的发展，创造了良好的经济效益，但不管是 Classic Spar 还是 Truss Spar，它们都有一个共同的缺点，那就是体形庞大，造价昂贵，尽管 Truss Spar 由于采用了构架式主体结构，大大降低了钢材耗用量，增大了平台的有效载荷，但是来自业界的呼声仍然要求进一步降低 Spar 的造价和体积，提高平台的承载效率。而且 Classic Spar 和 Truss Spar 庞大的主体对建造船坞的要求很高，因此，目前所有的 Spar 采油平台的主体都是在欧洲和亚洲制造，然后千里迢迢的用特种船舶运输到墨西哥湾进行组合和安装，运费昂贵，且不易安装。为了解决 Spar 平台这些缺点，Classic Spar 和 Truss Spat 的创造者 Edward E. Horton 设计了新一代类似蜂巢的多柱式 Spar(Cell Spar)采油平台，将 Spar 平台技术又向前推进了一大步。

Cell Spar 在结构上最大的不同就是其主体不再是单柱式结构，而是分为若干个小型的、直径相同的圆柱形主体分别建造，然后以一个圆柱形主体为中心，其他圆柱形主体环绕着该中央主体并捆绑在其上，构成封闭式主体。在主体下部，仍然采用了构架结构，以减少钢材耗用量。Cell Spar 比 Classic Spar 和 Truss Spar 拥有更小更轻的主体结构，进一步降低了 Spar 平台的造价和安装运输费用。由于 Cell Spar 的主体是分为几部分各自建造，每一个圆柱式主体的体积都不是过于庞大，对建造场所要求不是太高，这就使生产商在选择 Spar 主体建造地点时具有了更大的灵活性，可以大大降低平台的整体造价。Spar 的下部通过将外圆柱中的三个延伸到底部(延长的部分称为圆柱腿)来构成。压载舱包含在这些圆柱腿的底部，从而确保平台具有足够的稳性。同大多数已经投入使用的 Spar 平台一样，由于浮心高于重心，多柱式 Spar 同样是无条件稳定的。多柱式 Spar 垂荡板装在圆柱腿上，能提供较大的垂荡附加质量和附加阻尼。因此，多柱式 Spar 也是一种低垂荡的刚性立管。由于多柱式 Spar 没有干式集油树，因此，并不需要中心井，在这种情况下，中心圆柱体提供浮力。

在建造过程中，圆柱体由辊压机制成，并通过自动焊接机焊接在一起，同时，内部的环形加强构件也由相同的自动焊接机焊接到圆柱体部件上。而这种工艺在压力舱和固定平台的制造过程中已经使用多年。

8.2.6 张力腿平台

张力腿平台(TLP)是一种垂直系泊的顺应式平台，是深水顺应式平台的一种典型型式，其特点是垂向运动受到限制，可避免波浪中的共振现象产生。张力腿平台通过数条缆索与海底相接，当平台受风、浪作用时，平台随缆索弹性变形而产生微量运动，就像有桩腿插入海底一样，所以称为张力腿平台。顾名思义，张力腿平台的张力筋腱中具有很大的预张力，这种预张力是由平台本体的剩余浮力提供的。在这种以预张力形式出现的剩余浮力作用下，张力腿时刻处于受预拉的绷紧状态，从而使得平台本体在平面外的运动(横摇、纵摇、垂荡)近于刚性，而平面内的运动(横荡、纵荡、首摇)则显示出柔性，环境载荷可以通过平面内运动的惯性力而不是结构内力来平衡。张力腿平台在各个自由度上的运动固有周期都远离常见的海洋能量集中频带，一座典型的 TLP，其垂荡运动的固有周期为 2～4 s，而纵横荡运动的固有周期为 100～200 s，显示出良好的稳定性。

图 8-49　张力腿平台(TLP)

TLP 平台从结构上一般可分为五部分：平台上体、立柱、下体(含沉箱)、张力腿、锚固基础。平台上体位于水面以上，通常是通过 4 根或是 3 根立柱连接下体，立柱多为圆柱形结构，主要作用是提供给平台本体必要的结构刚度。TLP 平台如图 8-49 所示(还可参阅图 4-4)。平台的浮力由位于水面之下的浮箱提供，浮箱首尾与各立柱相接，形成环状结构。张力腿与立柱呈 1∶1 对应，每条张力腿由 1～4 根张力筋腱组成，上端固定在平台本体上，下端与海底基座模板相连，或是直接连接在桩基顶端。有时候为了增加平台系统的侧向刚度，还会安装斜线系泊索系统，作为垂直张力腿系统的辅助。海底基础将平台固定入位，主要有桩基或是吸力式基础两种形式。中央井位于平台上体，可以支持干树系统，生产立管通过中井上与生产设备相接，下与海底油井相接。

由于 TLP 平台控制方向的张力对非控制方向的运动有牵制，漂移和摇摆比一般半潜式平台小，具有波浪中运动性能好、抗恶劣环境作用能力强等特点。与固定式平台相比，除了造价低以外，其抗震能力显著优于固定式，且张力腿平台在必要时还可以移位，至多损失锚基和钢索，一般适用于开采周期稍短的油田，在该油田开采完后，可将其移至不同地点重新安装，大大提高了其通用性和经济性。（注：目前还没有出现 TLP 移位重新安装的实例。）TLP 平台缺点是对重量变化敏感，对有效载荷的调节有限制，在浪波高的状况下，甲板载荷过大容易产生系泊松弛现象。由于 TLP 平台没有储油能力，主要用于生产平台，不能用作储油装备，在没有管路设施的地方，需要浮式油轮。

1990 年后 TLP 平台技术发展呈现出多样化的特点，该类平台的技术进步并不是一味地追求大水深、大吨位，而是紧密结合实际的需要，致力于发展在不同水深、不同油田规模情况下最合适的平台类型。目前，全世界的 TLP 平台已经形成了一套从深水到超深水、从中小油田到大型油田的完整的 TLP 平台体系，其关键技术研究为：研究张力腿平台的非线性动力响应，尤其是会危及平台安全的长周期慢漂运动，以及高频力和高阶脉冲力。寻求更为经济有效的张力腿平台结构型式，以适应极深海（2 500 m 以上）海域或极深海边际油田的开发需要。还有张力腿（系索）系统的研究，尤其是张力腿的极限承载能力、疲劳断裂以及维修问题需要研究。

8.2.7　浮式生产储卸油装置

浮式生产储卸油装置（floating production storage and offloading，FPSO）兼有生产、储油和卸油功能，是目前海洋浮式生产装备中的高技术产品。这种外形类似油船的海上油气生产装置系统复杂程度和价格远远高出同吨位的油船，根据选用的设备状况和作业性能的差异，其造价在 2～4 亿美元不等。FPSO 装置作为海洋油气开发系统的组成部分，一般与水下采油装置和穿梭油船组成一套完整的海洋油气生产系统。浮式生产储卸油装置如图 8 - 50 所示。

世界第一艘 FPSO 于 1977 年在地中海海域投入运行，从而使海上油田开发摆脱了远距离的长输管道和终端设施等所需的大量工程和投资。由于 FPSO 生产系统具有安全、可靠和高效等优点，问世不久便受到各国海洋石油公司的关注，并得到了迅速发展。

FPSO 是一种以浮式生产储油船为作业基础，对海洋石油进行油水气分离、处理含油污水、完成动力发电、供热、原油产品的储存和外输，同时集海上人员居住、生产指挥系统为一体的海上作业平台。FPSO 的系统构成主要有：

(1) 系泊系统：系泊系统是 FPSO 的重要组成部分，主要用于将 FPSO 系泊于作业油田。FPSO 在海域作业时系泊系统多采用一个或多个锚点、一根或多根立管、一个浮式或固定式浮筒、一座转塔塔架。FPSO 的系泊方式有两种：一种是永久系泊，使船永久系泊于油田；一种是可解脱式系泊，船上装有可解脱式转塔系泊系统，可在飓风来临前解脱，而在飓风过后重新连接。

(2) 船体部分：这部分既可以按特定要求新建，也可以用油轮或驳船改装而成。

图 8-50　浮式生产储卸油装置(FPSO)

(3) 生产设备：主要是采油设备和储油设备，以及油、气、水分离设备等。

(4) 卸载系统：包括系缆绞车、输油软管绞车等，用于连接和固定穿梭油轮，并将 FPSO 储存的原油卸入穿梭油轮。其作业原理是通过海底输油管线把从海底开采出的原油传输到 FPSO 进行处理，然后将处理后的原油储存在货油舱内，最后通过卸载系统输往穿梭油轮。

同海上作业的石油钻采平台相比，FPSO 优势体现在：

(1) FPSO 生产系统投产快，投资小，若采用油船改装的方法获得 FPSO，优势更为显著。尤其在当前，油船市场很容易找到船龄不高，工况适宜的大型油船。

(2) FPSO 甲板面积宽阔，承重能力与抗风浪环境能力强，便于生产设备的布置。

(3) FPSO 储油能力大，船上的原油可定期、安全、快速地通过卸油装置卸入穿梭油轮运输到岸上，穿梭油轮不仅可与 FPSO 串联，也可傍靠 FPSO 系泊。最新建造的 FPSO 还具备了海上天然气分离压缩灌装能力，提高了油田作业的经济性。

(4) FPSO 应用灵活，移动方便，其海上自航能力是其他海洋平台系统所不具备的，因此，FPSO 可根据作业需要和实际情况迅速转换工作海域和回厂检修。

由于 FPSO 具有上述技术优势和使用特点，在近几年边际油田和深海油气开采活动的高潮中，FPSO 装置的作用与效能相当突出。因此，倍受市场关注。

随着科技发展和海上作业难度加大，海洋油气开采工程对装置的大型化、自动化、专用化方面的要求增加，同时国际海事组织(IMO)对涉海船舶产品的安全、环保等方面的要求也越来越严格，当前 FPSO 的发展趋势主要体现在：

(1) 建造方法向模块化发展。早期建造的 FPSO 基本上都是在船体结构建成后在甲板上安装各种生产设备、主电站和热站等，建造一艘 FPSO 通常需要 20 个月或更长。现在，FPSO 建造已开始采用了模块化建造，从而实现了船体结构和上部设施同时建造施工，目前国外建造一艘 FPSO 周期一般为 10～14 个月。

(2) 定位与系泊技术有了新的发展。新一代 FPSO 装置的系泊多为转塔式多点辐射状系泊，有的还在艏艉配备了多个侧向推进器，发展了第三代动力定位技术(DPS-3)。多点系泊采用锚链和钢缆相组合，也有采用高防腐蚀的高强度聚酯纤维和锚链相组合的方式。从对当前建成的和在建的 FPSO 的性能看，大量的 FPSO 系泊系统采用了非解脱型设计，即在海上特大风浪情况下，可仍然锚泊在采油原位，而无须将船用液压连接/脱卸机构快速解脱躲避风浪。为适应恶劣海况，特殊海域工作的 FPSO 大多设计和装备了百年一遇恶劣条件的设备，可适应高达 16.8 m 甚至更高（北海地区）风暴浪。适应最高风速超过 100 节（约 53 m/s）或更高（如由法国建造的"Tazarka"号 FPSO 适应风速 102 节，浪高 18.3 m）。根据当前 FPSO 船体尺寸增大以及作业能力增强的特点，新建的 FPSO 也相应配备了强大的动力系统，并设计采用了侧推螺旋桨以提高大尺寸船体在强风暴下的生存能力以及正常航行时的快速性能。

(3) 增加了天然气的处理和转换能力。过去 FPSO 生产的原油主要靠穿梭油船外输，油田中生产的天然气在不值得铺设海底管线的情况下，只能将宝贵的天然气经分离处理后通过 FPSO 的火炬将其烧掉。当前，FPSO 配套设备的进步使新建的 FPSO 具备了天然气处理和外输能力，FPSO 可成功地将海上采集的天然气压缩后用罐装，后用船舶外输，或管道输运。这是 FPSO 新经济技术中一项重要的技术突破，这对提高海上作业的经济运营可谓意义重大。

(4) 原油生产能力不断增强。随着 FPSO 建造技术的发展，以及 FPSO 配套设备性能的提高，当前 FPSO 的原油生产能力正不断增强。据《海事通信与工程新闻》2003 年的报道，由新加坡远东利文斯顿船厂建造、挪威国家石油公司所有的"NORNE"号 FPSO，原油日处理能力达到了 3.5 万 m^3（计 220 000 桶），另一艘英国的"碧水(Blutewater)"号 FPSO 原油日处理能力也超过了 3 万 m^3。

8.2.8　浮式液化天然气生产储卸装置

大型浮式液化天然气开发系统（floating liquefied natural gas System，FLNG）是一种浮式液化天然气处理平台，通常设计为船型结构，配有天然气液化装置及液化天然气储罐等装备。FLNG 在深水海域的应用将有效地避免深水海域管道铺设所面临的技术难题，同时也为海上边际油气田的开发提供了经济有效的方案。

FLNG 因具有与 FPSO 相同的船型及定位方式而具有如下特点：投资相对低、建造周期短、可重复使用、机动性和运移性较好，具有适应深水采气（与海底完井系统组合）的能力、在深水海域中有较大的抗风浪能力、大产量的油气水生产处理能力和 LNG 储存能力。FLNG 可以与导管架井口平台以及自升式钻采平台组合成为完整的海上采气、油气处理、LNG 储存和卸载系统，也可以与海底采气系统和 LNG 运输船组合成为完整的深水采气、油气水处理、天然气液化、LNG 储存和卸载系统。FLNG 通常通过单点系泊系统定位于作业海域，船体上配有液化装置、液化天然气储罐、液化石油气储罐等装置，液化天然气运输船直接从 FLNG 卸载 LNG 及其他产品并运往世界各地。

天然气与原油性质的差异造成了 FLNG 与 FPSO 在技术及性能方面的较大区别。首先，天然气需要进行液化处理，LNG 的流动性远高于原油的流动性，FLNG 船体的运动会引发舱内 LNG 的晃荡，而舱内 LNG 的晃荡反过来会影响 FLNG 船体的整体运动性能，在共振情况下舱内液体的晃荡现象会对船体造成较大伤害；第二，FLNG 承载的陆上终端设备（如油气水分离装置、天然气液化装置等）较 FPSO 更多，设备的正常运行对 FLNG 船体水动力性能的要求更高；第三，LNG 超低温（−162℃）的影响造成 FLNG 卸载作业的困难，在 FLNG 尾输卸载作业中，由于输送软管须克服超低温以及两船相对运动的影响，目前尚无满足要求的输送软管，而在 FLNG 旁靠卸载作业中由于两船体均为浮式结构物并且距离较近（一般为 4～10 m），将产生较为明显的相对运动，有造成碰撞的可能。

1）FLNG 单点系泊系统

FLNG 的单点系泊系统是影响 FLNG 安全性的关键。20 世纪 80 年代早期，SBM 公司首次提出了一种基于“风标效应”原理的转塔概念，并于 1985 年将这一概念实际应用于一艘 14 万 t FPSO 上。采用转塔系泊定位 FLNG，使之可随风、浪和流的作用进行 360°全方位的自由旋转，形成风标效应，以规避海洋环境条件所带来的破坏力，从而降低系统在外界干扰力作用下的环境载荷和运动响应。单点系泊系统由转塔、液体传输系统、旋转系统及界面连接系统四部分组成，其中转塔不仅是 FLNG 的系泊点，而且也是立管和脐带系统经海底到达船体的通道。根据转塔位置的差异，FLNG 的单点系泊形式可分为内转塔系泊系统和外转塔系泊系统两种，如图 8－51 所示。内转塔系泊系统的转塔装置一般设在船艄，而外转塔系泊系统的转塔装置一般设在外悬臂上，两种转塔系泊形式各有利弊。内转塔便于布置设备；足够的空间容纳管汇；转塔在船体中受到良好的保护。缺点是船体结构强度减弱；舱容减小；FLNG 的风标效应减弱。外转塔便于转塔的维修与检查；建造周期短，成本低。缺点是外伸悬臂结构过长；柔性立管和脐带系统上端受波浪影响较大。

图 8－51　FLNG 单点系泊系统示意图

在风、浪、流等海洋环境的共同作用下，FLNG 船体会产生较为明显的运动响应。FLNG 船体运动与不同装载状况下舱内 LNG 的晃荡之间的共振响应将会引起 FLNG 船体的剧烈运动，从而引起上部甲板液化装置的失效，极端情况下将引起船体事故。因此如何优化 FLNG 船型以使其在复杂的海洋环境条件下呈现出良好的耐波性，以及如何优化在气田开发过程中 FLNG 舱内液体的装载情况是 FLNG 设计阶段需要解决的问题。

作为海洋浮式结构物，FLNG 通过系泊系统及立管与海底相连，系泊系统在海洋环境条件作用下会产生剧烈的运动，同时系泊系统的受力通过转塔传递至 FLNG 船体，进而影响船体的运动。随着水深的增加，系泊系统的刚度减弱，FLNG 船体也将呈现出低频、低速、大漂角及大横向位移的运动特征。另外，FLNG 船体与系泊系统之间的耦合响应会随着水深的增加而增加，系泊系统与船体运动间的动力耦合作用也会随着水深的增加而变得明显。

目前，对于FLNG船体运动与其系泊系统间的耦合响应问题的研究较多，但是对该问题的研究并未成熟。在数值分析方法中，应重点关注系泊系统的动力响应及其阻尼水平，采用有效方法实现系泊系统与船体间的完全耦合响应计算，进而提高数值分析结果的可靠性；在水池模型实验方面，应重点提高水深截断技术，提高截断系泊系统与全水深截断系泊系统在动力响应方面的相似性，从而提供更为可靠的水池模型实验结果。另外，单点系泊状态下FLNG的尾甩现象值得深入研究。

2）天然气液化工艺技术

天然气液化工艺是FLNG装置中的关键问题之一，FLNG船体甲板面积仅为岸上天然气液化工厂面积的1/4，现有的岸上天然气液化工艺流程应用于FLNG时就使得天然气液化装置的工艺流程变得十分紧凑，无法满足要求。目前，海上天然气液化工艺主要有级联式循环、混合制冷剂循环（MRC）和膨胀机循环三种方式。MRC又细分为带预冷或不带预冷的单级混合冷剂循环和多级混合冷剂循环，膨胀机循环又细分为带预冷或不带预冷的单级膨胀机循环和多级膨胀机循环。

目前，在天然气液化工艺中，由于氮膨胀机循环方式具备结构紧凑、安全性好、制冷剂始终保持气相、冷箱小、无需分馏塔、对船体运动的敏感性低等特点，最适宜应用于FLNG系统进行天然气的液化处理。

3）LNG储存技术

LNG在储存过程中始终处在－162℃左右的低温条件下，储罐内会产生一定的蒸气压。为避免上述情况的出现，储罐的材料以及绝缘性至关重要。LNG的储罐一般可分为独立球型（MOSS型）、独立式棱柱型（SPB型）及薄膜型（GTT型）三种类型。

相比MOSS型和GTT型储罐系统，SPB型储罐系统操作简单，上部甲板空间完全不受限制，具有良好的晃动特性，但其造价较为昂贵。从增大FLNG的甲板空间以布置天然气的液化装置的目的考虑，在FLNG系统的设计中可采用SPB型储罐储存LNG。

4）LNG卸载技术

LNG的卸载是FLNG技术链中最为薄弱的环节。由于LNG的温度超低（－162℃），一旦泄漏，将会引起船体材料的脆化及周围海水的凝固，对FLNG的海上作业造成极大的危险。目前，多家公司提出了不同的卸载方式，主要有尾输卸载与旁靠卸载两种方式。在尾输方式中，LNG运输船的首部通过系泊缆与FLNG船的尾部相连，LNG通过长距离的输送软管卸载至LNG运输船。尾输卸载方式最早于1985年应用于特罗尔油田，但是由于LNG与原油存在较大差异，该方式在LNG卸载中的应用尚未成熟。在旁靠卸载方式中，LNG运输船与FLNG船采用并排方式排列，两船通过系泊缆和防碰垫连接在一起，LNG通过卸载臂卸载至LNG运输船。LNG的卸载如图8-52所示。

尾输卸载方式对海洋环境条件要求不高，可在有义波高小于5 m的海洋环境条件下进行LNG的卸载作业。采用尾输方式卸载LNG时，FLNG船与LNG运输船的距离较远（可达80 m左右），因此该方式相对比较安全。旁靠卸载方式对海洋环境条件要求比较苛刻，一般要在有义波高小于3 m的海洋环境条件下方可进行LNG的卸载作业。采用旁靠方式卸载LNG时，FLNG船与LNG运输船的距离较近（一般为2～10 m），因此该方式相对比较危险。

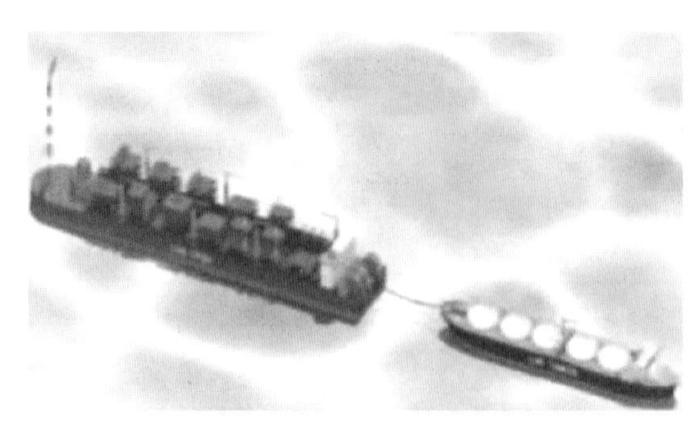

图 8-52 LNG 卸载(尾输和旁输)示意图

原油的尾输卸载方式已有大量的工程经验,但是 LNG 的尾输卸载方式尚未实现工程应用,主要原因在于尾输卸载作业中两船距离较远,而且 LNG 的温度过低,用于输送原油的输送软管无法满足条件。为了实现 LNG 的尾输卸载,国际上提出了冷冻软管的概念,但是目前尚未有实际工程应用。因此,应加强对冷冻软管的技术攻关,使其尽快实现工程应用。

LNG 的旁靠卸载方式较为成熟,但是由于两船之间的距离较近,两船之间会产生强烈的非线性水动力影响,如何准确预报这一影响进而准确预报 FLNG 的运动响应成为旁靠卸载作业中重点考虑的因素之一。因此,需要加强对两浮体之间的相互水动力影响的研究,对两浮体之间的运动响应尤其是相对运动响应做出准确的预报,从而为 LNG 旁靠卸载作业的实际海上操作提供指导。

8.2.9 液化天然气储存及再气化装置

LNG-FSRU 是浮式接收储存和再气化装置,其外形类似于运输船,具有储存和再气化 LNG 的功能。

浮式 LNG 接收终端(FSRU)可以在传统的陆地 LNG 接收站建立以前,先用浮式 LNG 接收终端(FSRU)供气,然后这个浮式 LNG 接收终端(FSRU)可以被拖到类似的地方再用。它也适合于短期供气的市场。浮式 LNG 接收终端广泛集成已被证实的成熟技术,如石油天然气工业中广泛使用的海洋船舶、储罐、气化、装卸船等技术。浮式 LNG 储存与再气化装置较常规陆上 LNG 终端具有许多特点:

(1) 特别适合于环境敏感地区或人口稠密地区,适合于港口拥挤的区域;

(2) 它能够接收更大容量 LNG 运输船,可用于飓风海域;

(3) 与陆上 LNG 接收站相比,浮式 LNG 接收站不需要陆域形成(如开方、填方等)、不需要建设码头/防波堤,也没有航道港池开挖及疏浚;

(4) 建设周期较短,对环境的冲击和影响小,简化了土地征用及政府审批手续,提高了当地居民对 LNG 接收站的认知度;

(5) 改善了航海/航道的安全性,确保陆域财产生命安全,便于选址和搬迁,采用灵活的租赁或承包经营方式,为环境友好型工程。

但是,浮式 LNG 接收终端(FSRU)在以下方面仍存在挑战:

(1) 大型 LNG 运输船选择旁靠方式卸载 LNG 时,虽然在石油工业中经常采用这种方

式,但仍然存在碰撞的风险因素;

(2) 如果危险情况发生时,由于在海上,紧急疏散的难度会增大很多;

(3) 浮式 LNG 接收终端(FSRU)扩容能力较差。虽可选择再建一个 FSRU,则导致投资增加。

8.2.10　潜水作业支持船

潜水作业支持船(DSV)船上装备有全自动饱和潜水系统,可同时搭载多名潜水员分批次进行饱和潜水作业。如图 8-53 所示。潜水钟由具有升沉补偿功能的收放系统(LARS)通过两个月池放入水中,即使在浪高 4～5 m 的海况条件下也可以保证潜水作业安全进行,作业效率很高。

图 8-53　深潜水作业支持工作母船"深潜号"

船上还配备一套常规潜水系统,包括潜水站位、氦氧混合空气系统、小型减压舱、潜水员控制台、A 字架绞车及收放系统,可用于不同水深的潜水作业。甲板搭载带有"升沉主动补偿"功能的海工折臂起重机,同时,配置有被动可控式减摇系统,保证船舶作业工况下有良好的耐波性;抗横倾系统协助吊机起重作业。

中前部主甲板上设有 2 座水下机器人机库,用于搭载大型作业级水下机器人(ROV),可从舷侧吊放 ROV。船上有集成管理和控制系统,用于控制整船的航行和作业状态。采用满足 DYNPOS AUTRO(DP3)船级符号和 DYNPOS ER 船级符号的动力定位系统,符合此类技术的最高要求。除潜水系统月池外,船上还设计有一个大型的作业月池,可用于通过垂直布设系统布设柔性管。

8.2.11　油田增产作业船

海洋石油的勘探开发是陆上石油勘探开发的延续。为了避免对海上平台造成污染和腐蚀,以及保证有效的作业空间,海上油田应用的酸化增产增注措施一般由增产作业船进行作业。油田增产作业船通常为电力推进系统，配备多个螺旋桨推进器，DP2 动力定位系统，主要增产设备布置在主甲板上。如图 8－54 所示。

图 8－54　油田增产作业支持船

油田增产措施主要是通过消除井筒附近的伤害或在地层中建立高导流能力的结构来提高油井的生产能力。目前，我国油田常用的增产措施有酸化、压裂、防砂、补层、堵水、侧钻、分层注气、大修等措施。其中酸化和压裂是其中重要的技术措施。

酸化措施是指以低于裂缝开始起裂的压力向地层孔隙空间中注酸的工艺过程。酸处理是最常用的基质增产措施。无论地层类型以及酸类型如何，任何酸处理都要在岩石的流动孔道内进行，即把酸注入地层中，施工中压力不能超过地层的破裂压力。常用的酸化措施有三大类：酸洗、基质酸化、压裂酸化。

水力压裂措施是指向井内注入压裂液使地层在受到注入压裂液压力的作用下，形成拉应力场并引起该层段内的局部应力超过该岩石抗拉强度的过程。此压力超过井壁附近地应力及岩石的抗张强度后，地层中形成裂缝，当压裂液以高压被连续注入压裂层段时，该裂缝将从井眼扩展至地层内。因此，地层中形成长度足够并具有一定宽度和高度的填砂裂缝，它具有很高的渗流能力，可以大大提高油层的渗透性，使油气在井中流动顺畅，达到增产的效果。水力压裂包括限流压裂、转向剂压裂、分层压裂。常用的支撑剂一般有天然砂、陶粒等。

8.2.12　超大型浮式结构物

超大型浮式结构物(very large floading structures，VLFS)是指那些尺度以千米计的浮式海洋结构物，以区别于目前尺度以百米计的船舶和海洋工程结构物，如海洋平台等。如图 8－55 所示，一般而言，VLFS 可以沿海岛屿或岛屿群为依托，带有永久或半永久性，具有综合性、多用途的功能。它主要有以下三个方面的用途：

(1) 在合适的海域建立资源开发和科学研究基地、海上中转基地、海上机场等，以便大量开发和利用海洋资源；

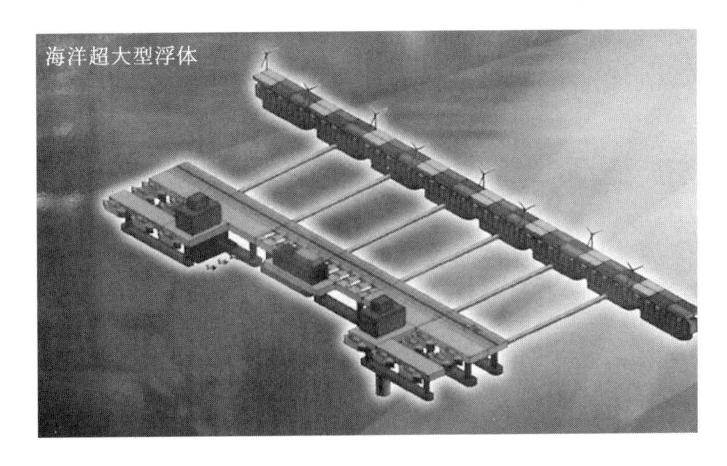

图 8－55　超大型浮式结构物(VLFS)

(2) 当沿海城市缺乏合适的陆域时，可以把一些原本应建在陆地上的设施，如核电站、废物处理厂等，移至或新建在近海海域，以图降低城市噪声和环境污染；

(3) 在国际水域建立合适的军事基地，以期对某地区的政治、军事格局产生战略性影响。

VLFS 通常有两类结构型式：厢式(pontoontype 或 box type，也叫 mat-like)和半潜式(semi-submersible type)。厢式浮体构造简单，维护方便，日本的“Mega-float”就采用这种形式。半潜式浮体虽然构造比较复杂，但水动力性能更佳，适宜在较恶劣海洋环境中生存。半潜式浮体又可分为立柱支撑式(column-supported type)和立柱下体混合支撑式(column and lower hull supported type)。美国的移动式海洋基地(mobile offshore base，MOB)就是采用立柱下体混合支撑式的 VLFS。

与一般的海洋工程结构物相比，VLFS 具有以下几个特点：

(1) VLFS 是一个极为扁平的柔性结构物，它的长(宽)度与高度的比值非常大，必须考虑它在海洋环境中的弹性响应；

(2) 由于 VLFS 从一端至另一端要跨越数千米，需要建立一种新的随位置缓变的海浪谱，用于作为与 VLFS 水弹性响应的激励；

(3) 由于 VLFS 的巨大，它是一个模块化的结构，各模块之间用特殊的具有一定挠性的连接装置相连；

(4) VLFS 除了有时需要移动外，一般来说是相对固定在某一位置的，不能让它随风、浪、流任意漂移，因此它的系泊装置在结构设计中极为重要；

(5) 与一般海洋工程结构物相比，VLFS 要求的寿命特别长，一般在百年以上。

超大型浮式结构物的研究是一门跨多学科、多领域的课题。目前，对超大型浮式结构物(VLFS)研究最广泛和深入的国家是日本和美国。另外，韩国、挪威、英国等也有一些专家在从事 VLFS 的动态特性研究。由于 VLFS 有着广泛的带有战略意义的应用前景，我国的许多专家学者也在积极呼吁尽快开发超大型浮式海洋结构物。

8.2.13　水下生产系统

水下生产系统(subsea production system，SPS)主要由各种水下生产流体集输设备和控制设备组成，按照功能可分为井口及采油树系统、管汇及连接系统、水下控制及脐带缆系统。水下生产系统主要包括水下井口、水下采油树、海底管汇及跨接管、脐带缆、海底增压与分离设备、控制监测设备、生产立管等。

水下生产系统对于水深的要求不敏感，且不受海面恶劣风浪环境的影响，其安全性高，适用范围广，在未来极地冰区的海洋油气开发中也有广阔的应用前景。目前水下生产系统的作业流程是，油气藏中的生产流体通过水下井口头和采油树汇集到管汇，然后通过海底管线上的终端设备进行集输，最后由立管输送至水面设施。在整个生产过程中，由水面设施的主控站通过水下脐带缆系统及控制设备对生产过程进行监测、控制和化学药剂的注入。经过多年的研发和工程经验积累，世界海洋工程大国，如挪威、美国、巴西等已经掌握了水下生产系统的关键技术，垄断了国际水下设备和脐带缆市场，与工程公司的海管/立管的 EPIC 总包能力相结合，共同进行深水 SURF(subsea umbilical riser flowline)工程建设。

近几年，我国经济社会的蓬勃发展需要充足的能源保障，迈向深海已成为我国发展战略，而作为国家战略性新兴产业的海洋工程装备制造业是重要组成部分。在国家制定的新兴海洋工程装备技术中，特别把水下油气生产系统作为工程和专项进行立项研发，其中除了传统的海管和铺管船外，还包括各种水下生产设施、控制系统与装备。

1) 水下井口

水下井口指安装在海底基盘上的不同口径的井口套管头、海底防喷器或海底采油树以及各种控制系统的总称。水下井口的作用是作为支撑采油树以及与井口下部的流体流通的设备。水下井口主要包括套管、套管头、井口套、套管悬挂器和密封装置。典型的水下井口如图 8 - 56 所示。

图 8 - 56 深水油气田的水下井口

2) 水下采油树

水下采油树的使用始于 1967 年。世界上已有 1 200 套以上的水下采油树应用在超过 250 个采油项目中。5 000 psi 曾经是使用水下采油树的标准压力要求，但近年来，这一要求已升高到 10 000 psi 甚至更高。在垂直采油树的使用上也出现了改变，出现了用水平和垂直混合的新型采油树。与陆地上采油树相比较而言，水下采油树的应用环境更苛刻，工作压力更高，采用电、液控制。

水下采油树是任何一个海底采油系统不可缺少的组成部分，水下采油树又称圣诞树，它是位于通向油井顶端开口处的一个组合，包括用来测量和维修的阀门，用来停车的安全系统和一系列监视器械。采油树的组成一般包括树体、连接器、阀件、永久导向基础、采油树内外帽和控制系统等。

水下采油树是在油(气)井完井后进行测试油气时，或自喷井采油时的一种井口控制装置。水下采油树如图 8－57 所示。采油树包括许多可以用来调节或阻止所产原油蒸汽、天然气和液体从井内涌出的阀门，由油管挂及许多阀门和三通或四通组成，直接装在套管头上。只有一侧有出油管的采油树，称单翼采油树；两侧都有出油管的，称双翼采油树。采油树装有油嘴(阻流嘴)，通过更换不同内径的油嘴来控制油气的产量。

图 8－57　水下采油树

水下采油树有以下主要作用：

(1) 悬挂油管承托井内全部油管柱的重量。

(2) 密封油管、套管间的环形空间。

(3) 控制和调节油井的生产。

(4) 保证各项井下作业。

(5) 可进行录取油压、套压资料和测压、清蜡等日常生产管理。

采油树是生产流体的控制通道和监测设备，按照阀组的位置采油树主要有两种：传统型也被称为直立型(立式)和水平型(卧式)。这两种类型的采油树都包括了一个在钻井后能牢固地附着在油井顶端井口的构架中的卷线筒，还包括由阀门组成的阀门组，用来在测试合闭井时调节出井油量。设计制造采油树面临的关键问题是承压、密封、绝热和保温。水平型采油树的设计更易于进入井筒装置，只需将阀门转向一边(呈水平位置)，就能够直接进入井筒装置。它还可以允许使用直径更大的产品管及联合装置，从而更易于后期的维修。它还使后期能够通过水平型采油树进行钻井，人们认为水平型是更为适用于海底的采油树类型。

3) 海底管汇及连接系统

海底管汇和连接系统是用于对采油树生产出的流体的集输，将各井的生产流体汇集后外输，包括管汇、管线终端、连接设备、跨接管等，有的管汇也集成了水下控制和化学药剂分配的功能。管汇系统主要由生产管路、水下阀门、连接设备、支撑和保护框架等组成(具有控制和药剂分配功能的管汇还需要配置液压和化学药剂管路以及电控接头)，一般带有连接设备的一个接头，而另外的接头一般位于跨接管上，用于连接 2 个设备，通过动力定位船整体吊装下放。海底管汇和连接系统如图 8－58 所示。管线终端位于海管末端，其结构与管汇类似，区别是仅有一个连接设备，在深水开发中一般通过铺管船与海管一起下放安装。跨接管除起到连接作用外，还能吸收管线的膨胀，因此一般设计成 M 型或倒 U 型。

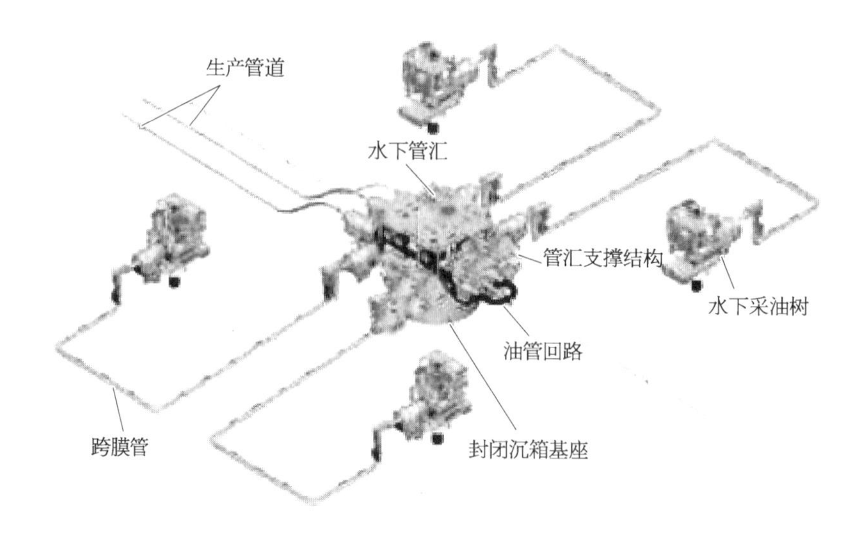

图 8-58　水下管汇及连接系统

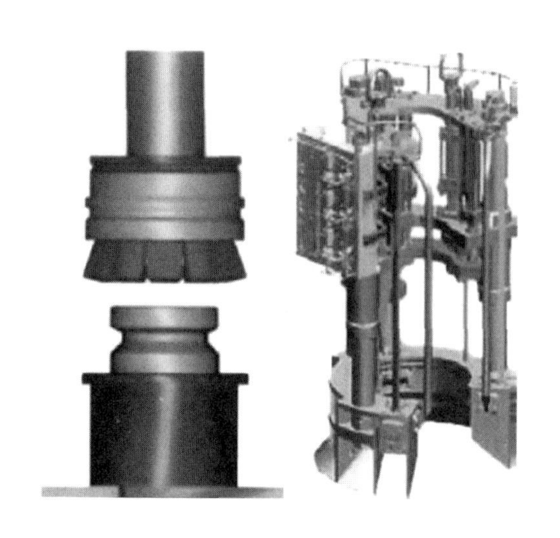

图 8-59　水下套筒连接器(左)及水下安装工具(右)

连接设备主要分为法兰式连接器、卡箍式连接器及套筒式连接器。目前在深水领域得到广泛应用的是套筒式连接器,如图 8-59 所示,具有连接方便,连接工具可以重复使用等优点。套筒式连接器按照结构形式可分为垂直式和水平式,按照驱动形式可分为机械式和液压式。垂直式连接器的对中和连接比较方便,安装费用低,但会受到高度的限制,也不利于流动保障,连接器拆除时需要跨接管;水平式连接器的安装过程比较复杂,但不占用垂直空间,可以单独回收水下设施。我国近年来在套筒式连接器的研发方面已经取得了一定突破,以海洋石油工程股份有限公司为代表的国内企业联合哈尔滨工程大学等高校开展了垂直式水下连接器及安装工具的样机制造及测试工作。

4) 水下控制模块及脐带缆系统

水下控制和脐带缆系统的功能是提供电力和液压,对水下采油树、管汇上的阀门进行控制,同时采集生产过程中的流体压力、温度等信号以及注入生产过程中必需的化学药剂等。液压、电力与化学药剂的供应以及整个生产过程的主控站都来自水面生产设施或者陆地终端。由于水下生产系统设备较多且布置分散,一般要在水下设置分配单元或者脐带缆终端设备,按照水下生产系统设备的布置将脐带缆供应的液压、电力及化学药剂通过飞线水下进行二次或者多次分配。水下分配单元或脐带缆终端设备作为水下中继站,如图 8-60 所示,主要由壳体、分配面板,内部管路和线路组成。水下控制模块一般属于电液装置,主要通过脐带缆响应主控站的控制指令对水下阀门提供液压控制功能，同时也能把水下传感器的信息收集并传输至上部控制设施。水下控制系统按照控制方式分为直接液压控制、先导液压控制及复合电液控制，其中深水领域长距离应用较广的是复合电液控制，其特点是要配置水下控制模块。

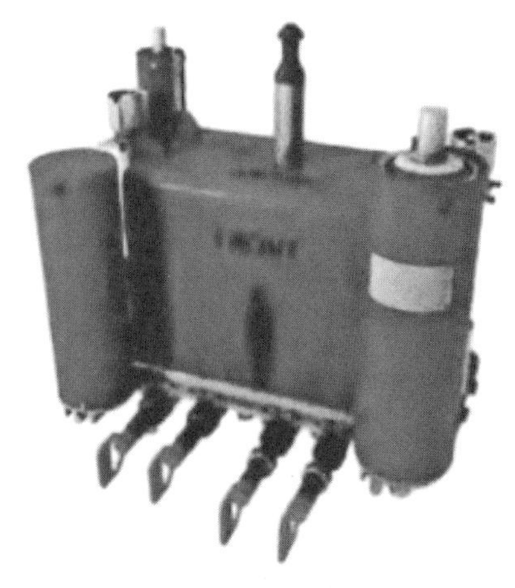

图 8－60　水下分配单元(左)及水下控制模块(右)

脐带缆按照承载流体材料不同可分为热塑管、钢管、高抗软管等，脐带缆典型断面和带终端的脐带缆系统，如图 8－61 所示。热塑管应用历史较长，且费用低廉，能够耐腐蚀，并易于安装，但其强度较低，耐压和耐高温性能不强；而钢管具有优良的耐压、耐高温性能，且在深水中不易发生弯曲，但可能会面临焊接、安装等问题。脐带缆要满足油气田的使用功能要求，首先要进行横截面管路和电控布置；然后进行脐带缆的结构设计。深水脐带缆按照使用环境可分为动态缆和静态缆，其中动态缆悬挂在水面设施和海底之间，受到波浪、海流循环荷载的影响，其疲劳特性更加需要深入关注。另外，脐带缆一般需要由安装船进行铺设安

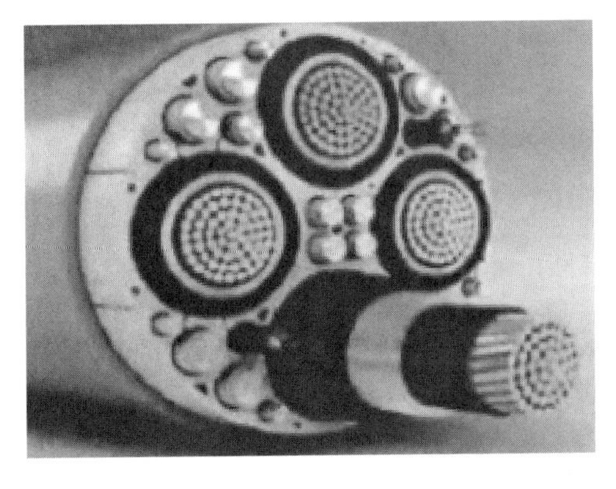

图 8－61　水下脐带缆断面(左)及带终端的脐带缆系统(右)

装，在安装过程中也受到较大的弯曲和拉伸载荷，因此设计时要考虑最大安装曲率半径以及在位后的曲率半径的要求。

5）水下增压设备

水下增压设备按照流体特性可分为增压泵和压缩机。水下增压泵是较为成熟的水下生产工艺设备，如图 8-62 所示，按原理可分为容积式和离心式，其中容积式基本为螺杆泵。目前水下增压泵最深的安装记录是 BP 公司在墨西哥湾的 King 油田，水深达 1 670 m，距离 Marlin 张力腿平台 24 km，其水下增压泵站包括泵管汇以及可回收的多相流泵单体，整个泵站由 Aker-Solution 集成，采用的是 Boren-mann 公司的双螺杆泵以及 Siemens 电机，由吸力桩基础支撑。通过应用水下增压泵，BP 公司预计该油田产量可提高 20%，采收率可提高 7%，油田的经济寿命可延长 5 年。轴流泵的代表厂商是 Framo 公司，Framo 公司的轴流泵在海洋石油领域得到了广泛应用，1997 年在我国陆丰 22-1 油田最早安装。

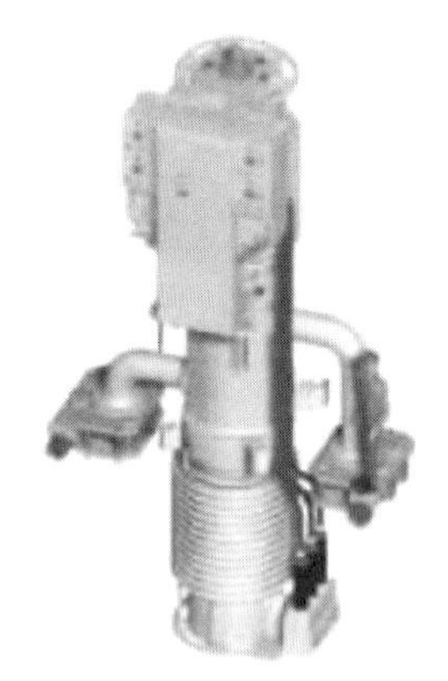

图 8-62 水下增压泵(左)及泵模块(右)

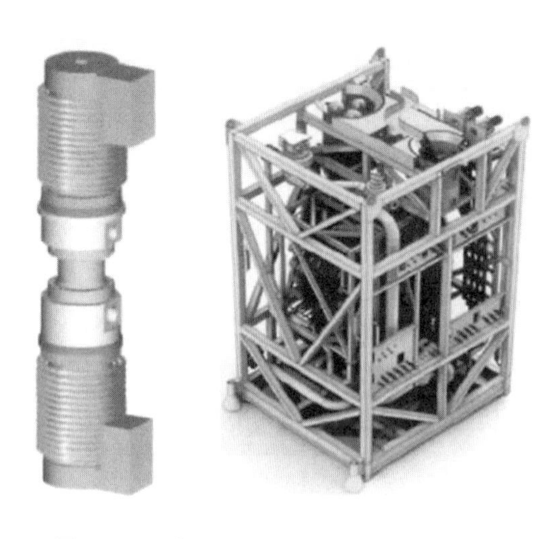

图 8-63 水下压缩机(左)及压缩机模块(右)

水下压缩机按照对生产气体是否进行处理可分为干气压缩和湿气压缩。其中湿气压缩适用于气体含量超过 95%的气田，无需对气源进行处理，因此具备较大的优势。水下压缩机如图 8-63 所示。世界上第一台水下湿气压缩机用于挪威 OrmenLange 气田，将井口产出气体直接输送至 120 km 以外的陆上终端，由 Aker-Solutions 提供水下湿气压缩站以及负责整个 EPIC 工程，压缩站包括 Aker-Solution 提供的分离器、防段塞冷却器、泵以及与 GE 合作开发的电机和压缩机，应用水深可达 900 m。Framo 和 FMC 公司同样可以生产水下压缩机。

6）水下分离设备

水下分离器按分离原理可分为重力式和离心式，按照功能可分为油水分离器和气液分离器，如图8-64所示。重力式分离器的重量和体积都比较大，增加了安装的难度，但设备对流体的阻力和压降较小；离心式分离器会有较大的压力损失，但结构紧凑轻巧，利于安装。分离器的关键技术是对分离出来的砂进行处理，直接影响了分离器的生产效率和可靠性。

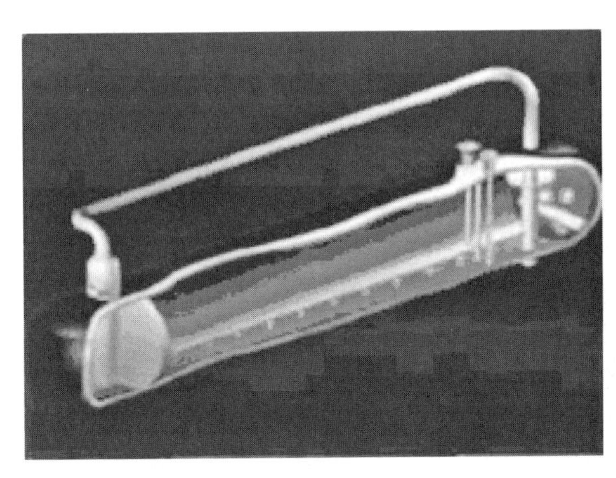

图8-64 水下分离器(左)及分离器模块(右)

7）控制监测设备

水下控制系统作为水下生产监控的核心部分，实时监测水下井口和生产系统的工作状况、调整生产参数，对异常情况进行监测、报警并采取相应的控制措施。水下生产控制系统的控制与监测传输模式的选择对整个工程的开发成本与安全运行起到了关键作用。目前国内外开发工程中，水下生产控制系统监控传输模式种类较多，不同的工程公司选用的传输模式也有所不同。

8）水下电力设备

安装水下生产工艺设备需要较多的电力支持，因此必须采用高压输配电的方式，有水下电力分配设备的支持，包括水下的电力降压变压器、中压开关柜以及变频器，如图8-65所示。与水面上的同类设备不同，这些设备均要考虑水下的特殊环境，并满足在水下进行快速连接操作和无须维护的要求。

9）海底管线

不管海洋油田开发采用何种浮式方案，都需要使用管道/生产管线和立管，它们是海洋基础结构的关键组成部分。海底管线如图8-66所示。在油气田的总体开发布局设计中，其中的一个问题是如何在油田内部以及从油田向另外一个油田或者到陆地终端进行油，气，及水的输送，解决该问题的方法就是利用海底管线或管道。

在海洋油气资源开发中管道有多种用途：

(1) 运输管线；

图 8-65 水下变压器(左)及变频器模块(右)

图 8-66 海底管线

(2) 油田产品输送检验/生产管线；

(3) 水和化学制品注射管线；

(4) 生产管线和立管之间的连接短管。

深水铺管船(DPLV)是深水油气田开发的主要施工装备，它担负着浮式生产平台的安装、海底管线的铺设以及立管系统安装任务。深水铺管方法主要有 S 形铺管法(S-lay)、J 形铺管法(J-lay)、卷筒式铺管法(reel lay and carousel lay)以及 Flex 法(flex lay)。基于目前的铺管船，S-lay 的铺管直径最大，reel lay 的铺管直径最小，但铺管速度最快，J-lay 的铺管速度最慢。铺管速度的快慢主要取决于管线的接长方式，S-lay 的管线接长是在水平位置施工的，因此，可同时进行多条焊缝的焊接，且不同连接段的焊接和防腐保温层/混凝土重力层施工可同时进行。J-lay 的管线连接是在 J-lay 塔上完成的，同时只能进行一条焊缝的焊接，而

reel lay 法和 flex lay 法在海上没有焊接作业。

1）S-lay 铺管船

由于 S-lay 铺管法的铺管直径大、铺管速度快，因而得到了广泛的应用，是目前世界上数量最多的铺管船。S-lay 铺管船有船型和半潜式两种类型，分别如图 8－67 和图 8－68 所示。

图 8－67　船型 S-lay 铺管船

图 8－68　半潜式 S-lay 铺管船

2）J-lay 铺管船

J-lay 铺管船也有船型和半潜式两种，如图 8－69 和图 8－70 所示。其工作站位于 J-lay 塔上，J-lay 塔的倾斜角度可根据水深和张力条件调整，以确保管线的入水角与悬垂段 J-lay 塔末端的切线保持一致，形成一条光滑的 J 形曲线，从而满足悬垂段应变控制要求。

图 8－69　船型 J-lay 铺管船

图 8－70　半潜式 J-lay 铺管船

J-lay 铺管船的甲板和 J-lay 塔上均设有焊接站，管线在甲板上接长至 J-lay 塔的长度，然后由专用吊架将管线放入 J-lay 塔，并由 J-lay 塔上的焊接站完成管线的整体接长后铺设入水。

3) Reel lay 铺管船

Reel lay 铺管法的连续移动性质要求铺管船的移动性好，因此，Reel lay 铺管船采用船型，如图 8－71 所示。

Reel lay 铺管船的铺管能力主要取决于卷筒的尺寸和管线矫直机构(ramp)，卷筒轴的直径决定了最大铺管直径，卷筒翼缘的直径决定了铺管长度。Reel lay 铺管船上没有焊接站，因此，铺设刚性(钢)管时，最大铺管长度为卷筒储管能力。而铺设柔性管或脐带缆时，通常可采用两个卷筒。管线矫直机构的能力取决于矫直机(straightener)的吨位。

Reel lay 铺管船分为刚性管铺管船和柔性管铺管船，一般的刚性管铺管船也可铺设柔性管或脐带缆，但柔性管铺管船则不能铺设刚性管，一般的柔性管铺管船均装载两个以上的卷筒。

图 8－71　Reel lay 铺管船

4) Flex lay 铺管船

Flex lay 铺管方式是卷筒铺管法的另一种形式，在船上管线经过垂直塔架绕过一定的弯曲线路，故适用于铺设可弯曲的柔性管线。Flex lay 铺管方式专门用于垂直铺设软管、电缆及脐带缆等。它同样采用陆地一次将管线接长，并缠绕在卷筒上，然后在海上展开并拉直后直接铺入海底。软管储备于卷筒圆形传送带或者吊篮里，铺管期间，软管通过塔架被开放，一个垂直的张紧装置把软管下放至海底。

Flex lay 铺管方式在船上设置大型储管卷筒架，船中装有可调斜形垂直塔架，垂直塔架可安装于工作月池上方或者是船中部的舷侧上方，铺设的管线也是岸上基地预制连续长距离线路的管线，无须船上加工制作连接管子，并按照规定的次序绕制在卷管架上，管道铺设作业可连续进行，管线铺设速度快，铺管作业效率高，如图 8－72 所示。

图 8-72 Flex lay 铺管船

8.3 海洋工程装备通用单项技术

8.3.1 焊接技术

1）激光焊接技术

激光复合焊已在欧洲船舶与海洋工程工业中取得了令人瞩目的成绩，其经济性是非常诱人的。尤其重要的是，激光复合焊焊接精度高，可以获得优良的机械/工艺性能。主要包括：用于平台结构的激光-电弧复合焊接技术，如甲板以及舱壁的激光-电弧复合焊接技术、带筋板的激光-电弧复合焊接技术，波纹夹芯板的激光焊接技术、铝合金的激光焊接技术等。主要包括激光焊接技术在平台制造领域的应用研究，激光焊接的实施方案、适用范围、特殊工艺与工装、配套措施等内容。掌握各项技术的设备组成及应用条件，将较成熟的激光焊接技术在平台制造中试用，并及时跟踪掌握工程应用数据和经验，为激光焊接技术的大范围推广应用提供技术支撑。

2）全位置焊接机器人

平台结构焊接要求焊工有熟练的操作技能、丰富的实践经验和稳定的焊接水平，而且平台焊接的劳动环境差、烟尘多、热辐射大、危险性高等特点。因此，焊接机器人是高效绿色焊接的重点发展方向。焊接机器人技术主要突破机器人位置传感技术、机器人控制技术、电弧跟踪技术、不同焊缝位置、坡口自适应技术、双壳分段机器人柔性焊接工作站、平台设计数据库与焊接机器人之间的接口等内容。

3）横对接自动单面焊技术

突破横焊的机械自动化焊接技术，提高焊接效率、减轻环境因素干扰、提高焊接质量。

4）二氧化碳气体保护自动立角焊技术

实现立角的自动化焊接，转变以往同样条件下多道施焊周期长、焊后需打磨处理、焊工技能要求高、焊缝探伤合格率低等弊端，有效提高效率和质量。

8.3.2　精度控制技术

1）数字化焊接变形预测及控制技术

以有限元数值计算、数据处理技术为基础，针对平台构件进行数字化的焊接变形预测，为快速准确地提出精度解决方案提供支撑手段。

2）全自动化激光检测技术

激光检测技术作为一种全自动化的高精度非接触检测技术，具有测量区域大、精度高、速度快等优点，其测量范围正从点测量、线测量发展到面测量，测量时间更短，测量结果更加精确。

3）数字化精度数据处理技术

构建精度数据库，采用数字化手段对平台精度测量数据的处理，通过计算分析实测数据与理论模型差异，直接给出平台结构单元的精度测量报告，指导现场修割等作业，并修正精度补偿量数值，解决数字化和信息技术在精度数据测量、分析、统计管理等方面集成能力不足的问题。

4）基于数字化船坞的大合拢精度控制技术

建设数字化船坞，减少大合拢定位时间，提高合拢效率和合拢精度。主要研究内容包括合拢过程分析，合拢过程中船坞定位线的设置，船坞标靶与固定架的设置，全站仪的配置；数字船坞模型的建立，分段总段在数字船坞中的定位方式、理论位置，允许位置的定义；分段总段搭载过程中的实时监控系统的开发，分段总段搭载过程中的位置比对计算等。

5）平台全过程及舾装精度控制技术

促进精度控制技术应用范围从分段测量、模拟搭载等向覆盖平台建造全过程、舾装精度控制等领域的不断拓展和延伸，形成平台整体的精度控制能力。

8.3.3　舾装技术

1）管子柔性生产线

主要由“管子定长切割”、“机器人管子—法兰自动装配焊接”、“管子—法兰点装”三台设备组成。可实现管子下料至管子、法兰焊接全过程的数字化全自动作业。

2）单元舾装技术

三维建模技术。突破平台舾装的全三维设计，通过三维产品模型可在计算机中更全面的表达产品的性能、功能等技术和生产管理信息，通过所建立的产品模型能生成产品设计和施工图纸以及技术文档，并使设计和生产准备的各阶段可以并行开展。

模块设计与组装技术。在总段建造的基础上，扩大预舾装和涂装范围，使总段内的舾装完整性达到前所未有的程度，即除接口位置外，内部的壳、舾、涂工作接近全部完成状态，形成模块。当整座平台是由这些模块合拢而成时，就实现了模块化建造，使建造厂真正成为总装企业。

管路接口技术。重点突破管路系统在不同区域、分段、总段的接口技术，将平台管路系统按功能或层次体系分成若干个有接口关系的相对独立单元。接口技术的突破将能使管路按照通用化、系列化、组合化的设计和生产原则以不同的方式排列和组合成整座平台的管路系统。

3）合拢管数字化测量及再现技术

改变目前合拢管传统制作流程，减少制作过程中辅料的浪费。实现合拢管集成测量，快速生成管子制作小票图，合拢管装焊利用再现制造。

4）总段完整性工艺技术

该技术是达到总段（中间产品）完整性要求、提高壳舾涂完整性的关键技术。各不同舱段都有各自的完整性工艺技术要求。如机舱总段完整性包括总段设备基座完整性安装工艺；总段铁舾件完整性包括独立箱柜、扶梯、格栅、吊环、起重装置等完整性安装工艺；总段电气件完整性包括电缆导架、照明灯架、电缆贯穿件，舱室配电箱、应急配电板完整性安装工艺；总段工作居住舱室完整性包括家具、箱柜，办公设备、设施内装完整性工艺等；总段完整性包括箱体完整性安装工艺等。

8.3.4 涂装技术

1）高性能、环保型涂层新材料

适应绿色造船的要求研发高固体分涂料、无溶剂涂料、水性涂料以及无毒、低毒涂料是从源头上控制海洋工程装备涂装作业对环境污染的重要措施。开发和推广应用耐高温车间底漆，降低二次除锈的工作量。高性能、高固体分、纯环氧船用通用底漆适用于平台的各个部位。

2）全封闭循环除锈机器人

在海洋工程装备建造过程中，人工除锈工作量大、环境恶劣，因此研制除锈机器人具有广阔的应用前景。随着高压射流技术正向高效、多功能、智能化、实用化方向发展，结合清洁生产的要求，研制机电一体化的数控高压水射流船舶除锈防蚀工程表面处理机器人、壁面除锈爬壁机器人、除锈喷砂机器人以及履带式除锈爬壁机器人的时机已日益成熟。主要包括分/总段冲砂、高压喷射相关的设备设施的开发、冲砂、喷射相关的标准与工艺研究、实施方案研究等内容；突破机器人视觉技术，实现机器人对工作目标和工作范围的自动识别。最终研制全封闭循环除锈机器人装备。

3）全位置喷涂机器人

喷涂机器人具有柔性大、工作范围大和涂料利用率高，以及可离线编程、易于操作和维护等优点。针对平台全生命周期的防腐和涂装需求，系统全面地整合决策、设计、供应、建造、使用、管理等部门的要求和条件，基本解决贯穿建造全过程的涂装作业专用机器人，实现涂装过程的全机械化和自动化。突破喷涂机器人喷枪轨迹优化技术、喷涂机器人编程技术，分析喷涂过程中喷枪与喷涂表面距离和角度的关系，实现喷枪异地速度路径与喷涂工艺参数优化，为喷涂机器人的工程化应用提供技术支持。在工程化应用方面，主要包括涂装生产线涂装机器人的应用研究、机器人涂装工艺规划、变位机研究、机器人控制系统开发等。

4）涂装车间智能管理技术

基于空间调度优化算法、数字化技术、智能化技术等手段，建立面向精益生产的涂装作业车间和堆场核心资源分配目标体系、决策变量体系、约束条件，构建涂装作业车间和堆场核心资源高能效分配的生产作业调度总体数学模型，从而科学、有效地安排涂装生产计划和堆场计划，转变传统作业对人员经验依赖性高、效率低现象，实现对涂装作业车间和堆场进行实时监控和调整的智能化管理，缩短生产周期、减少涂装用料、降低堆场运输成本，并减少涂料污染、人力资源浪费以及减少运输车辆排放。

8.3.5　信息网络技术

1）基于厂域网的企业生产实时监控与管理技术

应用物联网技术在企业内构建全网络覆盖的厂域网，建立各类设备、中间产品（如分段、托盘等）信息识别与编码体系，结合数字化、智能化数据分析处理技术，对企业生产过程中各类信息进行实时采集、分析与处理，提高企业生产管理水平和效率，逐步构建造船企业虚拟网络-实体物理系统，为实现智能建造厂提供网络环境。

2）基于云计算的造船企业数据中心技术

采用云计算技术解决造船企业信息技术的成本压力，减少由于数据量增加而带来硬件成本上升，为实现智能船厂打造高效信息、数据处理与协作平台。

3）现代造船信息集成技术

以“两化”融合为核心，针对企业设计、生产、物资、质量等方面实施数字化综合集成管理，推进信息技术与研发设计、工艺装备、建造过程控制、市场营销、企业管理等关键环节的融合和综合集成，大幅提升企业造船管理水平和生产效率，打破国外信息集成管理系统技术垄断、适应性差、二次开发要求高等弊端，全面推进、提升行业两化融合水平，提高生产效率。

8.3.6　虚拟制造技术

1）平台布置快速仿真验证技术

在平台详细设计前，快速建立平台主体、舱室、设备、装置、电缆、管路、逃生装置等完整的数字化环境，并对平台总布置进行虚拟仿真与验证，以最佳效能发挥、平台安全性、装备安装和操作空间、可操纵性、空间控制、船员逃生、舒适性、物流顺畅等为评价原则，对平台总布置进行合理性验证和布局优化。

2）三维数字模型向仿真模型的智能轻量化转换技术

在平台三维数学模型建立后，利用智能轻量化转换技术，将其转变为仿真模型，为解决大区域乃至全平台整体综合平衡、生产过程虚拟仿真验证等提供技术手段与数据支持。

3）基于虚拟船厂的智能决策技术

构建虚拟船厂，对企业各类生产资源建立数字化三维模型，应用智能分析技术，对船厂布局与流程优化、多方案下生产资源能力与负荷仿真验证等提供技术手段支撑。

8.4 海洋工程装备其他关键技术

结合我国近几年海洋工程装备制造业的发展现状和趋势，通过对影响海洋工程装备发展的研发设计技术、建造技术、项目管理技术和配套设备技术的分析和凝练，海洋工程装备领域的关键技术有如下几方面：

8.4.1 研发设计技术

其关键技术包括：海工装备市场宏观分析方法、海工装备性能指标评价体系、海工设计规范和标准体系、海洋环境条件分析技术、平台运动性能分析及模型试验技术、深水立管分析与系泊系统试验技术、冰池模型试验技术、动力定位能力时域动态分析与实时仿真技术、时域耦合分析技术、风险分析与评估技术、极地海工装备总体性能分析技术等。

8.4.2 建造技术

其关键技术包括：总装建造总体技术、总装建造虚拟仿真技术、建造精度控制技术、大型总段整体提升/移运/安装技术、重量控制技术、大厚度板焊接技术、高强度钢焊接技术、钻井系统联合调试技术、大型模块安装/连接/调试技术等。

8.4.3 项目管理技术

其关键技术包括：设计计划管理与进度控制技术、设计文档管理技术、设计变更管理技术、设计质量保证技术、项目界面管理技术、项目工时管理技术、进度反馈与控制技术、项目质量管理策划技术、供应链质量管理技术、质量持续改进管理技术、安全指标考核体系与风险管控技术、作业项目危险性（JSA）分析技术、安全应急管理技术、面向全过程的文档管理技术、基于工作流驱动的文档控制技术、基于全生命周期的文档管理技术、基于配套环境的供应链管理技术、供应商过程管理和控制技术、采购包的技术和价格评估技术、基于系统和子系统划分的完工管理技术、完工管理的过程检验与管理技术、完工管理的信息化管理技术、海工装备项目的变更管理技术、成本管理技术和信息化管理技术等。

8.4.4 配套设备技术

其关键技术包括：符合国际标准的设计编码技术、海工装备数字化仿真技术、海工装备重量控制技术、海工装备振动噪声分析技术、绿色环保设计技术、多点锚泊定位系统集成设计技术、动力定位系统集成设计技术、混合动力系统设计技术、满足 DP3 动力定位要求的设备及系统冗余设计技术、电力推进系统设计技术、混合动力推进系统设计技术、电力系统结构及故障模式分析技术、大容量电站系统设计技术、中央控制系统集成设计技术、升降与锁紧装置技术、滑移系统技术、S/J/R 型铺管作业设备与系统集成技术等。

第 9 章

海洋工程装备科技创新与跨越发展政策、目标和技术路线图

9.1 国家与部委有关海洋工程发展政策

21 世纪是海洋世纪,加快海洋资源开发利用已成为世界各国经济发展的战略取向。党的十八大提出“提高海洋资源开发能力,发展海洋经济,保护海洋生态环境,坚决维护国家海洋权益,建设海洋强国”的国家战略,为我国海洋工程装备产业的发展进一步指明了方向。为科学规划海洋经济发展,合理开发利用海洋资源,国家制订了一系列海洋经济发展规划。发展海洋经济,建设海洋强国,海洋工程是基础,海洋工程装备建设必须先行,要以建设海洋工程装备制造强国为主导,实现中国海洋强国梦。为增强海洋工程装备产业的创新发展和国际竞争力,推动海洋资源开发和海洋工程装备产业创新、持续、协调发展。国家与有关部委发布了一系列海洋工程装备产业创新发展战略和规划,将我国海洋工程装备产业列为培育发展的战略性新兴产业。要求优化海洋产业结构,培育壮大海洋工程装备制造业,积极创建和培育国家新型海洋工程装备产业基地,全面提升海洋工程装备制造和科技自主创新能力和竞争力。国家与各部委发布的有关海洋经济发展政策、海洋资源开发和海洋工程装备产业创新发展战略和规划等,详见附录。

船舶工业是为水上交通、海洋资源开发及国防建设提供技术装备的现代综合性和战略性产业,是国家发展高端装备制造业的重要组成部分,是国家实施海洋强国战略的基础和重要支撑。《中国制造 2025》把海洋工程装备和高技术船舶作为十大重点发展领域之一,明确了今后 10 年的发展重点和目标,为我国海洋工程装备和高技术船舶发展指明了方向。

1) 充分认识推动海洋工程装备和高技术船舶发展的重要意义

海洋工程装备是开发、利用和保护海洋所使用的各类装备的总称,是海洋经济发展的前提和基础;高技术船舶具有技术复杂度高、价值量高的特点,是推动我国造船产业转型升级的重要方向。海洋工程装备和高技术船舶处于海洋装备产业链的核心环节,推动海洋工程装备和高技术船舶发展,是促进我国船舶工业结构调整转型升级、加快我国世界造船强国建设步伐的必然要求,对维护国家海洋权益、加快海洋开发、保障战略运输安全、促进国民经济持续增长、增加劳动力就业具有重要意义。

(1) 加快发展海洋工程装备和高技术船舶是我国建设海洋强国的必由之路。我国是一个负陆面海、陆海兼备的大国,提高海洋开发、控制和综合管理能力,事关经济社会长远发展和国家安全的大局。海洋与陆地的一个根本区别是海上的一切活动必须依托相应的装备,人类对海洋的探索与开发都是伴随着包括造船技术、海洋工程技术在内的装备技术的进步而不断深化的。经略海洋,必须装备先行。特别是我国海洋强国建设进程向前推进,综合实力不断上升,已经对传统海洋强国形成挑战,西方强国在一些核心技术和装备上对我国封锁。中国建设海洋强国,必须建立自主可控的装备体系,必须掌握海洋工程装备和高技术船舶等高端装备的自主研制能力。目前,我国正在大力推进南海开发进程以及海上丝绸之路建设,对海上基础设施建设、资源开发、空间开发等相关装备的需求将更为急迫,也对我国高端海洋装备的发展提出了更高的要求。

(2) 加快发展海洋工程装备和高技术船舶是建设世界造船强国的必然要求。经过21世纪以来的快速发展,我国已经成为世界最主要的造船大国,具备了较强国际竞争力。未来10～20年我国船舶工业将进入全面做强的新阶段。建设世界造船强国的核心任务是全面推进结构调整转型升级。所谓全面转型,就是产业发展动力的全面转型,由依靠物质要素驱动向依靠创新驱动转变,以产品创新,制造技术创新等支撑产业发展;所谓结构升级,核心是供给侧结构性改革,具体内涵则主要是技术结构升级和产品结构升级。加快发展海洋工程装备及高技术船舶制造,是船舶工业全面转型、结构升级,从而实现全面做强的重要方向。加快提高海洋工程装备及高技术船舶国际竞争力,逐步引领未来国际船舶和海洋工程装备市场,将有力地带动我国船舶工业技术水平、科技创新能力和综合实力的整体跃升。

(3) 加快发展海洋工程装备和高技术船舶等高端装备制造业是工业转型升级的重要引擎。随着中国经济进入新常态,增长速度逐步放缓,发展方式开始向集约型转变,经济结构深度调整,发展动力转向新增长点。发展高端制造业,正是中国制造业适应经济新常态,重塑竞争优势的重要举措。船舶工业作为我国最早进入国际市场,并且已经具备较强国际竞争力的行业,具备在我国建设世界制造强国的进程中率先突破的基础和条件。海洋工程装备和高技术船舶等高端制造的快速发展,必然成为带动整个制造产业升级的重要引擎。

2) 未来十年我国海洋工程装备和高技术船舶发展面临的形势

(1) 国际船市进入新一轮大的调整周期,海洋工程装备及高技术船舶成为需求热点。

船舶工业是一个周期性明显的产业。纵观国际船舶市场发展历程,间隔30年左右出现一次大的周期波动,其间每3～5年将出现中短期的波动。自2008年国际船市进入新一轮大调整以来,期间虽有起伏,但目前总体上还处在产业调整周期的低位。当前全球运力接近17亿载重吨,运力总量和结构性过剩矛盾较严重,消化过剩运力将需要一段时间。就未来调整方向来看,需求结构出现明显变化,散货船等常规船型需求乏力,海洋工程装备及高技术船舶需求相对旺盛。同时,节能环保的新型散货船、集装箱船、油船将是市场需求主体,液化天然气(LNG)船、液化石油气(LPG)船需求将保持旺盛,汽车运输船、豪华游轮、远洋渔船需求增长将较为明显,更多的市场增量将来自技术复杂船型。

(2) 全球造船业竞争格局深度调整,主要造船国在海洋工程装备和高技术船舶领域竞争将日趋激烈。

未来一段时期世界造船业仍将保持中韩日竞争格局,并且更主要地体现在高技术船舶和海洋工程装备领域。具体来看,欧洲造船业将进一步退出船舶总装建造市场,但在设计、配套、海事规则制定等方面仍具优势,特别是欧美基本垄断了海洋工程装备领域的核心设计和关键配套;印度、巴西、越南等新兴造船国家受金融危机影响发展迟缓;日本在造船技术、生产效率和产品质量上仍具较强竞争力;韩国造船业将在相对较长时期内保持全面竞争优势,韩国提出未来5～10年将海洋工程装备制造业打造为第二个造船业;新加坡提出全力保持海工装备竞争优势。目前中国在常规海工产品制造领域已经加快赶超新加坡,并在向高端产品转型,未来在深水海工装备产品领域中国、韩国及新加坡之间的竞争将更为激烈。

(3) 产业核心竞争要素发生重大变化,关键要素从硬实力转向软实力。

在新的产业竞争环境下,决定竞争成败的关键不再是设施规模、低劳动力成本等因素,而是技术、管理等软实力以及造船、配套等全产业链的协同,科技创新能力对竞争力的贡献更为突出。竞争要素的变化直接导致我国船舶工业原有比较优势的削弱，特别是劳动力、土地等各类要素成本集中上升，人民币汇率呈长期升值趋势，低成本制造的传统优势正在消失，产业发展的重心已经从追求速度转向追求质量效益。高技术船舶和海洋工程装备处在船舶产业价值链的高端，是我国船舶工业未来发展的重点。

(4) 新一轮科技革命和产业变革兴起，将引发制造业分工格局的深度调整。

以信息技术和制造业深度融合为重要特征的新科技革命和产业变革正在孕育兴起，多领域技术群体突破和交叉融合推动制造业生产方式深刻变革，“制造业数字化网络化智能化”已成为未来技术变革的重要趋势。制造模式加快向数字化、网络化、智能化转变，柔性制造、智能制造等日益成为世界先进制造业发展的重要方向。船舶制造也正朝着设计智能化、产品智能化、管理精细化和信息集成化等方向发展，世界造船强国已经提出打造智能船厂的目标。同时，国际海事安全与环保技术规则日趋严格，船舶排放、船体生物污染、安全风险防范等船舶节能环保安全技术要求不断提升，船舶及配套产品技术升级步伐将进一步加快。

(5) 产业发展中不平衡、不协调、不可持续问题仍然突出，产业结构亟待调整升级。

① 自主创新能力亟待提升，高端产品市场竞争力不强。创新引领和创新驱动明显不足，创新模式仍属追随型。海洋工程装备和高技术船舶占比明显低于韩国，特别是深水装备方面差距更为明显。

② 船舶配套产业亟待升级。韩国、日本船用设备本土化装船率分别高达 85%以上和 90%以上，我国仍有较大差距，特别是在高技术船舶和海洋工程装备配套领域本土化配套率不足 30%。

③ 生产效率亟待提高。目前我国造船效率是韩国的 1/3，日本的 1/4，随着劳动成本的不断攀升，效率对保持成本竞争优势的作用将更加突出。

④ 产业结构亟须升级。目前，我国船舶工业面临着资源环境约束日益趋紧、劳动力成本和各类生产要素成本上升等问题，造船产能结构性过剩问题突出，产品结构主要以散货船为主，低端产能过剩，高端产能不足。

3) 未来 10 年我国海洋工程装备和高技术船舶发展思路与重点方向

未来 10 年，我国船舶工业应紧紧围绕海洋强国战略和建设世界造船强国的宏伟目标，充分发挥市场机制作用，顺应世界造船竞争和船舶科技发展的新趋势，强化创新驱动，以结构调整、转型升级为主线，以海洋工程装备和高技术船舶产品及其配套设备自主化、品牌化为主攻方向，以推进数字化网络化智能化制造为突破口，不断提高产业发展的层次、质量和效益。力争到 2025 年成为世界海洋工程装备和高技术船舶领先国家，实现船舶工业由大到强的质的飞跃。

《中国制造 2025》明确提出，海洋工程装备和高技术船舶领域将大力发展深海探测、资源开发利用、海上作业保障装备及其关键系统和专用设备。推动深海空间站、大型浮式结构物的开发和工程化。形成海洋工程装备综合试验、检测与鉴定能力，提高海洋开发利用水平。突破豪华邮轮设计建造技术、全面提升液化天然气等高技术船舶国际竞争力，掌握重点配套设备集成化、智能化、模块化设计制造技术。

根据产业发展阶段、发展基础和条件，未来十年海洋工程装备和高技术船舶发展方向与重点主要在以下几个方面：

(1) 海洋资源开发装备：海洋资源包括海洋油气资源以及矿产资源、海洋生物资源、海水化学资源、海洋能源、海洋空间资源等。海洋资源开发装备就是各类海洋资源勘探、开采、储存、加工等方面的装备。

① 深海探测装备。重点发展深海物探船、工程勘察船等水面海洋资源勘探装备；大力发展载人深潜器、无人潜水器等水下探测装备；推进海洋观测网络及技术、海洋传感技术研究及产业化。

② 海洋油气资源开发装备。重点提升自升式钻井平台、半潜式钻井平台、半潜式生产平台、半潜式支持平台、钻井船、浮式生产储卸装置(FPSO)等主流装备技术能力，加快技术提升步伐；大力发展液化天然气浮式生产储卸装置(LNG - FPSO)、深吃水立柱式平台(SPAR)、张力腿平台(TLP)、浮式钻井生产储卸装置(FDPSO)等新型装备研发水平，形成产业化能力。

③ 其他海洋资源开发装备。重点针对未来海洋资源开发需求，开展海底金属矿产勘探开发装备、天然气水合物等开采装备、波浪能/潮流能等海洋可再生能源开发装备等新型海洋资源开发装备前瞻性研究，形成技术储备。

④ 海上作业保障装备。重点开展半潜运输船、起重铺管船、风车安装船、多用途工作船、平台供应船等海上工程辅助及工程施工类装备开发，加快深海水下应急作业装备及系统开发和应用。

(2) 海洋空间资源开发装备：海洋空间资源是指与海洋开发利用有关的海上、海中和海底的地理区域的总称。将海面、海中和海底空间进行综合利用的装备可统称为海洋空间资源开发装备。

① 深海空间站。突破超大潜深作业与居住型深海空间站关键技术，具备载人自主航行、长周期自给及水下能源中继等基础功能，可集成若干专用模块(海洋资源的探测模块、水下钻井模块、平台水下安装模块、水下检测/维护/维修模块)，携带各类水下作业装备，实施深海探测与资源开发作业。

② 海洋大型浮式结构物。以南海开发为主要目标，结合南海岛礁建设，通过突破海上大型浮体平台核心关键技术，按照能源供应、物资储存补给、生产生活、资源开发利用、飞机起降等不同功能需要，依托典型岛礁开展大型浮式平台建设。

(3) 综合试验检测平台：综合试验检测平台是海洋工程装备总体及配套设备研发设计的基础，是创新的源泉和发展的动力。

① 数值水池。以缩小我国在船舶设计理论、技术水平方面与国际领先水平的差距为目标，通过分阶段实施，建立能够实际指导船舶和海工研发、设计的数值水池。

② 海洋工程装备海上试验场。以系统解决我国海洋工程装备关键配套设备自主化及产业化根本问题为目标，通过建设海洋工程装备海上试验场，实现对各类平台设备及水下设备的耐久性和可靠性试验，加快我国海洋工程装备国产化进程。

(4) 高技术船舶：船舶领域下一步发展的重点：一是实现产品绿色化智能化，二是实现产品结构的高端化。

① 高技术高附加值船舶。抓住技术复杂船型需求持续活跃的有利时机，快速提升 LNG 船、大型 LPG 船等产品的设计建造水平，打造高端品牌；突破豪华游轮设计建造技术；积极开展北极新航道船舶、新能源船舶等的研制。

② 超级节能环保船舶。通过突破船体线型设计技术、结构优化技术、减阻降耗技术、高

效推进技术、排放控制技术、能源回收利用技术、清洁能源及可再生能源利用技术等，研制具有领先水平的节能环保船舶，大幅减低船舶的能耗和排放水平。

③ 智能船舶。通过突破自动化技术、计算机技术、网络通信技术、物联网技术等信息技术在船舶上的应用关键技术，实现船舶的机舱自动化、航行自动化、机械自动化、装载自动化，并实现航线规划、船舶驾驶、航姿调整、设备监控、装卸管理等，提高船舶的智能化水平。

（5）核心配套设备：配套领域下一步发展的重点：一是推动优势配套产品集成化、智能化、模块化发展，掌握核心设计制造技术；二是加快船舶和海工配套自主品牌产品开发和产业化。

① 动力系统。重点推进船用低中速柴油机自主研制、船用双燃料/纯气体发动机研制，突破总体设计技术、制造技术、实验验证技术；突破高压共轨燃油喷射系统、智能化电控系统、EGR 系统、SCR 装置等柴油机关键部件和系统，实现集成供应；推进新型推进装置、发电机、电站、电力推进装置等电动及传动装置研制，形成成套供应能力。

② 机电控制设备。以智能化、模块化和系统集成为重点突破方向，提高甲板机械、舱室设备、通导设备等配套设备的标准化和通用性，实现设备的智能化控制和维护、自动化操作等。

③ 海工装备专用设备。提高钻井系统、动力定位系统、单点系泊系统、水下铺管系统等海洋工程专用系统设备研制水平，形成产业化能力。

④ 水下生产系统及关键设备。重点突破水下采油井口、采油树、管汇、跨接管、海底管线和立管等水下生产系统技术与关键水下产品及控制系统技术，实现产业化应用。

9.2　2020 年海洋工程装备科技创新目标

力争到 2020 年，基本形成海洋工程装备产业的设计制造体系，基本满足国家海洋资源开发的战略需要。具体目标是海洋工程主流装备实现自主化、系列化和品牌化，深海装备自主设计和总包建造取得突破，核心装备配套能力明显提升，基本形成健全的研发、设计、制造和管理体系以及相应的标准体系，创新能力显著增强，国际竞争力进一步提升。深海半潜式钻井平台、钻井船等形成系列化，深海浮式生产储卸装置（FPSO）、半潜式生产平台等实现自主设计和总承包，水下生产系统基本具备设计制造能力；升降锁紧系统、深水锚泊系统、动力定位系统、大功率电站系统等实现自主设计制造和应用；深海工程装备试验、检测平台基本建成。

9.2.1　研发设计技术

建设若干具有世界先进水平的工程研究中心、工程实验室、工程技术中心和重点实验室，形成完整的产品及共性技术研发、公共测试和试验技术、测试与认证等技术体系，基本掌握主力海洋工程装备的研发和设计技术。

9.2.2 总装建造技术

以数字化、网络化、智能化技术为主线，持续向设计、生产、管理等各领域渗透，通过两化深度融合促进海工装备生产设计、壳舾涂等作业的自动化、智能化水平，显著提升企业海工装备的建造效率和质量。形成完整的总装建造技术体系，建立智能车间并向智能工厂发展，全面掌握主力海洋工程装备的制造技术，基本具备新型海洋工程装备的自主建造能力。

9.2.3 项目管理技术

工程项目管理软件和综合信息化网络平台的开发和推广应用。构建完整的海洋工程项目组织及管理体系，包括进度计划控制系统、材料设备管理及追溯、质量管理和 HSE 管理体系、文档管理、成本控制，以及海洋工程完工管理等子系统，基本掌握国际海洋工程项目 EPCI 总承包关键技术。

9.2.4 配套设备技术

建设若干海洋工程装备配套设备专业厂家，形成完整的设备配套设计、制造、销售和服务体系；突破核心配套设备的关键技术，重点实现钻井包、水下立管、发电机组、中央控制等核心装备的国产化，具备 1 500 米级水下生产系统与专用系统的设备配套能力。

9.3 2025 年海洋工程装备科技创新目标

未来 10 年，我国海洋经济将持续健康发展，其在国民经济中的比例也将不断提高。在海洋工程装备方面，随着深水、超深水油气和矿产资源开采力度的加大，世界海洋工程装备市场需求持续保持稳定增长，深水海洋工程装备逐渐成为海工装备的主力。

经过 10 年的努力，我国将拥有完备的科研开发、总装建造、设备供应、技术服务产业体系，拥有 3～5 家世界一流的海洋工程装备企业，拥有主力海洋工程装备的自主品牌，引领世界新型海洋工程装备研发和制造技术的发展以及具有完备的产业创新体系，我国海洋工程装备制造业的产业规模、创新能力和综合竞争力将处于世界领先地位。

9.3.1 研发设计技术

拥有 3～5 家世界顶尖水平的工程研究中心、工程实验室、工程技术中心和重点实验室，拥有完整的产品及共性技术研发、公共测试和试验技术、测试与认证等技术体系，引领世界主力海洋工程装备的研发和设计技术，掌握新型海洋工程装备的设计和建造技术，创新能力位居世界前列。

9.3.2　总装建造技术

数字化、网络化、智能化技术在海洋工程装备制造业中广泛应用，先进制造技术与 IT 技术深度融合的“智能船厂”建成，其生产能力和竞争力大幅提升；两化深度融合显著提升企业海工装备的建造效率和质量。引领主力海洋工程装备的制造技术发展，掌握新型海洋工程装备的自主建造技术和全面建立现代海工建造模式。

9.3.3　项目管理技术

工程项目管理软件和综合信息化网络平台的广泛应用，形成高效的项目管理与成本控制体系，具备国际一流的海洋工程项目 EPCI 总承包能力，具备 BT（建设—移交）和 BOT（建设—运营—移交）项目管理的能力。

9.3.4　设备配套技术

拥有 5～10 家世界先进的海洋工程专用系统与设备研发与制造中心，掌握具有自主知识产权的海洋油气勘探、开发和生产设备的核心技术，国内海洋油气勘探与开发专用系统和设备达到国际先进水平。实现海洋工程钻井包、立管、发电机组、中央控制等核心装备的自主品牌、掌握 3 000 米水深水下生产系统设计、制造、测试和安装等关键技术，并构筑海工配套设备服务链，形成全球化的海工配套设备生产性服务业。

9.4　技术路线图（2016—2025 年）

根据我国海洋工程装备发展现状和世界发展海洋工程装备趋势，经对长三角经济区主要造船企业、科研院所的调研和走访，结合 2020 年和 2025 年发展目标，本书课题组制定如下技术发展路线图。

9.4.1　研发设计技术

共分以下八个领域的技术发展路线图：

（1）海洋资源调查领域技术发展路线图，如图 9－1 所示。

（2）海洋资源勘探领域技术发展路线图，如图 9－2 所示。

（3）海洋油气钻探采油领域技术发展路线图，如图 9－3 所示。

（4）海洋油气集输装置领域技术发展路线图，如图 9－4 所示。

（5）海洋资源综合开发领域技术发展路线图，如图 9－5 所示。

（6）海上油田保障设施领域技术发展路线图，如图 9－6 所示。

（7）深海空间站和深潜器领域技术发展路线图，如图 9－7 所示。

（8）港口机械领域技术发展路线图，如图 9－8 所示。

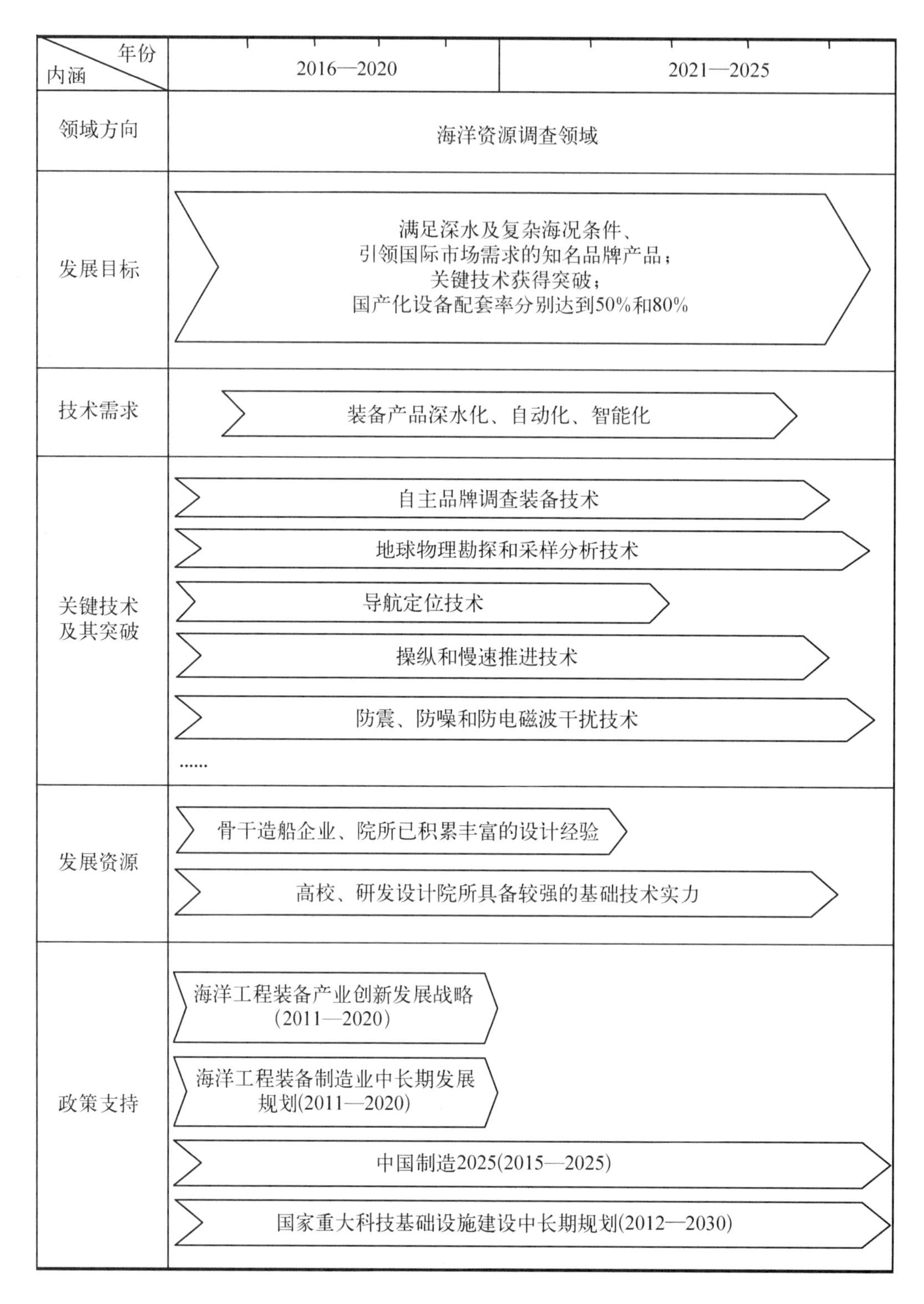

图 9-1　海洋资源调查领域技术发展路线图

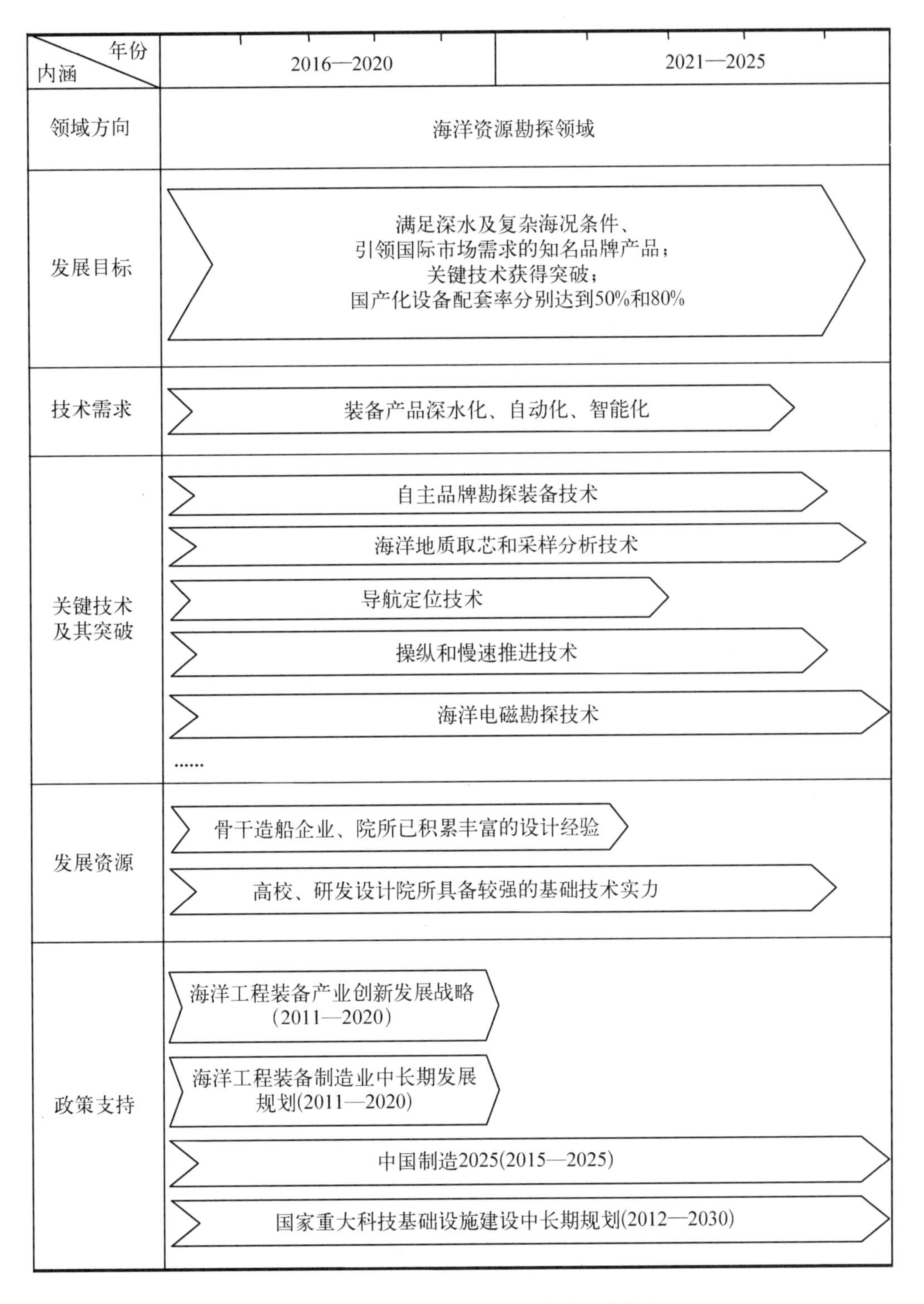

图 9－2　海洋资源勘探领域技术发展路线图

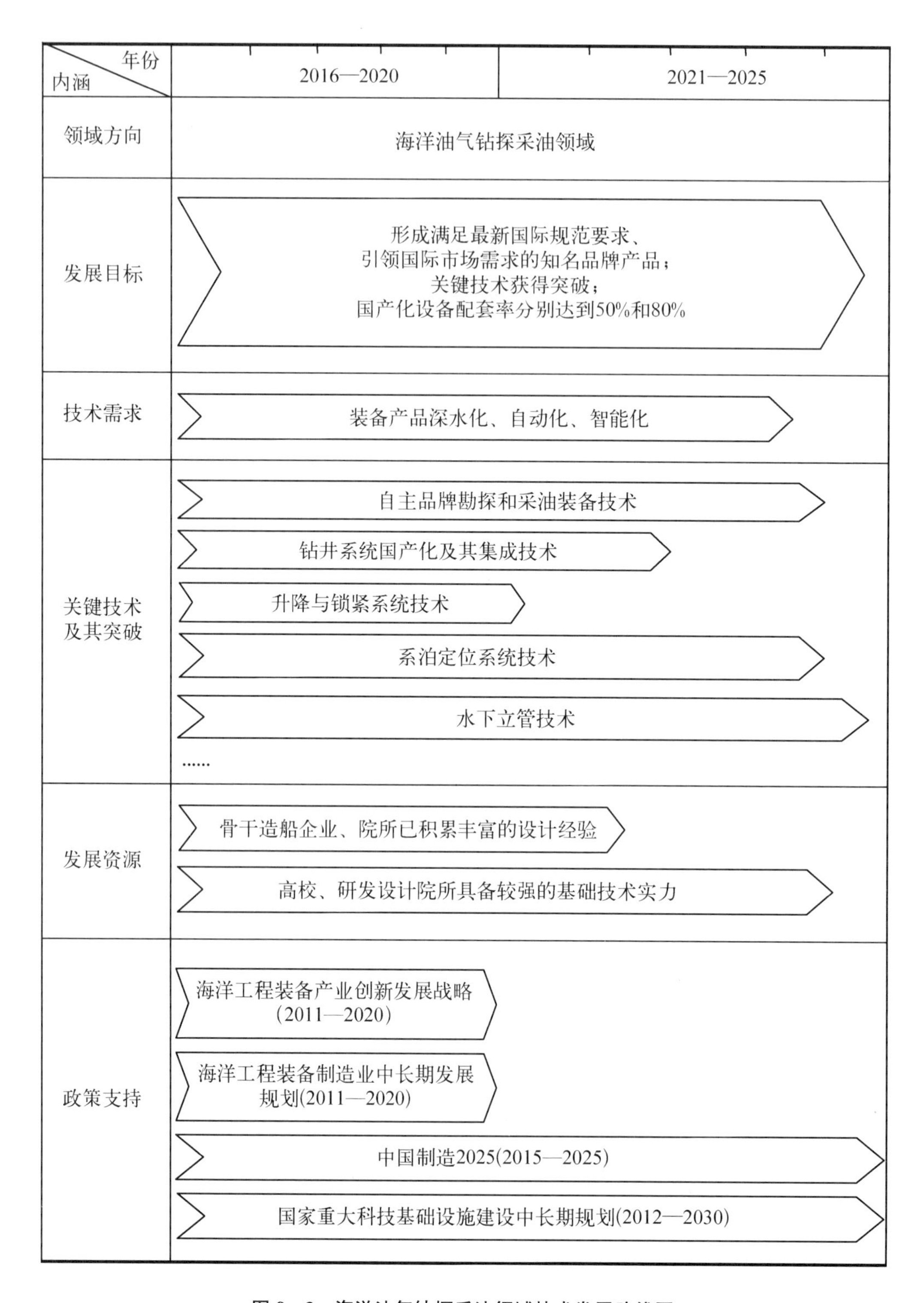

图 9-3　海洋油气钻探采油领域技术发展路线图

内涵＼年份	2016—2020	2021—2025
领域方向	海洋油气集输装置领域	
发展目标	形成满足最新国际规范要求、 引领国际市场需求的知名品牌产品； 关键技术获得突破； 国产化设备配套率分别达到50%和80%	
技术需求	装备产品深水化、自动化、智能化	
关键技术及其突破	自主品牌生产和集输装备技术 油气处理系统国产化及其集成技术 系泊系统设计及试验技术 液货系统及再气化技术 油气外输系统技术 海底管道系统技术 水下装备技术 ……	
发展资源	骨干造船企业、院所已积累丰富的设计经验 高校、研发设计院所具备较强的基础技术实力	
政策支持	海洋工程装备产业创新发展战略(2011—2020) 海洋工程装备制造业中长期发展规划(2011—2020) 中国制造2025(2015—2025) 国家重大科技基础设施建设中长期规划(2012—2030)	

图 9－4　海洋油气集输装置领域技术发展路线图

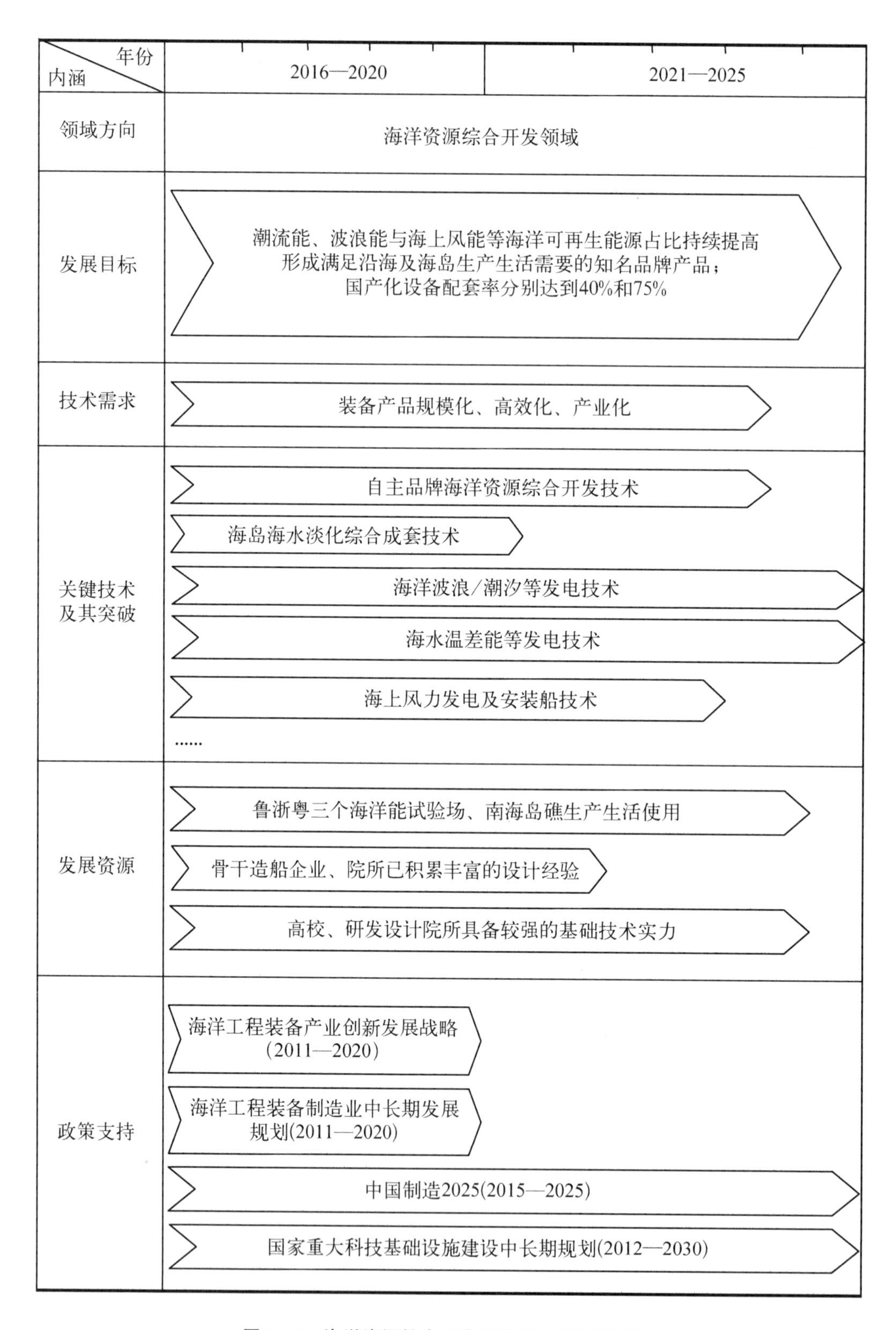

图 9-5　海洋资源综合开发领域技术发展路线图

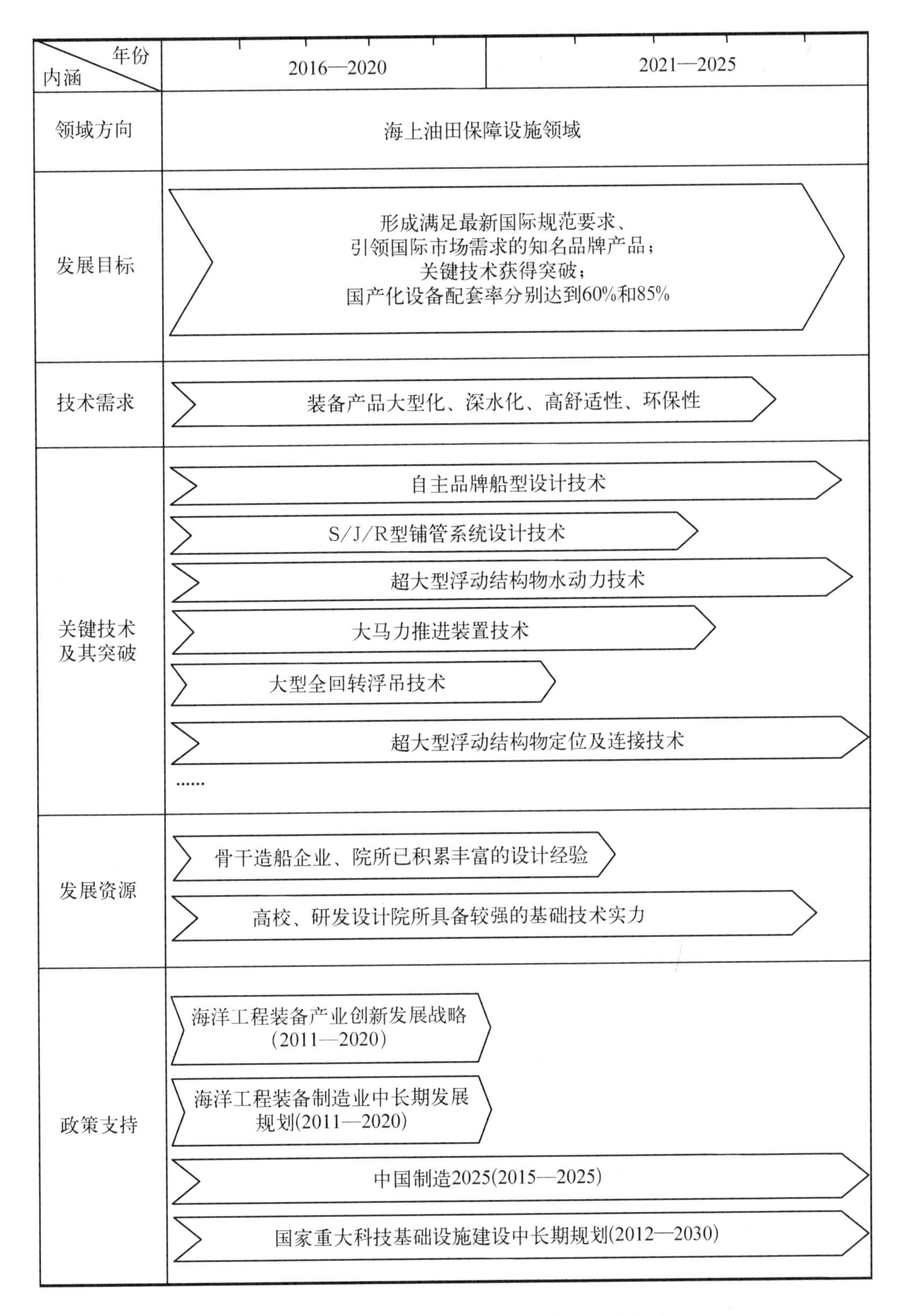

图 9－6　海上油田保障设施领域技术发展路线图

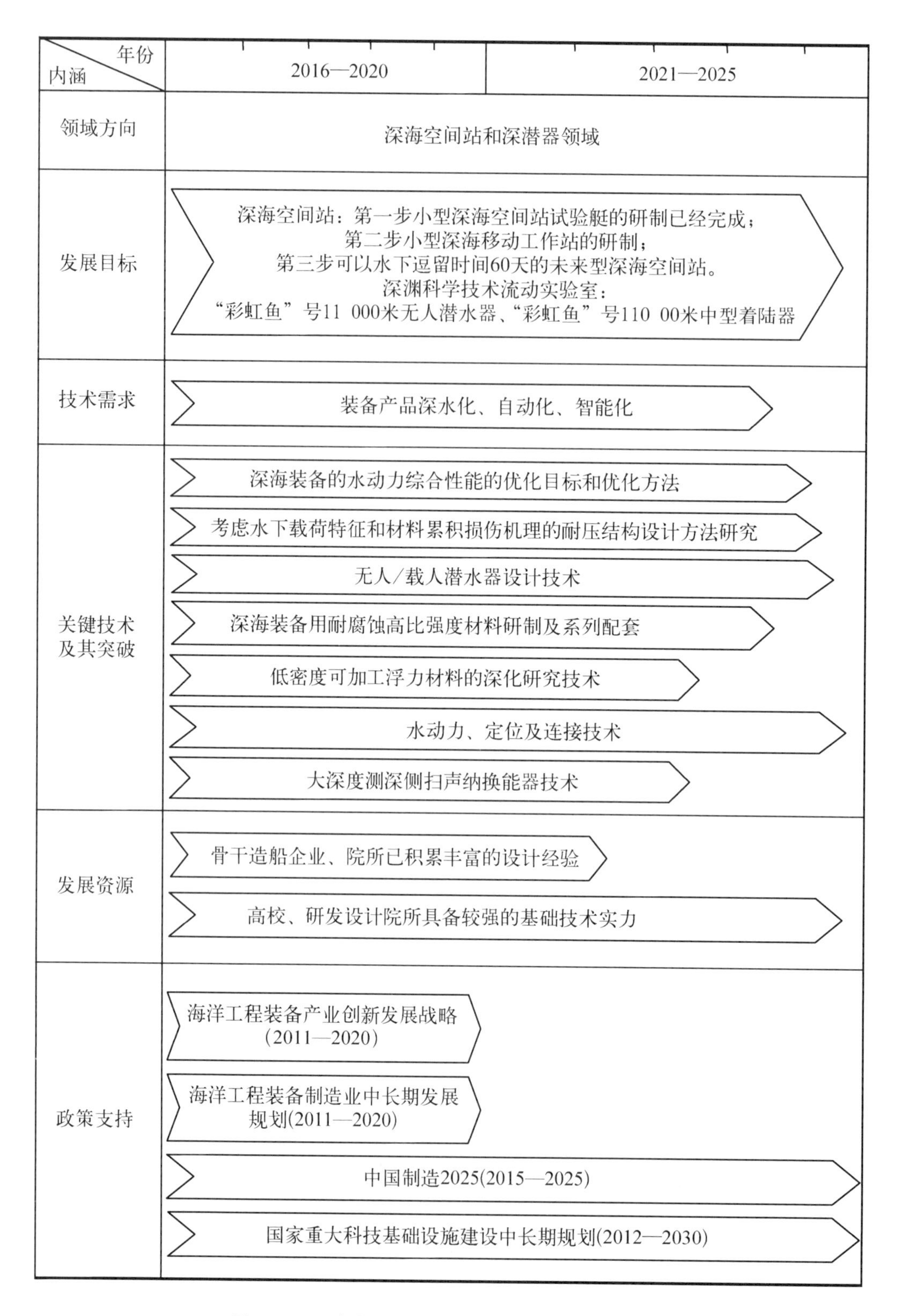

图 9－7　深海空间站和深潜器领域技术发展路线图

内涵＼年份	2016—2020	2021—2025
领域方向	港口机械领域	
发展目标	形成满足最新国际规范要求、 引领国际市场需求的知名品牌产品； 关键技术获得突破； 国产化设备配套率分别达到85%和95%	
技术需求	装备产品大型化、自动化、无人化	
关键技术及其突破	自主品牌港口机械设计技术 双小车岸桥装备技术 双起升岸桥装备技术/大型桥吊远洋装运技术 挖入式港池集装箱码头技术 浮坞集装箱起重机技术 自动化码头装卸系统技术 ……	
发展资源	骨干造船企业、院所已积累丰富的设计经验 高校、研发设计院所具备较强的基础技术实力	
政策支持	海洋工程装备产业创新发展战略(2011—2020) 海洋工程装备制造业中长期发展规划(2011—2020) 中国制造2025(2015—2025) 国家重大科技基础设施建设中长期规划(2012—2030)	

图 9－8　港口机械领域技术发展路线图

9.4.2 总装建造技术

总装建造技术发展路线图如图 9-9 所示。

内涵 \ 年份	2016—2020	2021—2025
技术需求	生产设计并行协同化、标准化与自动化 工艺装备高度自动化、智能化 数字化集成制造、智能车间、智能船厂	
发展目标	以数字化网络化智能化技术为主线，持续向设计、生产、管理等各领域渗透，通过两化深度融合促进海工装备生产设计、壳舾涂等作业的自动化、智能化水平，显著提升企业海工装备建造效率、质量；突破智能生产线、智能车间关键技术，构建智能船厂	
关键技术及其突破	总装建造技术 舾装技术 高效焊接技术 精度控制技术 工业化与信息化融合技术 智能制造技术 海上及水下安装技术 综合试验检测(数值水池/海上试验场)技术 ……	
发展资源	骨干造船企业、院所已积累丰富的设计经验 高校、研发设计院所具备较强的基础技术实力	
政策支持	海洋工程装备产业创新发展战略(2011—2020) 海洋工程装备制造业中长期发展规划(2011—2020) 中国制造2025(2015—2025) 国家重大科技基础设施建设中长期规划(2012—2030)	

图 9-9 总装建造技术发展路线图

9.4.3　项目管理技术

项目管理技术发展路线图如图 9 - 10 所示。

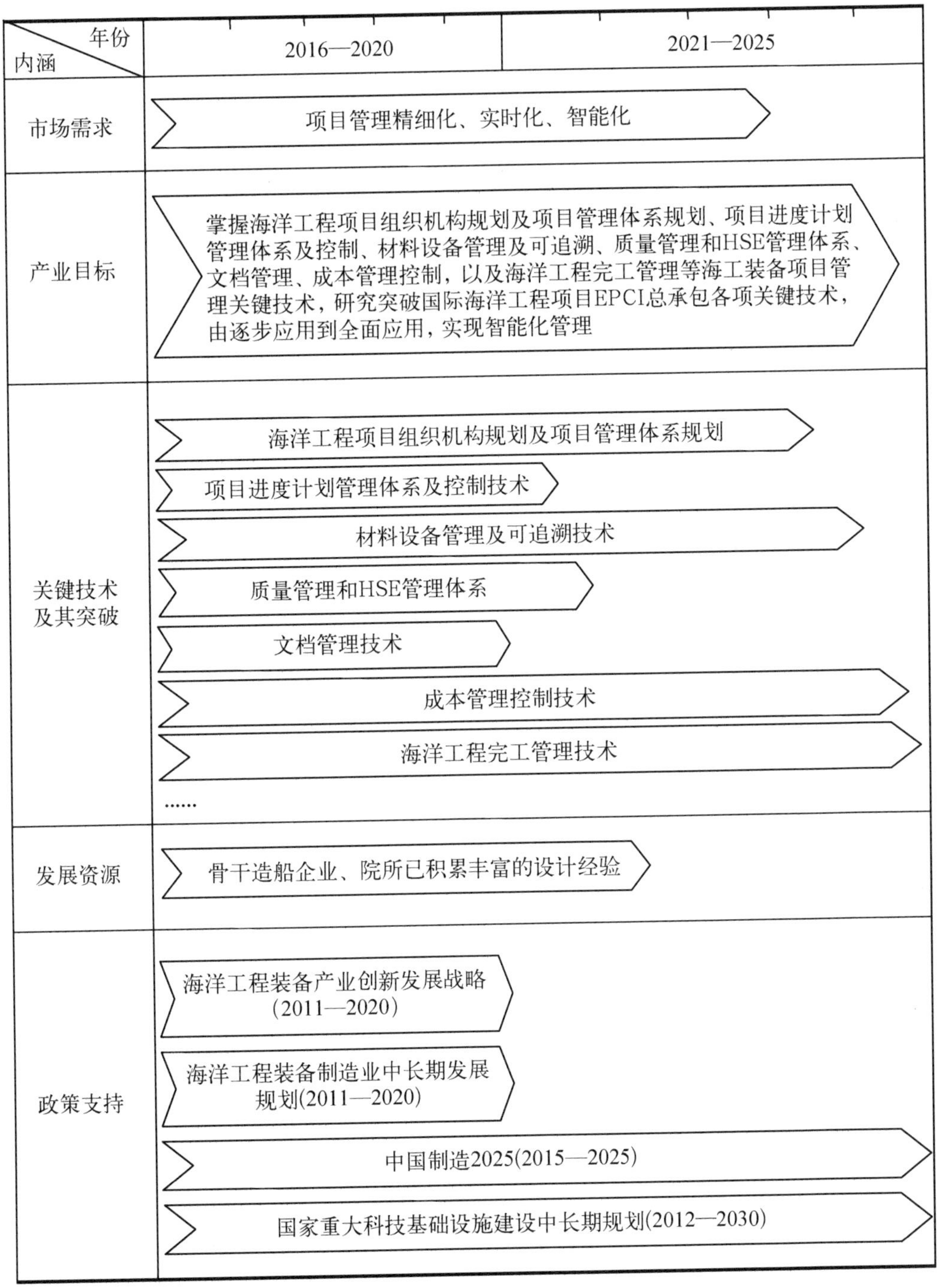

<table>
<tr><th>年份
内涵</th><th>2016—2020</th><th>2021—2025</th></tr>
<tr><td>市场需求</td><td colspan="2">项目管理精细化、实时化、智能化</td></tr>
<tr><td>产业目标</td><td colspan="2">掌握海洋工程项目组织机构规划及项目管理体系规划、项目进度计划管理体系及控制、材料设备管理及可追溯、质量管理和HSE管理体系、文档管理、成本管理控制，以及海洋工程完工管理等海工装备项目管理关键技术，研究突破国际海洋工程项目EPCI总承包各项关键技术，由逐步应用到全面应用，实现智能化管理</td></tr>
<tr><td>关键技术及其突破</td><td colspan="2">海洋工程项目组织机构规划及项目管理体系规划
项目进度计划管理体系及控制技术
材料设备管理及可追溯技术
质量管理和HSE管理体系
文档管理技术
成本管理控制技术
海洋工程完工管理技术
……</td></tr>
<tr><td>发展资源</td><td colspan="2">骨干造船企业、院所已积累丰富的设计经验</td></tr>
<tr><td>政策支持</td><td colspan="2">海洋工程装备产业创新发展战略(2011—2020)
海洋工程装备制造业中长期发展规划(2011—2020)
中国制造2025(2015—2025)
国家重大科技基础设施建设中长期规划(2012—2030)</td></tr>
</table>

图 9 - 10　项目管理技术发展路线图

9.4.4 配套设备技术

配套设备技术发展路线图如图 9－11 所示。

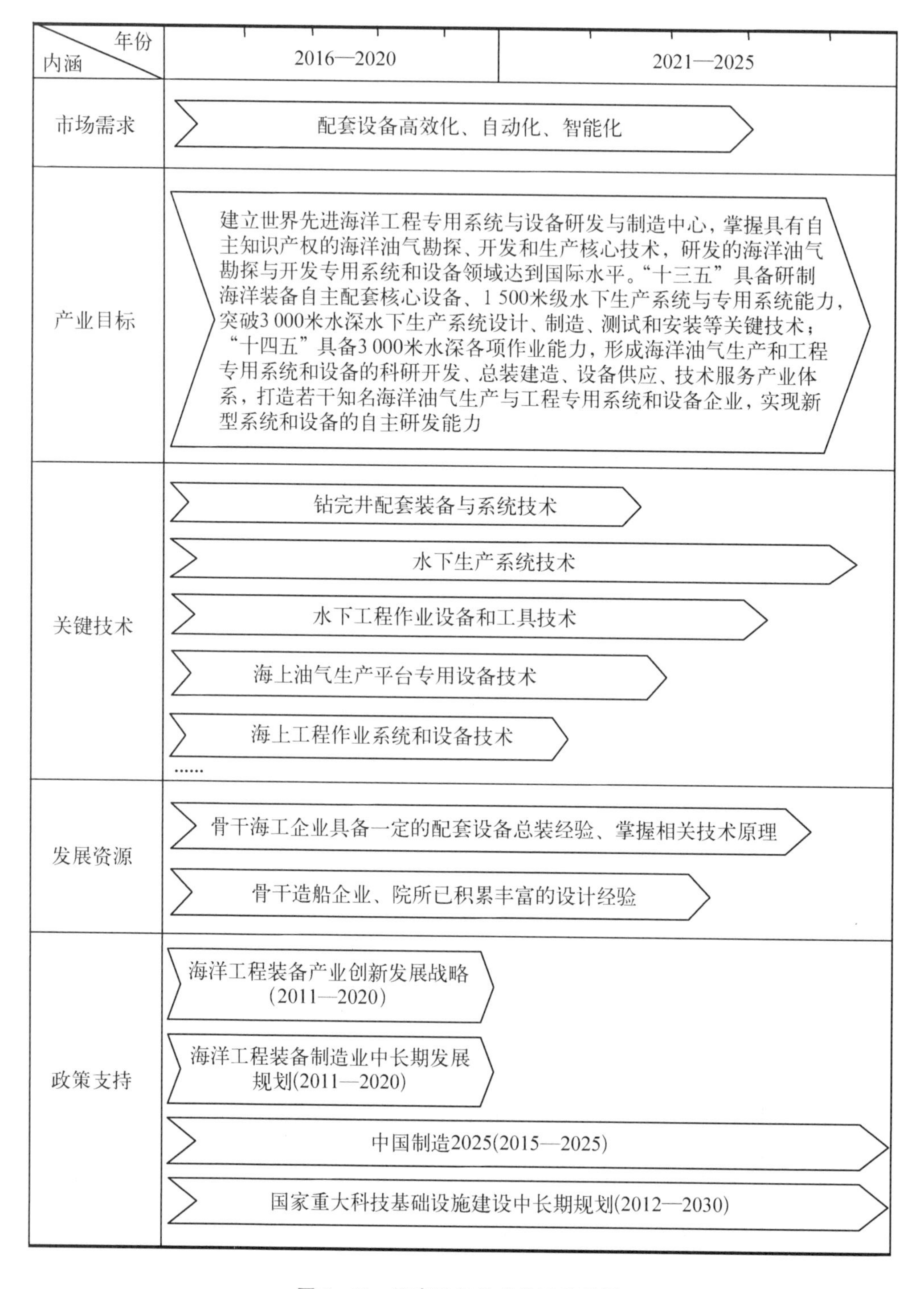

图 9－11　配套设备技术发展路线图

9.5 2035年发展目标(展望)

9.5.1 2035年中国制造业发展蓝图

德国启动“工业4.0”战略时,同为制造业大国的中国也宣布,中国计划通过三个十年的行动纲领和路线图,完成从制造业大国向制造业强国的转变。我国制造业整体达到世界制造强国阵营中等水平。创新能力大幅提升,重点领域发展取得重大突破,整体竞争力明显增强,优势行业形成全球创新引领能力,全面实现工业化。实施“中国制造2025”将成为中国制造业从大国转向强国的第一步,2035年制造业发展蓝图如下:

(1) 传统产业加快转型升级。促进工业化和信息化深度融合,开发利用网络化、数字化、智能化等技术,着力在一些关键领域(如突破工业机器人、轨道交通装备、高端船舶和海洋工程装备、新能源汽车、现代农业机械、高端医疗器械和药品等重点领域核心技术,推进产业化)抢占先机、取得突破。

(2) 新兴产业将成为主导产业。高端装备、信息网络、集成电路、新能源、新材料、生物医药、航空发动机、燃气轮机等重大项目写入了政府工作报告;首次提出制定“互联网+”行动计划;首次出现“工业互联网”概念,推动移动互联网、云计算、大数据、物联网等与现代制造业结合。

(3) 提升服务业支撑作用。大力发展旅游、健康、养老、创意设计等生活和生产服务业。支持发展的高端服务业,包括工业设计、融资租赁等生产性服务业;研发设计、系统集成、知识产权、检验检测等高技术服务业,促进服务业与制造业融合发展。

(4) 深入实施创新驱动发展战略。国家设立400亿元新兴产业创业投资引导基金。积极推进各类科技计划优化整合;建立国家重大科研基础设施和大型科研仪器向社会开放的后补助机制,促进科技资源开放共享;加快推进实施国家科技重大专项;加大创新产品政府采购力度等。

9.5.2 2035年海洋工程装备发展目标(展望)

《中国制造2025》明确提出通过“三步走”实现制造强国的战略目标:第一步到2025年迈入制造强国行列、第二步到2035年,我国制造业整体达到世界制造强国方阵中等水平、到新中国成立一百年时,大国地位更加巩固,综合实力进入世界制造强国前列。依此战略目标,作为中国十大重点发展领域之一的海洋工程装备和高技术船舶制造业展望到2035年,应全面形成科研开发、总装建造、设备供应、技术服务创新体系。海洋工程装备前沿科技领域原创性研究获得全面支撑,拥有几个布局合理的世界级海洋工程装备重大产业基地,整体国际影响力和市场地位显著提高,达到高端船舶与海洋工程制造强国方阵先进水平,进入第一方阵。具体表现如下:

1）科技实力位居世界前列

全面具备主要高新技术的深水海洋工程装备和海工船舶自主设计和建造能力，主力海洋工程装备引领国际市场需求，形成若干知名品牌的海洋工程装备技术服务企业。

2）产业结构优化升级

环渤海湾、长江三角洲和珠江三角洲造船基地主要企业基本退出传统低端造船市场，向高端船舶和海洋工程装备企业和技术服务型企业转变。

3）向智能工厂转化

形成“互联网＋船舶与海洋工程”与云计算、大数据、物联网等高度融合的新型现代化船舶与海洋工程智能制造企业。

4）配套能力大幅提高

突破钻井系统、水下装备、系统集成等核心关键技术，形成一批具有自主知识产权的国际知名品牌配套产品，国产化配套率达到80％。

5）船舶与海洋工程科技创新中心全面建成

全面建成具有国际影响力的船舶与海洋工程科技创新中心，并具有全球的船舶与海洋工程引领作用。

第10章

海洋工程科技创新与跨越发展总体思路及主要任务

10.1　海洋工程科技创新与跨越发展总体思路

1）指导思想

全面贯彻党的十八大、十八届三中、四中、五中全会和习近平总书记系列重要讲话精神，紧紧围绕“发展海洋经济，建设海洋强国”的国家战略任务和建设世界造船强国的宏伟目标，以《中国制造2025》和全面做强为标志的船舶工业3.0时代为指引，以科技创新为引擎，瞄准世界先进水平，以建设海洋强国为导向，立足科技创新，完善研发创新体系，依托重大工程与重大项目进行高端产品的自主研发，突破核心技术，形成海洋工程装备自主设计、建造和工程总承包能力，从而全面提升我国海洋工程产业的发展层次、质量和效益，实现我国海洋工程装备产业科技创新与跨越发展。

2）发展原则

依靠创新驱动，转变发展动力。由依靠物质要素驱动向依靠创新驱动转变，以产品创新，制造技术创新，生产模式、管理模式和商业模式创新支撑产业发展，加速创新模式从跟随向并行、直到向引领转变，使原始创新和集成创新的技术和产品不断涌现。

强调内涵发展，转变发展方式。由外延式扩张向内涵式发展转变，建立工业化和信息化“两化”深度融合的集约式发展模式和创新现代建造模式（3.0时代现代建造模式），更加注重发展的质量、效益和效率，走高效、绿色、可持续的发展道路。

壮大优强企业，提高竞争能力。瞄准世界一流企业，通过创新引领，占领世界造船技术前沿，促进海洋工程装备、专用设备设计制造技术和技术标准达到世界先进水平。打造具有强大创新能力、较强盈利能力、优质高效、国际化程度高的大型优强企业，成为世界造船和海洋工程装备制造业的旗舰，并引领我国船舶海工产业整体国际竞争力的提升。

制造服务融合，加快产业转型。制造业的发展前景必然是与服务业相融合，制造性服务业，服务性制造业，以及技术性服务业是制造业和服务业融合发展的必然结果。以互联网＋来促进海工装备产业制造和服务两大板块的融合，有效延伸产业链，大力发展“四新”经济，培育新的经济增长点。

强化需求牵引，调整产品结构。全领域打造国际知名品牌和商标，形成技术经济性和环境协调性优良的系列化产品。重点发展技术含量高、市场潜力大的海洋工程装备及高技术船舶，并开始关注海洋可再生能源开发装备的研制，努力提高海洋工程装备配套能力，推动海洋工程装备产品结构优化升级。

3）发展目标

未来20年，我国船舶与海洋工程装备产业应紧紧围绕海洋强国战略和建设世界造船强国的宏伟目标，充分发挥市场机制作用，顺应世界造船与海工竞争新发展，船舶与海洋工程科技新趋势，强化创新驱动，以结构调整转型升级为主线，以海洋工程装备和高技术船舶及其配套设备自主化、品牌化为主攻方向，以推进数字化、网络化、智能化制造为突破口，不断提高产业发展层次、质量和效益，力争到2035年成为世界海洋工程装备和高技术船舶领先国家，实现船舶与海工装备产业由大到强的质的飞跃。

上海船舶与海洋工程装备产业发展目标是在《中国制造2025》和国家建设船舶工业3.0时代目标的指引下，通过5～10年的努力，率先建成规模实力雄厚、创新能力强、质量效益好、结构优化的现代船舶与海工产业体系，并引领以上海为龙头的长三角地区成为世界造船与海工装备最强大的基地之一。具体体现在：

(1) 成为全国船舶与海工产业科技创新“排头兵”。充分发挥上海作为全国船舶与海工装备研发设计中心的优势，巩固传统看家产品市场地位，扩大高端船海产品市场，优化升级主力产品，推广品牌产品，使深海能源资源装备研发跻身世界一流。创建具有全球影响力的船舶与海洋工程科技创新中心，使上海成为全国船海科技创新能力“排头兵”。

(2) 培育3～4家具有全球影响力的企业集团。调整优化产业布局，以“专业化、产业化、规模化”为方向，推进相关企业资产的重组整合和优化配置，打造“大江南”、“大沪东”、“大振华”、“大动力”等海洋装备旗舰企业。骨干企业全面建立以信息技术为核心的新现代造船模式和海工装备现代建造模式，发展质量不断提高。

(3) 产业结构全面升级。继续扩大高端船舶与海洋工程装备市场份额，提高专业化设计制造能力和配套水平，开拓LNG液灌、加气站、储气站等全产业链市场，做大咨询服务、大宗商品贸易、产业物流等生产性服务业规模，促进产业结构全面升级。加快培育豪华邮轮市场，尽快实现设计建造零的突破。实现浅海装备自主化、系列化和品牌化，深海装备自主设计和总包建造取得突破，形成较为完整的科研开发、总装建造、设备供应和技术服务产业体系。

(4) 自主配套能力显著增强。推进长兴海洋装备岛和临港海洋工程配套产业基地建设，扩充自主配套门类。发挥上海船舶动力板块优势，建设全球船舶动力研发制造及营销服务中心。在LNG船核心配套系统、海洋平台甲板机械、钻井工具等优势领域扩大市场份额，在钻井包、双燃料发动机、动力定位系统、大功率海洋平台电站、水下生产系统等关键系统和设备的产业化取得突破。

(5) 各项技术经济指标率先达标成为“领头羊”。上海船舶与海洋工程装备产业发展，应将重点放在质量效益的提高和技术进步上。对比国家有关部门制定和国际先进造船企业的多项经济技术指标，上海船舶工业有基础有能力率先达标，以此引领全国船海工业的发展，缩小与发达国家的差距。

4) 产业布局

全面建成和壮大四大产业基地：

(1) 以浦东外高桥、临港海工基地、长兴海工装备岛为主的产业基地，重点发展半潜式平台、浮式生产储油(气)装置等大型深海装备。

(2) 以临港海工基地和长兴海工装备岛为主，重点发展自升式钻井平台、起重铺管船、风电安装船、大型浮吊及各类海工辅助船。

(3) 以崇明上海船厂海工基地为主，重点发展深水钻井船和高性能多缆物探船等特种海工船舶。

(4) 以临港海工基地、长兴海工装备岛、闵行、金山等为主的船舶及海洋工程配套产业基地。

5）研发机构布局

依托下述院所、国家实验室和企业技术中心组建上海船舶与海洋工程科技创新中心。

（1）以第708研究所、上海船舶设计研究院、上海佳豪船舶工程设计股份有限公司、振华重工和中远船务海工研发机构为代表的船舶与海洋工程科研院所。

（2）以第711研究所、第704研究所为代表的船舶与海洋工程配套设备科研院所。

（3）以上海船舶工艺研究所、数字化造船国家工程实验室为代表的船舶与海洋工程新工艺和新装备及数字化制造技术科研院所。

（4）以上海市船舶与海洋工程学会为代表的船舶与海洋工程智库。

（5）上海交通大学海洋工程国家重点实验室。

（6）同济大学海洋地质国家重点实验室。

（7）上海海事大学海洋工程装备技术研究中心。

（8）上海海洋大学深渊科学技术研究中心。

（9）第708研究所海洋工程创新能力国家工程实验室。

（10）上海市海洋局深海装备材料与防腐工程技术研究中心。

（11）以上海船舶工艺研究所、中国船级社上海规范研究所和中国船级社上海分社为主，组建应对IMO新规范、新标准研究机构。

（12）以《中国海洋平台》杂志为依托组建海工情报网。

（13）外高桥、江南、沪东、上船、振华等国家级企业技术中心。

10.2　船舶工业创新驱动、转型升级战略

船舶工业是我国最早进入国际市场的制造业，经过21世纪以来的快速发展，我国已经成为世界最主要的造船大国，在我国制造行业中最具备率先做强的基础和条件。海洋工程装备和高技术船舶等高端产品的快速发展，必然成为带动整个制造产业升级的重要引擎。

未来10～20年，我国船舶工业将进入全面做强的新阶段。建设造船强国的核心任务是全面推进结构调整，转型升级，加快由大转强的转变，最终将成为世界最主要的造船强国。这一时期可以称之为以调整转型、全面做强为标志的船舶工业3.0时代。

船舶工业3.0时代全面推进结构调整转型升级的总体思路是：深入贯彻落实党的十八大和十八届三中、四中和五中全会精神，紧紧围绕建成世界造船强国的宏伟目标，以改革创新为动力，着力促进产业发展动力和发展方式的两个全面转型，推动技术、产品、组织的三大结构升级，不断提高发展质量和效益，持续提升产业核心竞争力。

1）船舶工业创新驱动、转型升级的内涵与标志

（1）船舶工业创新驱动、转型升级的内涵。

船舶工业创新驱动转型升级的内涵和核心是实现“两个全面转型、三大结构升级”。

两个全面转型。一是产业发展动力的全面转型，由依靠物质要素驱动向依靠创新驱动

转变，以产品创新，制造技术创新，生产模式、管理模式和商业模式创新支撑产业发展，加速创新模式从跟踪随同向并行、直到引领转变，使原始创新和集成创新的技术和产品不断涌现；二是产业发展方式的全面转型，由外延式扩张向内涵式发展转变，建立工业化和信息化"两化"深度融合和集约式发展模式和现代造船模式，更加注重发展的质量、效益和效率，走高效、绿色、可持续的发展道路。

三大结构升级。一是技术结构升级，夯实创新基础，完善创新体系，占领世界技术前沿，船舶、海洋工程装备、专用设备设计制造技术和技术标准达到世界先进水平；二是产品结构升级，全领域打造国际知名品牌，形成技术经济性和环境协调性优良的系列化产品；三是组织结构升级，培育壮大世界级优强企业，化解产能过剩，提高产业集中度。

（2）船舶工业创新驱动、转型升级的标志。

船舶工业创新驱动转型升级的主要标志是实现"四个世界领先"：一是国际市场份额世界领先；二是科技创新能力世界领先；三是质量、品牌、效率世界领先；四是优强企业实力世界领先。

2）船舶工业创新驱动、转型升级的目标

我国船舶工业的战略取向和步骤是，到2020年建成规模实力雄厚、创新能力强、质量效益好、结构优化的船舶工业体系，成为与韩国实力相当的造船强国。力争到2025年成为世界海洋工程装备和高技术船舶领先国家，实现船舶工业由大到强的质的飞跃，到2030年成为具有全球引领影响力的造船强国。

3）船舶工业创新驱动、转型升级的主要任务

（1）构建海洋工程装备制造业支柱地位。抓住技术源头，掌握勘探、开采、加工、储运等生产环节关键装备的自主设计建造核心技术；以我国海洋资源开发需求为突破口，融合船舶工业、石油石化和其他海洋产业各方力量，由浅水到深水，逐步提升总体装备、关键系统和设备规模化制造能力；坚定不移地走专业化、国际化的道路，统筹配套总装发展，建立专业化海工装备区域制造基地；结合国内海洋开发需求，建立产学研用协同创新机制，支持企业以产业联盟的形式在技术难度大、市场前景广阔的领域整体突破。产学研用协同，专业化国际化发展，提质增量，将海工装备制造业打造成为船舶产业发展的"第二引擎"，进入世界海工装备制造先进国家行列，形成海工、造船"双轮驱动"的格局。

（2）培育壮大世界级优强企业。瞄准世界先进企业，打造具有强大创新能力、较强盈利能力和持续发展能力，管理高效、国际化程度高的大型优强企业，成为世界造船企业的旗舰。扩大和提升专业化制造能力，培育一批世界级先进海工装备制造企业。扶植发展一批"专精特新"的中小企业，围绕细分市场需求调整结构和转型成长，在特种船舶、船用设备和海洋工程装备专用设备、船舶修理等领域做精做优，成为细分市场的领导者。鼓励发展工程设计、安装调试、信贷融资、法律服务等生产性服务企业。形成大而强、小而精，大中小企业优势突出、特色鲜明，充满活力的企业竞争格局，进入世界造船完工量前10强的造船企业达到5家以上。

（3）全面提升质量品牌竞争优势。以技术先进、成本经济、建造高效、质量优良为主要目标，全面提升海洋工程装备和船舶产品质量、技术经济性和环境协调性，提高在国际主流船东中的质量信誉度，形成品牌效应。抓住技术复杂船型和海洋油气开发装备需求持续活跃的有利时机，提升LNG船、万箱级集装箱船、深水钻井平台等高端产品的设计建造水平，

打造品牌，适时进入豪华邮轮设计建造领域。加强战略性、前沿性重大装备的研究，开展北极新航道船舶、海洋可再生能源和化学能源利用装备、深海矿产资源开发利用装备的研制，推进深远海装备等重大工程的实施。打造主流产品领跑、高端产品做大、海工产品先进的有层次有特色的产品结构，不断扩大国际市场占有率。

(4) 全面突破配套产业发展瓶颈。紧跟世界船舶与海工装备技术发展步伐积极开展关键系统和设备集成化、智能化、模块化、节能环保、可靠性技术研究，掌握产品设计制造核心技术；支持配套企业由单一产品制造商向产品系统集成供应商和解决方案提供商发展。柴油机和甲板机械等重点领域形成规模经济，提高关键零部件制造能力和水平，建立完善的关键零部件配套体系。通过合资合作、引进专利技术、自主研制等多种形式，提升舱室设备和通信导航自动化系统等薄弱领域的制造能力。依托国内需求，加快提升自主研制的船用设备以及钻井系统、动力定位系统、水下生产系统等海工装备关键系统和设备的产业化应用。自主研发与系统集成全面突破，产业规模和核心能力同步提升，优势领域实力壮大，薄弱环节显著增强，成为世界最主要的配套设备制造国。

(5) 多管齐下化解产能过剩矛盾。船舶工业产能过剩问题相较于其他行业，其全球性、周期性的特点尤为突出，更应充分发挥市场在资源配置中的决定性作用。坚决控制造船产能增量，妥善处理在建违规项目，清理整顿建成违规产能。开拓国内国外市场，大力发展海洋工程装备和高技术船舶产品，消化和转移一批产能。引导社会资源向优强企业集中，挤压落后企业生存空间，促进其转产转业和联合重组。通过政策引导，市场运作，以优化结构为主线化解产能过剩矛盾，促进产能总量和市场需求、环境资源相协调，产业集中度和产能利用率达到合理水平。

(6) 进一步提高融合与开放水平。推动船舶工业军品与民品资源和成果的互通互用，促进军民深度融合发展。以数字化、网络化、智能化制造为核心，推进管理模式、生产方式的“两化”深度融合。充分利用船舶工业作为出口导向型产业所具有的优势，促进国内国外两个市场、两种资源的融合，加大“引进来、走出去”的开放力度。充分参与国际造船经济技术规则制定，加强与海事强国在技术、市场等方面开展多领域深层次的交流和重大项目合作。支持企业通过并购、合资等方式组建海外研发中心。加快建立海工和船舶设备全球营销和服务网络。实现与世界先进制造模式变革并行，在国际创新平台上谋划发展，全球范围资源配置和价值链整合能力大幅提升，在更高层次上实现更大的发展。

(7) 加强多层次人才队伍建设。鼓励企业积极创造条件，引进研发设计、经营管理等境外高层次人才和团队。通过参与国际间重大项目，培育海洋工程装备项目国际化人才。支持企业优化人才培养机制，加强创新型研发人才、高级营销人才、项目管理人才、高级技能人才等专业化国际化人才的培养和队伍建设，开展针对现有员工新业务的再教育和培训。船舶专业高等院校应加强船舶和海洋工程装备学科建设，既要培养高层次研发设计管理人才，也要加大先进制造技术、工艺技术、数字网络技术等领域的人才培养力度。

10.3 海洋工程装备发展方向与重点

《中国制造2025》明确指出，海洋工程装备和高技术船舶领域将大力发展深海探测、资源开发利用、海上作业保障装备及其关键系统和专用设备。推动深海空间站、大型浮式结构物的开发和工程化，形成海洋工程装备综合实验、监测与鉴定能力，提高海洋开发利用水平。全面提升液化天然气等高技术船舶国际竞争力，掌握重点配套设备集成化、智能化、模块化设计建造技术。未来十年海洋工程装备发展方向与重点主要在以下几个方面：

1）海洋资源开发装备

海洋资源包括海洋油气资源以及矿产资源、海洋生物资源、海水化学资源、海洋能源等。海洋资源开发装备就是各类海洋资源勘探、开采、储存、加工等方面的装备。

（1）深海探测装备：重点发展深海物探船、工程勘察船等水面海洋资源勘探装备；大力发展载人深潜器、无人潜水器等水下探测装备；推进海洋观测网络及技术、海洋传感技术研究及产业化。

（2）海洋油气资源开发装备：重点提升自升式钻井平台、半潜式钻井平台等主流装备技术能力，加快技术提升步伐；大力发展液化天然气浮式生产储卸装置（LNG－FPSO）、深水立柱式平台（SPAR）、张力腿平台（TLP）等新型装备研发水平，形成产业化能力。

（3）海上作业保障装备：重点开展半潜运输船、起重铺管船、风车安装船、多用途工作船、平台供应船等海上工程辅助及工程施工类装备开发，加快深海水下应急作业装备及系统开发和应用。

（4）其他海洋资源开发装备：重点瞄准针对未来海洋资源开发需求，开展海底金属矿产勘探开发装备、天然气水合物等开采装备、波浪能/潮流能等海洋可再生能源开发装备等新型海洋资源开发装备前瞻性研究，形成技术储备。

2）海洋空间资源开发装备

海洋空间资源是指与海洋开发利用有关的海上、海中和海底的地理区域的总称。将海面、海中和海底空间进行综合利用的装备可统称为海洋空间资源开发装备，要及早布局积极开展这方面的研究。

（1）深海空间站：突破超大潜深作业与居住型深海空间站关键技术，具备载人自主航行、长周期自给及水下能源中继等基础功能，可集成若干专用模块（海洋资源的探测模块、水下钻井模块、平台水下安装模块、水下检测/维护/维修模块），携带各类水下作业装备，实施深海探测与资源开发作业。

（2）海洋大型浮式结构物：以南海开发为主要目标，结合南海岛礁建设，通过突破海上大型浮体平台核心关键技术，按照能源供应、物资储存补给、生产生活、资源开发利用、飞机起降等不同功能需要，依托典型岛礁开展浮式平台研究、设计和建设。

3) 综合试验检测平台

综合试验检测平台是海洋工程装备总体及配套设备研发设计的基础,是创新的源泉和发展的动力。应尽早开展研究,并分布开展建设工作。

(1) 数值水池:以缩小我国在船舶设计理论、技术水平方面与国际领先水平的差距为目标,通过分阶段实施,建立能够实际指导船舶和海工研发、设计的数值水池。

(2) 海洋工程装备海上试验场:以系统解决我国海洋工程装备关键配套设备自主化及产业化根本问题为目标,通过建设海洋工程装备海上试验场,实现对各类平台设备及水下设备的耐久性和可靠性试验,加快我国海洋工程装备国产化进程。

4) 核心配套装备

配套领域下一步发展的重点:一是推动优势配套产品集成化、智能化、模块化发展,掌握核心设计制造技术;二是加快海工配套自主品牌产品开发和产业化。

(1) 海工装备专用系统设备:提高钻井系统、动力定位系统、单点系泊系统、水下铺管系统等海洋工程专用系统设备研制水平,形成产业化能力。

(2) 水下生产系统及关键设备:重点突破水下采油井口、采油树、管汇、跨接管、海底管线和立管等水下生产系统技术与关键水下产品及控制系统技术,实现产业化应用。

10.4　上海"十三五"海洋工程装备发展重点领域及关键技术

按照国家发改委发布的海洋工程装备重大工程包确定的重点突破的海工装备目录,结合上海市的现状,"十三五"海洋工程装备产业的发展重点领域如下:

1) 勘探钻井装备

主要有深水半潜式钻井平台、大型深水钻井船(自主品牌)、自升式钻井平台(自主品牌和系列化)、浮式钻井生产储卸装置(FDPSO)等,其发展方向为深水化、大型化,其关键技术包括:

(1) 平台/水动力性能及结构分析技术。

(2) 钻井平台(船)总体设计技术。

(3) 钻井平台(船)系统集成技术。

2) 生产储卸装备

有深水浮式生产储卸装置(FPSO)、浮式天然气生产储卸装置(LNG - FPSO)、浮式天然气储卸和再气化装置(LNG - FSRU)、深水半潜式生产平台、深水张力腿(TLP)平台、深水立柱式(SPAR)平台等,其发展方向为深水化、大型化、模块化和智能化,其关键技术包括:

(1) 作业性能分析及评估技术。

(2) LNG 船再气化系统技术。

(3) TLP/SPAR 平台设计建造和安装调试技术。

3）海洋工程船

自主品牌的超大型半潜工程船、自主品牌深水铺管船和多缆物探船、大型超吊高浮吊、海上固定平台拆装双体船、深潜作业支持母船，发展方向为大型化、深水化、绿色化，高安全度和舒适度，其关键技术包括：

（1）半潜船潜浮系统设计；

（2）铺管系统设计和制造；

（3）多缆物探装置的设计和制造；

（4）超高吊的安全稳性保障技术；

（5）海上固定平台的绿色安全拆装技术。

4）水下生产系统

包括水下生产系统、控制系统、安防系统、铺管系统以及水下采油树，混输增压泵、脐带缆、水下立管、水下阀门、防喷器等，其发展方向为深水化、可靠化、环保化，其关键技术包括：

（1）水下生产系统的标准体系；

（2）水下生产系统关键件的设计制造、安装与测试技术；

（3）支持深水水下生产系统的材料技术。

5）海工配套和系统

主要有配套设备和各类系统，具体有钻井设备、钻井工具、单点系泊系统、动力定位系统、深海锚泊系统、海洋平台电站、甲板机械、油气水处理设备，其发展方向为高效化、自动化、智能化，其关键技术包括：

（1）钻完井配套设备与系统技术；

（2）油气生产模块设计和集成技术；

（3）系泊系统设计和制造安装技术；

（4）大型电站设备与中控系统集成技术。

6）重点制造技术研究

（1）智能制造：加快推进新一代信息技术与制造技术融合发展，推动互联网与制造业融合，打造互联网＋高端船舶产业的新业态；大力发展智能制造，以智能船厂为发展方向，提升制造业数字化、网络化、智能化水平；整合产品全生命周期数据，形成面向组织生产全过程的决策服务信息，实现从制造向“制造＋服务”的转型升级。

“十三五”期间应“软硬兼施”，硬件方面应大幅提高关键工艺装备的数控化率，并积极引进研发各类工业机器人；软件方面则要加快构建由云计算、物联网、大数据支持的网络化协同制造公共服务平台，促进高端船舶企业通过互联网与产业链各个环节紧密协同，促进生产，质量控制、物流和运营管理系统的全面互联互通。具体途径可优选企业，实施智能制造试点示范工程。

（2）绿色制造：围绕造绿色船舶和绿色造船构建绿色制造体系，要大力支持高效节能环保新工艺和新装备，如绿色涂装、低烟尘高效焊接、精密切割等技术；减少废弃物和污染物的产生，实现清洁生产；推进传统设备以节能降耗为重点的技术创新和技术改进，如空压机节能化改造，照明系统升级换代，开发资源回收利用技术，如中水回收利用、废热回收利用等；要引入互联网技术和构建节能减排数据库来掌控资源和能源的消耗状态，最终形成“互联网＋”的企业绿色生态文明。

第 11 章

海洋工程科技创新与跨越发展主要对策与措施建议

11.1　高度关注新科技革命和产业变革对海洋工程装备产业的影响

习近平总书记指出:“未来几十年,新科技革命和产业变革将同人类社会发展形成历史性交汇,工程科技进步和创新将成为推动人类社会发展的重要引擎。信息技术成为率先渗透到经济社会生活各领域的先导技术,将促进以物质生产、物质服务为主的经济发展模式向以信息生产、信息服务为主的经济发展模式转变,世界正在进入以信息产业为主导的新经济发展时期。”当前,信息技术加速渗透到制造业和现代服务业,正催生生产力的飞跃发展。云计算,物联网、大数据技术的应用,加速变革依靠资源的传统经济增长方式;互联网和增材制造技术的创新和应用开辟了众包、创客、分布式制造发展的新空间;数字化、智能化、绿色化等新兴制造模式将使全球技术和市场要素配置发生深刻变化。

为在新科技革命和产业变革中抢据优势地位,世界主要发达国家以关键领域技术创新为核心,积极加强新一代信息技术创新及在新能源、新材料、生物等领域的深度应用,加速推进生产方式向个性化、定制化转变,力图掌控主导权。美国提出积极开发和应用数字化设计与制造技术、人工智能技术、工业机器人等技术,试图确保美国制造业在全球的竞争优势。德国提出“工业 4.0”战略,其核心是智能生产模式,旨在通过“物联网”和务(服务)联网把产品、机器、资源、人有机联系在一起推动各个环节数据共享,实现全生命周期和全制造流程的数字化,从而保持世界制造业领先地位。日本也积极推进新一代无线网络技术的应用,鼓励云计算应用与模式创新,研发新一代机器人。

以信息技术和制造业深度融合为重要特征的新科技革命和产业变革的兴起,多领域技术群体突破和交叉融合推动制造业生产方式深刻变革,数字化网络化智能化已成为制造业未来技术变革的重要趋势,协同制造、智能制造日益成为世界先进制造业发展的重要方向。船舶制造也正朝着设计智能化、产品智能化、制造智能化、管理精细化、生产绿色化和信息集成化等方向发展,世界造船强国已经提出了打造智能船厂和开发“智能船”的目标。新科技革命和产业变革,对于中国船舶和海洋工程装备产业既是严峻的挑战,更是一个技术上赶超发展、质量上整体提升、结构上加快升级的重大机遇。我国船舶与海洋工程装备产业,已错失了两次工业革命的机遇,未来十年是建设造船和海洋装备制造强国的最佳机遇或者说也是“弯道超越”的大好时机。2015 年 5 月 19 日,国务院发布《中国制造 2025》,力争通过“三步走”实现制造强国的战略目标。对此,必须组织专家按照新一轮科技革命的发展趋势和《中国制造 2025》,科学编制船舶与海洋工程装备发展规划和技术发展路线图。也可以作为上海船舶与海洋工程科技创新中心的首要任务和研究方向。

11.2 建设上海乃至长三角船舶与海洋工程科技创新中心

建设上海船舶与海洋工程装备科技创新中心，上海市正在按照习近平同志加快建设具有全球影响力的科技创新中心的指示，制定了《关于加快建设具有全球影响力的科技创新中心的意见》，提出了2020/2030“两步走”规划，深海海洋工程装备已被列为重大战略项目之一，对此，有必要加快建设上海海洋工程装备科技创新中心。该中心既可以作为上海科技创新中心的分中心，也可以集聚上海各路海洋工程科技创新力量，全面整合现有创新资源，如在沪的高校和船舶科研院所，国家级企业技术中心、国家重点实验室、国家工程实验室，组织和引导高校、研究院所、制造企业、联合检验机构、专利情报机构、用户单位，形成利益共同体，在科研开发、市场开拓、业务分包等方面开展深入合作，推动实现重大技术突破和科技成果转化。在建设上海船舶与海洋工程科技创新中心的同时，还可筹建以上海为中心，江苏、浙江为两翼的长三角地区船舶与海洋工程科技创新中心，集聚长三角地区船舶与海洋工程科技创新资源，从而为促进上海乃至长三角地区的海洋工程产业科技创新创造条件，并为上海的海洋工程产业实现跨越式发展提供科学支撑和技术保障。建立以企业为主体，构建产学研用结合的海洋工程装备协同创新联盟，推动实现海工科技的重大突破和成果的工程化和产业化。

船舶与海洋工程科技创新中心，必须要有新模式、新架构、新机制。科创中心的建立成功运作，首先要明确其性质是一个创新平台和数据平台；关键是建立起一套运转有效的机制和体制。建议采用“政府托管、机构加盟、需求牵引、顶层谋划、优势介入、资源共享、利益均沾”的模式，组织专家对船舶与海洋工程科技创新中心的建设及其运作机制进行可行性论证，完善实施方案，并进行实质性的启动。

11.3 强化创新驱动引领，加快产品结构升级，发展高端产品

创新是转型的驱动力，创新过程通常是经过过程创新发展到产品创新进而实现产品替代最后达到系统创新，见图11-1。

强化创新驱动引领。依托上海船舶与海洋工程科技创新中心，开展创新驱动发展战略的顶层设计，编制技术发展路线图。按照这一技术发展路线图，有序开展各项研究，如：基

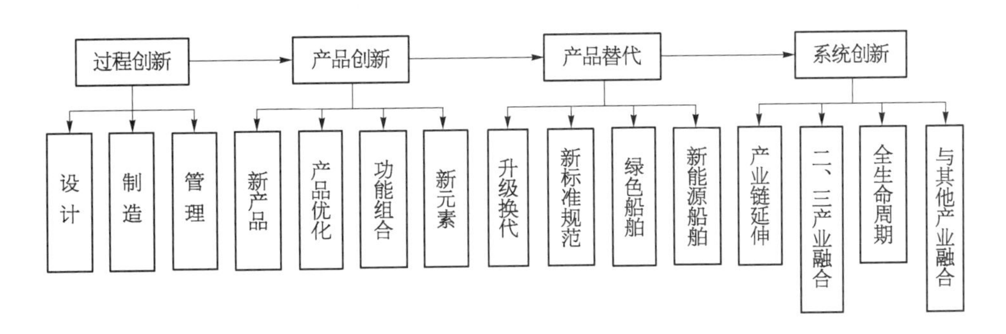

图 11－1　创新过程进化图

础共性技术研究，共性设计软件开发，在船舶领域重点研发设计新的绿色节能环保船型，突破豪华邮轮、极地科考破冰船等战略性产品的研发；海工装备领域，推进半潜式生产平台、LNG－FPSO、LNG－FSRU、深水 FPSO 等重点项目。同时，全面提升信息化水平。按照"统一架构、统一规范、统一标准"原则，搭建支撑业务全面协同、数据集中共享、决策科学高效的信息化体系。

加快产品结构升级，发展高端产品。在船舶产品结构方面大力发展大型液化天然气船、VLGC 船、乙烯运输船、超大型集装箱船，提高专业化设计制造能力和配套水平。加快培育豪华邮轮市场，逐步掌握大中型邮轮设计建造技术。在推动开辟游艇活动区的基础上完善个人家庭游艇产业链，培育豪华游艇自有品牌。

在发展海洋工程装备方面，以深水装置系列化为重点加快产品结构升级。主动对接国家南海战略布局，对接三大油企需求，以国家发改委海洋工程所列装备为重点领域，形成以深水钻井装置为核心的深水探、勘、钻、采、储、输、铺七大油气生产环节的深水油气开发装置系列化产品，实现产品结构的全面升级，成为我国深水油气生产装置的龙头生产建造基地。

11.4　建立海洋工程互联网，大力推进数字化网络化智能化制造

国务院李克强总理在 2015 年的政府报告中首次提出"互联网＋"行动计划，首次出现"工业互联网"概念，推动互联网、云计算、大数据、物联网等与现代制造业结合。云计算相遇大数据，再加上互联网，将深刻地改变世界。互联网对产业及其模式的影响难以估量，各行各业唯有变革，融合互联网变革，才能适应时代而生存。互联网技术发展正在对传统制造业的发展方式带来颠覆性、革命性的影响。制造业＋互联网正成为一种大趋势。船舶与海洋工程装备制造业要成为"制造业＋互联网"和"互联网＋"的先行者，要以互联网思维创新工作思路和机制，推动互联网技术与船舶和海洋工程装备制造业的深度融合。以信息技术为

先导，推进新一代信息技术与船舶和海洋工程装备制造业和服务业的深度融合，深化信息技术在设计、制造、管理、营销过程中的集成应用，培育数字化工厂、智能工厂、推广智能制造生产模式；将数字技术和智能化技术广泛应用于产品设计和制造过程，丰富产品功能，提高产品性能。运用互联网、大数据等信息技术，积极发展定制生产，满足多样化、个性化需求。促进智能终端与应用服务相融合、数字产品与内容服务相结合，推动产品创新，实现造船强国和海洋强国战略目标。

上海要成为推动船舶与海洋工程互联网的排头兵。充分抓住互联网促进各行业改革、升级的机遇，做好互联网＋船海工业发展的顶层设计；充分论证，推进一到两项重大创新工程，要对整个行业起到引领作用。2020 年前，率先在上海外高桥造船有限公司和江南造船(集团)有限责任公司构建互联网海洋工程智能平台，首先解决人与人、人与物、物与物等连接的关键技术，提供一个横向和跨界合作管理、交互、创新的平台；2025 年，上海全面建成互联网海洋工程智能平台。将互联网引入的大数据、云计算、物联网、3D 打印、虚拟仿真、人工智能化等技术与设计研发、制造和服务过程有机地融合起来，以满足人们对产品的绿色、节能、安全、环保、舒适和个性化要求。

上海应积极推动研发设计、集成制造、生产管理、全寿命周期服务的深度融合，建设面向未来的智能船厂。可采取的实现路径是工业 2.0、3.0、4.0 并行发展。工业 2.0(机械化)要补课，工业 3.0(自动化)要加快推进，工业 4.0(自动化和信息化的深度融合)要启动，2020 年智能船厂框架构建完成开始有序运行，2025 年建成智能船厂，使上海成为海洋工程装备和高端船舶智能制造基地，并成为对接“中国制造 2025”国家智能制造的示范基地。

11.5 发挥国家示范基地的引领作用，培育具有全球竞争力的企业集群

上海长兴岛、江苏南通、山东青岛、浙江舟山是 4 个船舶与海工产业国家示范基地，肩负建设造船和海洋工程装备制造强国的历史使命，一定要抓住“国家船舶与海工产业示范基地”的历史机遇，顺势而为，积极充当建设海洋强国的主力军和先锋队，充分发挥 4 个基地的示范和引领作用，为实现海洋工程装备制造强国和海洋强国的宏伟目标做出积极贡献。国家示范基地要率先建立海洋工程互联网，大力推行数字化网络化智能化制造，成为新科技革命和产业变革名副其实的示范基地，发挥引领作用。

为充分发挥国家示范基地的引领作用，建议国家有关部门要加强领导和管理，在项目立项和经费方面给予扶植和支持，研究和出台有关政策，吸引各种创新资源向示范基地集聚，培育上海外高桥造船有限公司和烟台中集来福士海洋工程有限公司等 3～4 家具有全球竞争力的企业集群或优势企业，成为引领海洋工程装备产业的排头兵。

11.6　创新引领，设计为先

设计是所有制造业的核心和龙头，只要有产品的地方(所有的硬件和软件)，就会有设计需求。在现代产品生命周期中，设计是核心，起着关键作用。设计创新是企业产品更新换代和品牌战略的关键；是船舶与海工产品生产链的头道工序；是海洋工程装备和高技术船舶开发的源头；是船海工业从制造大国跨向创新大国的“临门一脚”。因此，必须把设计创新作为科技创新的着力点，设计必须先行。一要形成“大众创业、万众创新”的环境，要把概念创新、形式创新、功能创新、业态创新作为设计创新的源头，在政策上积极鼓励，并引入容错机制，失败乃成功之母；二要在提高设计水平上下功夫，狠抓海工装备与船型开发，着力于海工装备与船型的优化设计，创品牌；三要以设计为纽带，开展产学研合作，构建设计资源共享平台，共同参与产品设计技术开发。要充分利用高校的“知识红利”，加快设计方法、手段的更新和自主创新，开发有自主知识产权的高水平设计软件，缩短与国际先进水平差距；四是船舶与海工产业的核心企业要把设计创新作为转方式调结构的纽带，成为船海工业从制造大国到设计大国转型的核心目标和“胜负手”；五是核心企业还要在更高的层面上研究船海市场和航运经济，结合需求，发挥创意，为新船种和新型海工装备的研发充分作好前瞻准备；六是大力培育专业设计人才，支持骨干企业、设计公司与境外研发设计机构、知名企业开展合资合作或联合设计，走专业化发展道路，着力提升海洋工程装备的前期工程设计和基本设计的能力。

11.7　大幅度提高配套设备自主化发展能力和水平

海洋工程装备的设备配套是制约我国海洋工程装备发展的瓶颈。要紧跟海洋工程装备技术发展步伐，加快构建海洋工程装备配套业的创新体系，科学规划生产能力布局和产品结构优化升级，培育优势企业和优势产品，重点围绕基础薄弱的水下生产系统及其关重件的研制和产业化。重点发展深海特种材料、泄漏油处理装置、海水淡化和综合利用成套装备、海上及潮间带风力发电装备等特种海洋装备。积极开展关键系统和设备集成化、智能化、模块化、节能环保、可靠性研究，掌握核心技术，支持配套企业由单一产品向产品集成供应商和解决方案提供商发展，提高配套设备本土化率。整合配套设备产业链，逐步实现产品的系列化和配套化，建立与总装厂、总包方的协作机制，积极开展相关服务，逐步建立由国内走向国外的全球增值服务网络。与此同时，必须坚持“国轮国配”、“首套突破”的方针，以业绩突破国产设备上不了平台的困局。从而推动配套业的发展，提高海洋工程装备配套设备自主化发展能力和水平。

11.8 发展现代化制造服务业，将上海打造成为海洋工程新业态之都

以信息技术为先导的新科技革命实质上是一次产业革命，其特征就是一、二、三产业的延伸和融合。现代服务制造业，主要由生产型服务业和技术型服务业组成。生产型服务业是面向生产者的服务业，为众多生产制造环节提供便利，有效地增加了价值，使生产性制造转型到服务型制造。技术型服务业作为科技成果转化成现实生产力服务的专业性行业，已经涵盖了研发设计、技术转移、创业孵化、科技金融和咨询等诸多领域，为制造业提供了研发设计、咨询、技术、知识产权、创业、市场、创新等服务，促进了制造业的升级，分担了创新风险，增加了产品附加值。船海工业上下游与运输、渔业、海洋经济、油气开采、海洋勘探和制造业等100多个行业紧密关联。近年来，其产业链不断延伸以至要通过产业链的细分来构筑起完整的产业链。随着建立海洋工程互联网，大力推行数字化网络化智能化制造，预示着海洋工程现代制造服务业有着强大的生命力，二、三产业相融合、渗透孕育着极大的发展机遇。

上海船舶与海工企业和科研院所，要抓住机遇，更新思维模式，通过典型开路，细分、延伸产业链，充分发掘海工装备产业和相关行业关联度高的特点，借力上海自贸区建设和上海航运中心建设，积极拓展现代制造服务业，形成较为完整的科技开发、总装建造、设备供应和技术服务产业体系。具体突破点可首先支持中国船舶工业集团公司建立船舶动力营销中心和服务中心，搭建企业服务网络，拓展营销链、产业链、技术链的融合，着力培育增值服务环节，将上海打造成为海洋工程新业态之都，辐射长三角乃至全国。

11.9 建设人才高地，积累智慧资本

人才特别是领军人物级的高端人才，蓝领中的高级技工均严重短缺，这是多年来，教育改革失误带来的后果。但人才绝对是一个核心问题，知识就是力量，人才就是未来，人才是科技创新的第一资源。未来的趋势是人口红利必将由人才红利来取代。为此面对《中国制造2025》和船舶工业3.0时代的到来，而人才资源和智慧资本的积累又是一个长期过程，船舶与海洋工程产业应着力培养创新型人才、特别是创新型青年人才。这不仅是国家创新活

力之所在，也是科技发展希望之所在，船舶与海洋工程产业的发展同样亟需创新型人才。为此应各方合力积极建立符合产业发展要求的多层次、复合型、精英型的船舶与海洋工程人才教育培养体系，以国家科技重大专项、重点项目等为载体，加大领军人物培育力度，积极推进创新团队建设，形成高层次科技人才和管理人才的梯队集聚；鼓励多层次、多渠道、多方式的国际科技交流与合作，积极引进欧美等具有海工经验的工程总承包管理人才，研发团队领军人才和高水平复合型人才。把国际化的生态环境与我国实际相融合，并通过人才高地工程建设培养紧缺高端人才，尤其是创新型的企业家。大力培育专业设计人才，支持骨干企业、设计公司与境外研发设计机构、知名企业开展合资合作或联合设计，走专业化发展道路，着力提升海洋工程装备的前期工程设计和基本设计的能力。

索　　引

3D 打印　115
BOT　101
EPC　101
大陆架　11
云计算　117
互联网＋　241
可燃冰　10,26
电力推进　91
地球物理　25
再气化　200
产业体系　82
防喷器　59
坐底式　59
系泊系统　53,64
张力筋腱　194
齿轮齿条　184
物探船　148
波浪能　28
复合焊接　214
总承包　101
总装建造　102,228
总装集成　73
柔性生产线　215
结构物　49
统筹优化　104
晃荡　197
海洋工程　50
海洋资源　7
虚拟制造　217
虚拟船厂　218
船舶工程　49
焊接机器人　215
深水化　68
深海矿产　19
深海空间站　133
深潜器　133
温差能　29
模块化　104
融资运营　101
激光检测　215

后　　记

应上海市中国工程院院士咨询与学术活动中心推荐和上海市科学技术出版社之邀约，本书课题组在课题研究成果基础上增加了大量与海洋工程装备和科技创新相关的资料，并编撰成书，由上海科学技术出版社公开出版、发行。这不仅改变了以往软课题研究一旦验收后就归档了事的现状，而且让课题研究成果面向公众发挥更大的作用和社会经济效益。

本书的篇幅较原研究报告增加了近两倍，增补的原则包括：一是贯彻国家经略海洋建设海洋强国的战略方针、政策和措施；二是宣传蓝色国土概念，明确海洋产业对实现中国梦的重要意义与作用；三是普及新科技革命的内涵与概念，这将促进未来海洋工程装备产业的发展。

本书是一本覆盖面广、内容丰富、观点明确，专业解读海洋工程装备产业和科技创新，值得一读的好书。希望能够得到广大读者的喜爱。

作　者

参 考 文 献

[1] 习近平. 让工程科技造福人类、创造未来——在 2014 年国际工程科技大会上的主旨演讲[R/OL]. [2014-06-04].

[2] 习近平. 必须紧紧抓住推进科技创新的重要历史机遇坚定不移走中国特色自主创新道路——在中国科学院第十七次院士大会、中国工程院第十二次院士大会上的讲话[R/OL].

[3] 苗圩. 推进信息化和工业化融合，打造中国制造业升级版. [2014-05-08].

[4] 苏波. 深化结构调整，全面转型升级，奋力向世界造船强国目标迈进. [2014-04-10].

[5] 郭重庆. IT 掀开了服务业与第三次工业革命的大幕[R/OL]. [2012-10-21].

[6] 郭重庆. 互联网将重新定义制造业[R/OL]. [2014-10-24].

[7] 上海社会科学研究院. 第三次工业革命应对[R/OL]. [2014-02-04].

[8] 周国平. 对接国家战略，推进上海海洋工程产业创新发展[J]. 船舶及海洋工程，2014(2)：1-8.

[9] 张正德. 美国信息技术的发展及其经济影响[M]. 武汉：武汉大学出版社，1995.

[10] 王诗成. 龙将从海上腾飞[M]. 北京：海洋出版社，2004.

[11] 詹运洲. 信息化进程中的城市发展[J]. 城市问题，1998，2.

[12] 王颖. 信息化城市的负面效应探析[J]. 城市规划汇刊，1998，3.

[13] 周国平. 海洋工程装备关键技术和支撑技术分析[J]. 船舶及海洋工程，2012(1)：15-20，37.

[14] 李彦宏. 为什么会为大数据引擎站台？[R/OL]. [2014-04-25].

[15] 周国平. 海洋工程辅助船研发构想[J]. 上海造船，2009，4：4-8.

[16] 电气自动化技术网. 物联网技术与应用[R/OL]. [2012-10-14].

[17] 周国平. 海洋工程综合检测船研究与设计[J]. 中国造船，2007，48 增刊：289-296.

[18] 网易. 工信部批复同意广东顺德创建无人智能工厂[R/OL]. [2012-02-08].

[19] 智慧中国物联门户. 中国“织”网：物联网第一个五年计划颁布[R/OL]. [2012-05-12].

[20] 严隽薇. 现代集成制造系统概论——理念、方法、技术、设计与实施[M]. 北京：清华大学出版社，2007.

[21] 喻思娈. 改变中国海洋调查装备落后现实，一个“蛟龙”不够[R/OL]. [2014-07-31].

[22] 陈剑斌，施建臣，陈菲莉，官莹. 浅析国外海洋综合调查船发展趋势[J]. 绿色科技，2014，5：300-304.

[23] 周国平. 南海之深水海工装备技术特征剖析[J]. 海洋工程装备与技术，2014，2：95-102.

[24] 冯叔初，郭揆常. 油气集输与矿厂加工[M]. 青岛：中国石油大学出版社，2006.

［25］ 陆忠杰，周国平. 深水锚系泊作业技术应用初探[J]. 船舶设计通信，2011(2)：67－72.
［26］ 安隽博国际有限公司. 中华天然气全图、配套项目名录和报告[R]. 2013.
［27］ 郭洪升. “中油海 5”自升式钻井平台总体研究设计[J]. 船舶，2009，3.
［28］ 周国平. 深潜水工作母船设计研究[J]. 船舶工程，2011，5：1－5.
［29］ 汪张棠，赵建亭. 我国自升式钻井平台的发展与前景[J]. 中国海洋平台，2008，4(23).
［30］ 姜哲，谢彬，谢文会. 新型深水半潜式生产平台发展综述[J]. 海洋工程，2011，3(29).
［31］ 周国平. 电力推进油田守护船设计研究[J]. 中国造船，2009(50)：18－31.
［32］ 赵文华，杨建民，胡志强，谢彬. 喻西崇大型浮式液化天然气开发系统关键技术现状及发展趋势[J]. 中国海上油气，2013，1(25)：82－86.
［33］ 黄维平，曹静，张恩勇. 国外深水铺管方法与铺管船研究现状及发展趋势[J]. 海洋工程，2011，1(29)：135－142.
［34］ 周国平. 16 000 kW 深水多用途海洋工程拖船设计及关键技术研究[J]. 中国造船 2012，53：22－28.
［35］ 李芬，邹早建. 浮式海洋结构物研究现状及发展趋势[J]. 武汉理工大学学报，2003，27(5)：682－686.
［36］ 高原，魏会东，姜瑛，王勇. 深水水下生产系统及工艺设备技术现状与发展趋势[J]. 中国海上油气，2014，26(4)：84－90.